STARK

TRAINING PHYSIK

Florian Borges

Physik – Mittelstufe 1

Aufgaben mit Lösungen

STARK

Bildnachweis
Umschlagbild: Photographer: Andrzej Tokarski | Agency: Dreamstime.com
S. 76: Solar Millennium AG, Erlangen
S. 77: Sandia National Laboratories
S. 78: Deutsches Zentrum für Luft- und Raumfahrt (DLR)

ISBN 978-3-89449-806-1

www.stark-verlag.de
1. Auflage 2006

Inhalt

Fortsetzung siehe nächste Seite

Autor: Florian Borges

Vorwort

Liebe Schülerin, lieber Schüler,

vielleicht hast du dir ja schon einmal die Frage gestellt, wieso sich Nüsse mit einem Nussknacker leichter knacken lassen als mit der bloßen Hand. Oder du hast dich gefragt, wie ein Fahrraddynamo eigentlich Licht erzeugt. Oder vielleicht hast du eine Brille und wolltest schon immer einmal wissen, wie eine Brille es schafft, dass du wieder besser siehst.

Mit solchen und noch viel mehr Fragen beschäftigt sich das Fach Physik. Die beiden Bücher „Training Physik Mittelstufe" helfen dir, physikalische Zusammenhänge zu verstehen und das Rechnen von Physikaufgaben zu trainieren. Der Physikstoff der Klassen 8 bis 10 wird in beiden Bänden ausführlich dargestellt.

Im vorliegenden Band 1 findest du zunächst eine Zusammenstellung der **physikalischen Grundlagen** aus der Optik, der Elektrizitätslehre und der Mechanik. Du hast einige dieser Stoffgebiete in den vorangegangenen Schuljahren bereits kennen gelernt und hast hier die Möglichkeit, grundlegende Begriffe und Zusammenhänge zu wiederholen. Die folgenden Abschnitte behandeln die wichtigen Themengebiete **Physikalische Arbeit, Aufbau der Materie und Wärmelehre** und **Elektrik** (einschließlich elektromagnetischer Induktion).

Jedes Buchkapitel ist einheitlich gegliedert:

- Zunächst wird der Unterrichtsstoff besprochen, **Fachausdrücke** erklärt und **Formeln** erläutert. Dabei sind die wichtigsten **Regeln** immer in Kästen zusammengefasst und hervorgehoben, sodass sie auch beim Durchblättern leicht auffindbar sind.
- Zu jedem Stoffgebiet lernst du anhand von **Beispielaufgaben** die typischen Fragestellungen zu diesem Thema kennen. Ausführliche Lösungen zeigen dir unmittelbar anschließend, wie man derartige Aufgaben am besten angeht.
- Ganz wichtig sind die zahlreichen **Aufgaben**, die nach jedem neuen Sinnabschnitt folgen. Dadurch, dass du diese Aufgaben **selbstständig** löst, lernst du den Stoff und das Lösen von Physikaufgaben am besten. Orientiere dich dabei an den Beispielaufgaben. Zur **Kontrolle** des Lösungsweges und deiner Ergebnisse findest du die **ausführlichen Lösungen** zu jeder Aufgabe im Lösungsteil am Ende des Buches.
  Die mit einem Stern **(✱)** gekennzeichneten Aufgaben sind etwas anspruchsvoller und regen in besonderer Weise zum Nachdenken an; du kannst sie beim ersten Durcharbeiten auch überspringen.

Ich wünsche dir viel Erfolg bei deinem Physiktraining mit diesem Buch!

1 Wiederholung physikalischer Grundlagen

In diesem einführenden Kapitel werden wichtige physikalische Grundlagen aus dem Fach Natur und Technik wiederholt. Der Abschnitt zur **Optik** behandelt die Modellvorstellung und wichtige Eigenschaften der Lichtstrahlen; darüber hinaus werden als grundlegendes Gesetz die Linsengleichung und deren Anwendung beim Auge und wichtigen optischen Instrumenten vorgestellt. Grundwissen zur **Elektrizitätslehre** und zu physikalischen **Kräften** schließen sich an. Diese beiden Themenbereiche werden in den Kapiteln 2 und 4 dieses Buches vertieft.

1.1 Optik

Lichtausbreitung, Reflexion und Brechung

Regel

> Licht breitet sich von einer **Lichtquelle** (einem selbst leuchtenden Körper) **allseitig** und **geradlinig** mit großer Geschwindigkeit (im Vakuum am schnellsten mit etwa 300 000 km pro Sekunde) aus.

Die Lichtausbreitung stellt man sich modellhaft in Form von **Lichtstrahlen** vor: Man versteht darunter Halbgeraden, die sich, an der Quelle beginnend, in einem Bündel divergent ausbreiten (divergent: auseinander laufend, breiter werdend). Die Gesamtheit dieser Halbgeraden bildet den **Lichtkegel**, der tatsächlich beobachtbar ist.

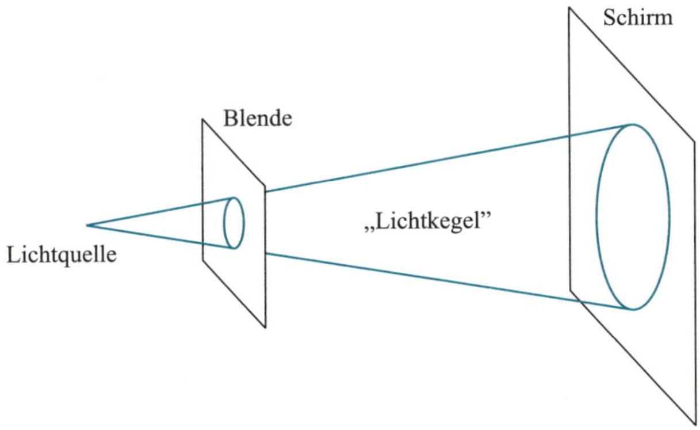

Regel

> Der **Lichtweg** ist stets **umkehrbar**.

Wenn Licht also in einer Richtung einen bestimmten Weg wählt, dann würde es in der umgekehrten Richtung den gleichen Weg wählen. Diese Regel ist oft sehr hilfreich bei Überlegungen zu Strahlengängen.

Körper können **durchsichtig** sein, **farbig durchsichtig** oder **undurchsichtig**. Wird ein undurchsichtiger Körper von einer Seite beleuchtet, bildet sich auf der gegenüberliegenden Seite ein Bereich aus, den das Licht nicht erreichen kann, der so genannte Schatten. Bei ausgedehnten Lichtquellen gibt es hinter dem Objekt einen Bereich, der nur teilweise von Licht erreicht wird **(Halb-** bzw. **Teilschatten)**, und einen Bereich, der ganz dunkel bleibt **(Kernschatten)**.

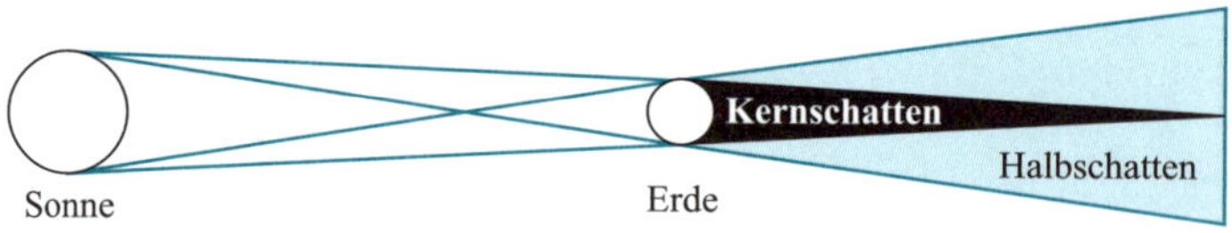

Unsere Augen **sehen** einen beleuchteten Körper, wenn von ihm ausgehende Lichtstrahlen in unser Auge treffen. Ein stark vereinfachtes Modell des Auges ist die Lochkamera als einfachstes Gerät zur Erzeugung eines Bildes.

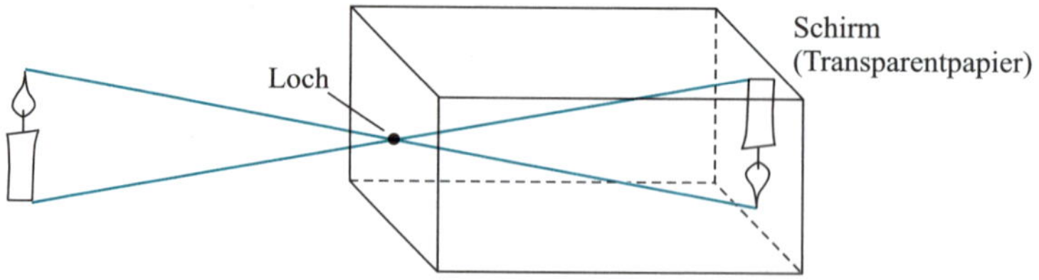

Lochkamera oder „Camera obscura"

Beispiele

1. a) Wie viel Zeit benötigt das Licht von der Sonne bis zur Erde (Entfernung ca. 150 Mio. km)?

   Lösung:
   Die Lichtgeschwindigkeit ist etwa $c = 300\,000\,\frac{km}{s}$, die benötigte Zeit von der Sonne zu uns berechnet sich also gemäß der Formel

   $$\text{Geschwindigkeit} = \frac{\text{zurückgelegter Weg}}{\text{benötigte Zeit}}$$

   durch Auflösen nach der Zeit:

   $$v = \frac{s}{t} \quad \Rightarrow \quad t = \frac{s}{v} = \frac{150\,000\,000\text{ km}}{300\,000\,\frac{km}{s}} = 500\text{ s} \approx 8{,}3\text{ min}$$

   b) Wie lange wäre ein Pkw mit $100\,\frac{km}{h}$ für dieselbe Strecke unterwegs?

Lösung:

$$t = \frac{s}{v} = \frac{150\,000\,000 \text{ km}}{100 \frac{\text{km}}{\text{h}}} = 1\,500\,000 \text{ h} \approx 170 \text{ a}$$

Der Pkw wäre also mehr als 170 Jahre zur Sonne unterwegs!

2. Bei einer **Mondfinsternis** befindet sich der Mond im Kernschatten der Erde. Skizziere die gegenseitige Stellung von Sonne, Mond und Erde (nicht maßstabsgerecht)!

   Lösung:

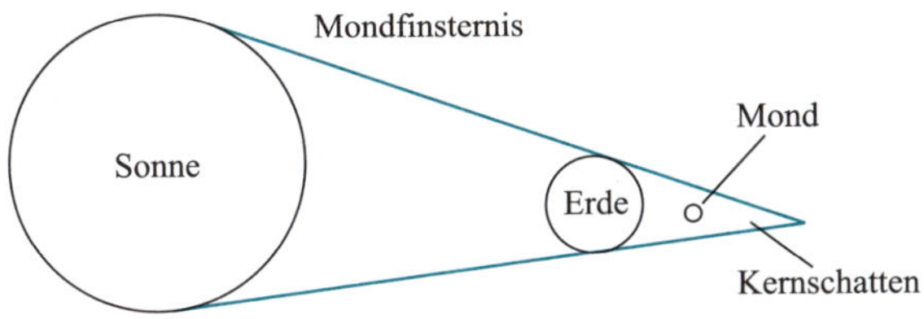

Aufgaben

1. Bei einer **Sonnenfinsternis** wandert der Kernschatten des Mondes als schmaler Streifen über die Erdoberfläche. Skizziere die gegenseitige Stellung von Sonne, Mond und Erde (nicht maßstabsgerecht)!

2. Ringförmige und totale Sonnenfinsternis
   Der Abstand zwischen Mond und Erde schwankt zwischen 356 000 km und 407 000 km. Auch die Bahn der Erde um die Sonne ist nicht genau kreisförmig, sondern elliptisch, sodass auch der Abstand Erde–Sonne sich ändert. In „ungünstigen" Fällen deckt der Mond die Sonnenscheibe nicht mehr vollständig ab, ein schmaler, heller Rand bleibt übrig (nicht zu verwechseln mit der Corona!). Beschreibe die Abstands-Voraussetzungen für eine ringförmige Sonnenfinsternis!

Trifft Licht auf einen Körper, wird es im Allgemeinen allseitig (diffus) **reflektiert**, der beleuchtete Körper wirkt dann selbst wie eine Lichtquelle. Speziell bei glatten Oberflächen gilt folgende wichtige Gesetzmäßigkeit.

Regel

> Glatte Oberflächen können einfallendes Licht gemäß dem **Reflexionsgesetz** nur in einer Richtung reflektieren. Dabei gilt:
>
> - Einfallstrahl und Ausfallstrahl liegen in einer Ebene.
> - Einfallswinkel = Ausfallswinkel (gemessen zum Einfallslot).
>
> Körper mit derartigem Reflexionsverhalten heißen **Spiegel**.

Beim ebenen Garderobenspiegel (Planspiegel) sieht man sein Bild symmetrisch zur Spiegelebene auf der anderen Seite im gleichen Abstand, also „hinter“ dem Spiegel. Dort befindet sich natürlich die Wand und kein Bild; solche Bilder heißen daher **virtuell** und lassen sich nicht mit einem Schirm auffangen, was bei den **reellen** Bildern sehr wohl der Fall ist (Beispiel Diaprojektor).

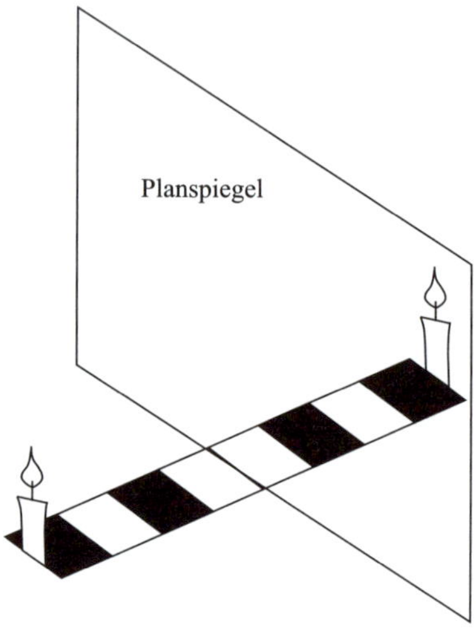

Beim kugelschalenförmig gewölbten Spiegel wird parallel einfallendes Licht als Bündel divergierender Strahlen (**Wölbspiegel**, z. B. Christbaumkugel, Übersichtspiegel vor versteckten Garageneinfahrten, Überwachungsspiegel in Kaufhäusern) reflektiert oder als Bündel konvergierender Strahlen (**Hohlspiegel**, z. B. Sammelspiegel, Rasierspiegel), die sich dann in einem kleinen Bereich **(Brennpunkt)** treffen und anschließend ebenfalls auseinanderlaufen.

Beispiele

1. Der magere Gernot Geizhals bestellt einen neuen Garderobenspiegel, in dem er sich vom Scheitel bis zur Sohle sehen kann. Bei einer Körpergröße von 1,90 m und einer Augenhöhe von 1,80 m möchte er die minimale Spiegelhöhe ermitteln und die geeignete Aufhänghöhe.

   Lösung:

   Das Spiegelbild von Gernot steht scheinbar hinter dem Spiegel im gleichen Abstand (siehe Abbildung). Blickt er über den Spiegel auf seine Füße, dann schaut er in Richtung der Füße des Spiegelbildes. In Wirklichkeit kommt das Licht seiner Füße zwar (mit Knick wegen Reflexion) vom Spiegel, der Reflexionspunkt lässt sich aber durch geradliniges Verlängern bis zum virtuellen Spiegelbild ermitteln und somit können auch Blickrichtung und Spiegelunterkante bestimmt werden. Wegen der Symmetrie ergibt sich als Unterkante gerade die halbe Augenhöhe, also 0,90 m.

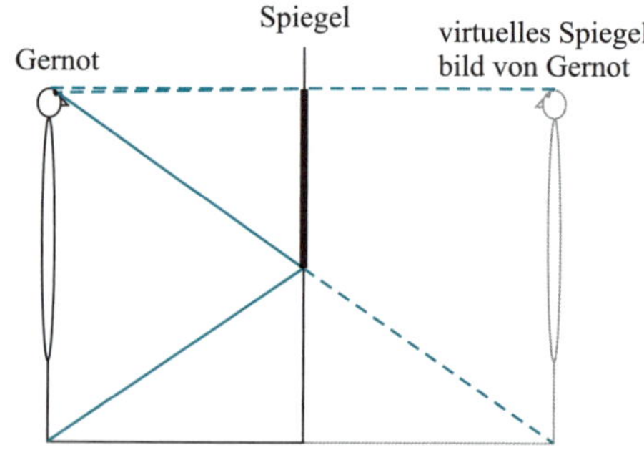

Die Oberkante des Spiegels muss entsprechend in der Mitte zwischen Augen- und Körperhöhe liegen, damit sich Gernot bis zum Scheitel bewundern kann. Die Aufhängehöhe beträgt also 1,85 m, womit sich eine Spiegelgröße von 1,85 m – 0,90 m = 0,95 m ergibt.

2. Überlege dir anhand einer Zeichnung, ob sich der über den Spiegel einsehbare Bereich verändert, wenn Gernot weiter entfernt oder näher beim Spiegel steht!

   Lösung:
   Vergrößert oder verkleinert Gernot den Abstand zum Spiegel, muss er zwar flacher bzw. steiler auf seine Füße schauen, aber an den nötigen Spiegelabmessungen ändert dies nichts:

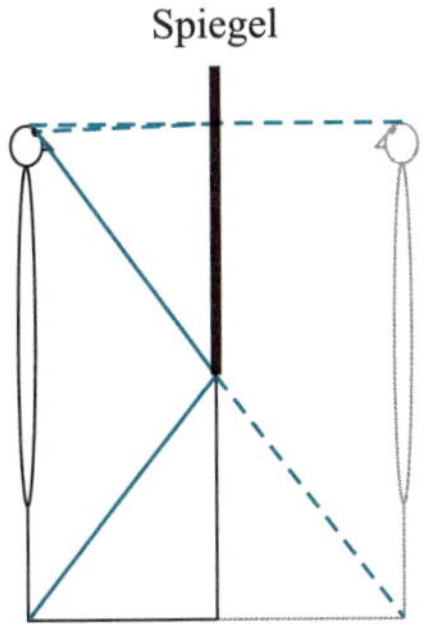

verkürzter Abstand

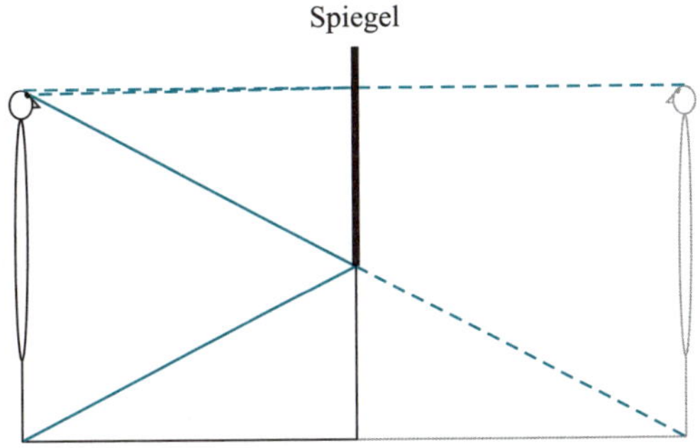

vergrößerter Abstand

Aufgaben **3.** Karl Knauser (1,80 m groß, Augenhöhe 1,70 m) soll für seine Familie einen neuen Garderobenspiegel anschaffen, der senkrecht an der Wand montiert ist. Als sparsamer Mensch wählt er den Spiegel so klein wie möglich, aber so groß wie nötig, um allen Mitgliedern den Spiegelblick „vom Scheitel bis zur Sohle“ zu ermöglichen:
Ehefrau Kriemhild (1,60 m groß, Augenhöhe 1,50 m),
Tochter Kerstin (1,90 m groß, Augenhöhe 1,80 m),
Sohn Kristof (2,00 m groß, Augenhöhe 1,90 m),
Dackel Kleffi (0,25 m hoch, Augenhöhe 0,20 m).
Berechne die Mindesthöhe h und die Aufhänghöhe H der Oberkante!

4. Eine Überwachungskamera im Punkt A beobachtet den von dort aus sichtbaren Bereich. Gibt es eine Zone (etwa hinter einem der Regale), die auch über den Spiegel nicht einsehbar ist?

Hinweis: Zeichne die virtuellen Spiegelbilder der Regale ein!

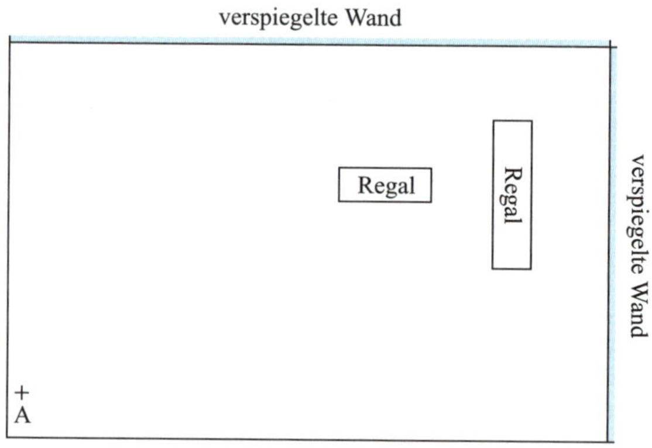

5. Es ist schwierig, über einen Spiegel auf ein Blatt Papier zu schauen und dabei seinen Namen darauf zu schreiben. Auch die Geduldspiele, bei denen eine Kugel durch leichtes seitliches Kippen in ein bestimmtes Loch gebracht werden muss, sind bei Blick über einen Spiegel kaum zu schaffen. Umso erstaunlicher erscheint somit die Leistung eines Zahnarztes, einmal direkt den Zahn anzusehen und einmal über den Spiegel, dabei den Bohrer stets in die richtige Richtung zu bewegen und den Patient nicht zu verletzen. Welche objektive Eigenschaft des Spiegels ist verantwortlich für diese Schwierigkeiten? Was „vertauscht" der Spiegel?

Trifft ein Lichtstrahl auf die Grenzschicht zwischen einem durchsichtigen Material (z. B. Luft) und einem anderen durchsichtigen Material (z. B. Glas), dann wird wie am Spiegel ein Teil gemäß Reflexionsgesetz reflektiert, der andere Teil tritt in das andere Medium ein und ändert dabei seine Ausbreitungsrichtung.

Regel

> Unter **Lichtbrechung** versteht man die Richtungsänderung von Lichtstrahlen beim Übergang von einem optisch dichteren in ein optisch dünneres Material oder umgekehrt.

Das nach der Brechung durchleuchtete Material heißt **optisch dichter** als das andere, wenn der Strahl steiler wird im Vergleich zum Verlauf vor der Grenzfläche (er wird „zum Einfallslot hin gebrochen"), im umgekehrten Falle heißt es **optisch dünner**. Mit wachsendem Einfallswinkel (also flacherem Strahl) wächst der reflektierte Anteil des Lichts, man kennt dies etwa von Schaufenstern.

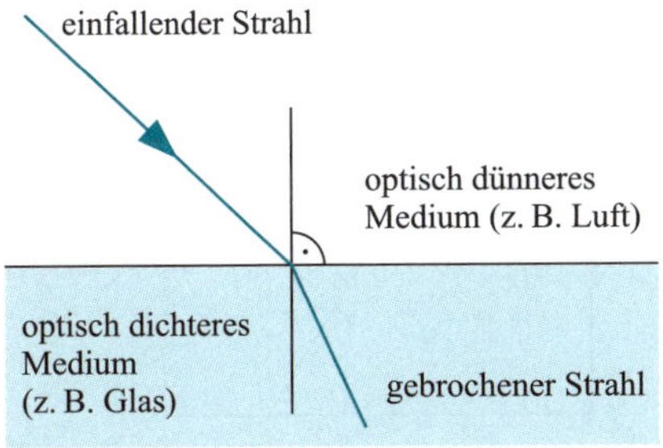

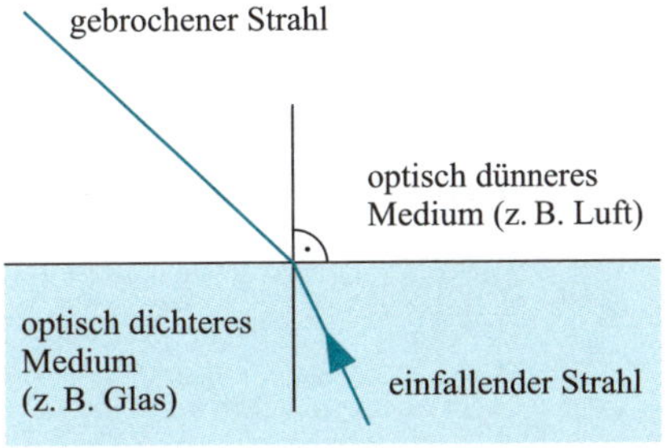

Befindet sich ein Lichtstrahl zunächst in dem optisch dichteren Material und trifft immer flacher auf die Grenzschicht, dann wird er ab einem bestimmten Winkel nicht mehr hinaus gebrochen, sondern nur noch reflektiert.

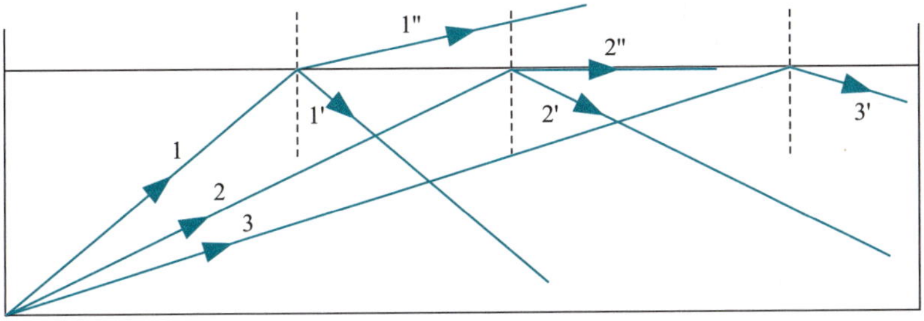

Diesen Fall nennt man **Totalreflexion** und nutzt ihn technisch aus für die Entwicklung von **Lichtleitern**.

Anmerkung: Lichtleiter haben gegenüber elektrischen Leitern unter anderem den Vorteil, dass sich Lichtstrahlen (anders als elektrische Ströme) gegenseitig durchdringen können, ohne sich zu stören, wodurch so viele unabhängige Datenströme durch den Lichtleiter geschickt werden können, wie am Ende etwa durch unterschiedliche Farbfilter wieder getrennt werden können.

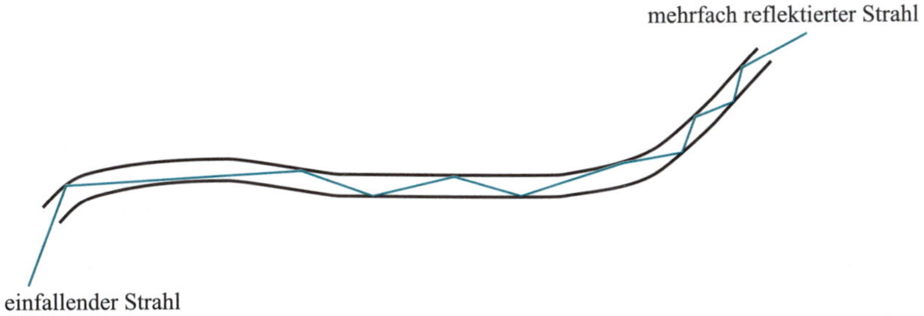

Bei der Doppelbrechung an der **planparallelen Glasplatte** läuft der Strahl nachher parallel versetzt zum Ausgangsstrahl.

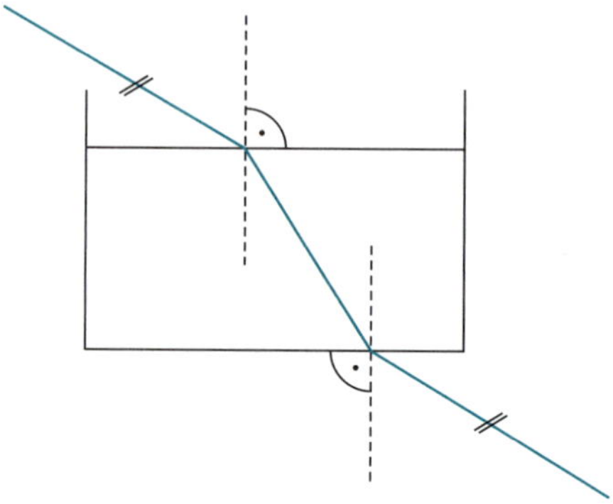

An einem durchsichtigen **Keil** finden ebenfalls zwei Brechungen statt, eine beim Eintritt (zum Einfallslot hin) und eine beim Austritt (vom Austrittslot weg).

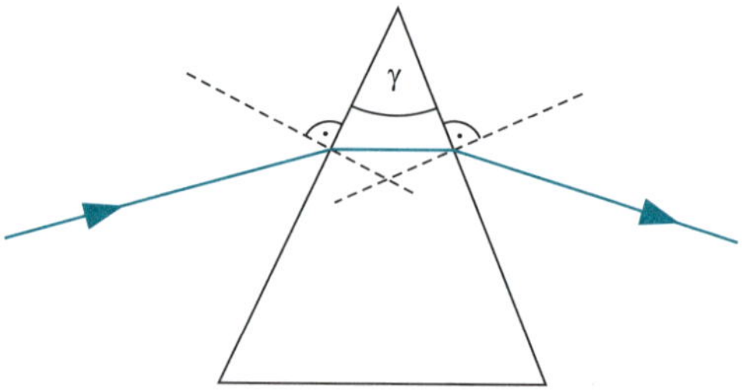

Die brechende Wirkung einer **Sammellinse** kann man sich leicht vorstellen, wenn man sie sich aus vielen, unterschiedlich steilen Keilstümpfen zusammengesetzt denkt.
Bei einer solchen, sphärisch (= kugelförmig) gewölbten Oberfläche treffen sich die senkrecht zur Linsenebene eintreffenden Strahlen nach „der" Brechung (eigentlich sind es ja zwei Brechungen, die man der Einfachheit halber durch eine einzige Brechung an der Linsenebene ersetzt) im sog. **Brennpunkt F**, dessen Abstand von der Linsenebene **Brennweite f** heißt.

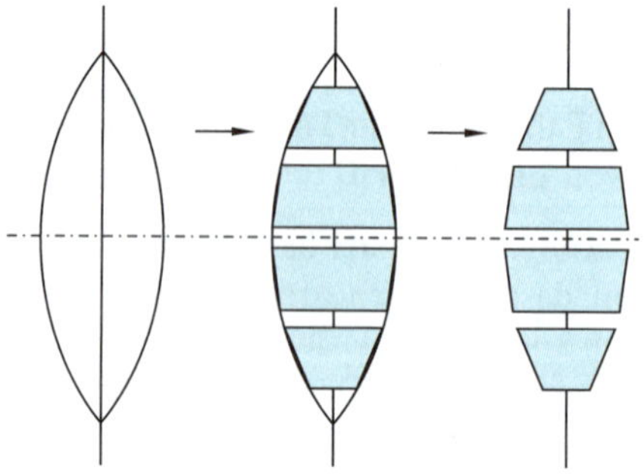

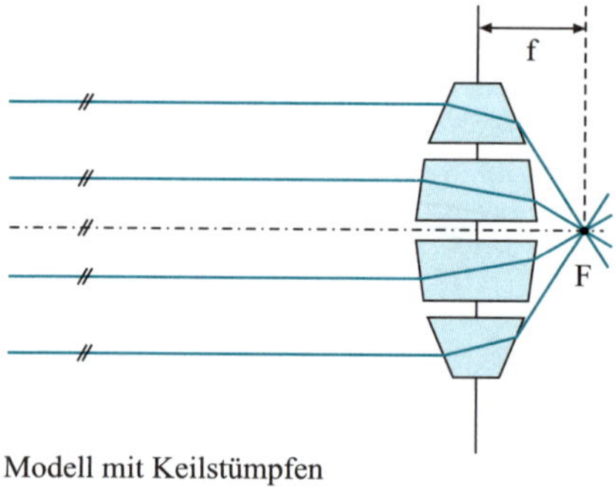

Modell mit Keilstümpfen

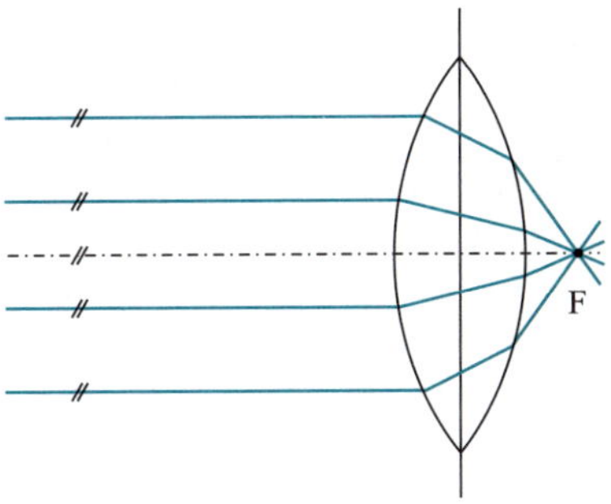

tatsächlicher Strahlenverlauf
mit Zweifach-Brechung

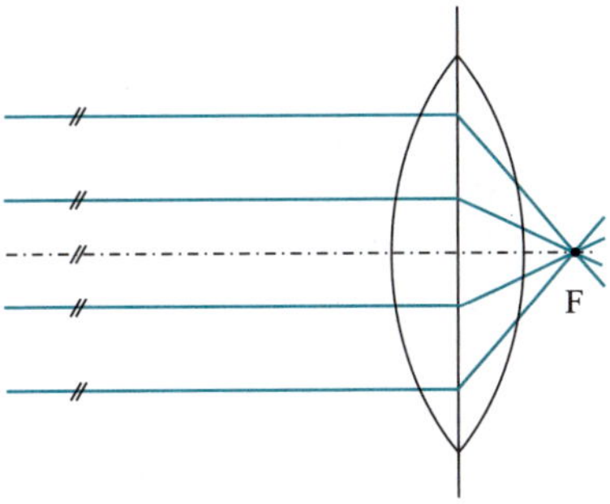

vereinfachter Strahlenverlauf mit nur einer
Brechung in der Linsenebene

Parallel einfallendes Licht trifft sich oberhalb oder unterhalb des Brennpunktes in der so genannten **Brennebene**.

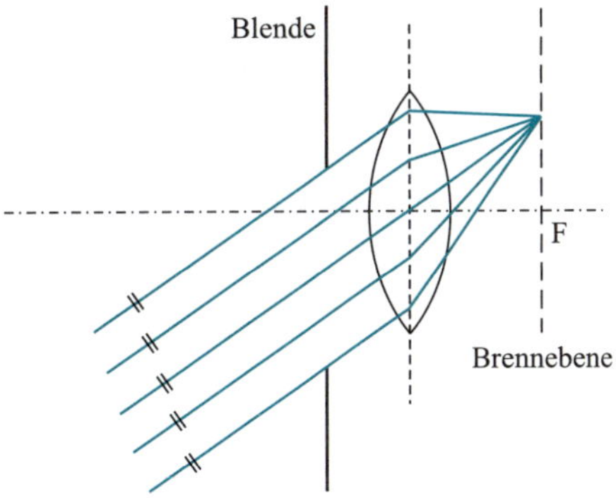

Für Konstruktionen in der geometrischen Optik ist es hilfreich, sich die Abbildungseigenschaften folgender drei charakteristischer Strahlentypen zu merken:

Regel

- **Parallelstrahlen** (d. h. Strahlen parallel zur optischen Achse) werden zu Brennstrahlen (d. h. Strahlen durch den Brennpunkt).
- **Brennstrahlen** werden zu Parallelstrahlen.
- **Mittelpunktstrahlen** (d. h. Strahlen durch den Schnittpunkt von Linsenebene und optischer Achse) werden nicht gebrochen.

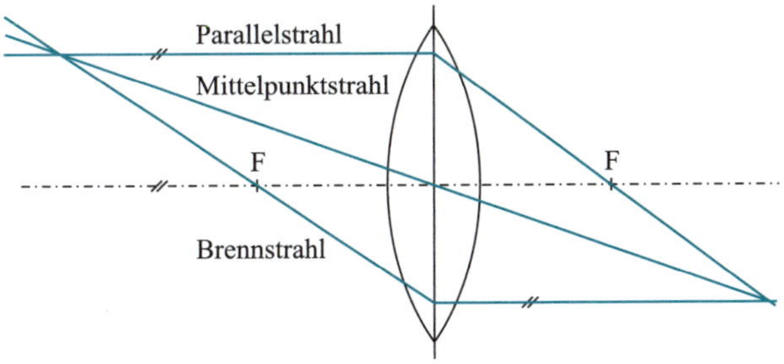

Beispiele

1. a) Gegeben ist eine Linse mit ihren Brennpunkten (Brennweite f), die optische Achse und ein Gegenstand (Pfeil) der Größe G. Den Abstand des Gegenstands von der Linsenebene bezeichnet man als **Gegenstandsweite**, den Abstand zum Bild als **Bildweite**. Die Gegenstandsweite beträgt g = 3f. Konstruiere das Bild B des Pfeils!

Lösung:

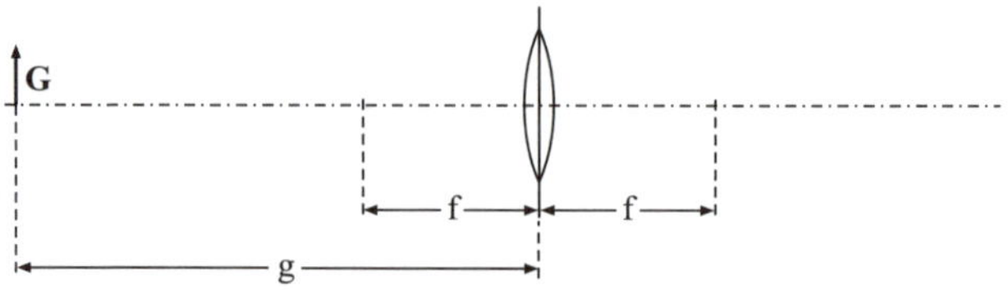

Es wird der Bildpunkt der Pfeilspitze konstruiert, indem man von allen die Pfeilspitze (allseitig!) verlassenden Strahlen zwei der drei „besonderen" Strahlen (Parallel-, Brenn- und Mittelpunktstrahl) auswählt und deren Schnittpunkt konstruiert. Hier werden der Parallelstrahl und der Mittelpunktstrahl verwendet:

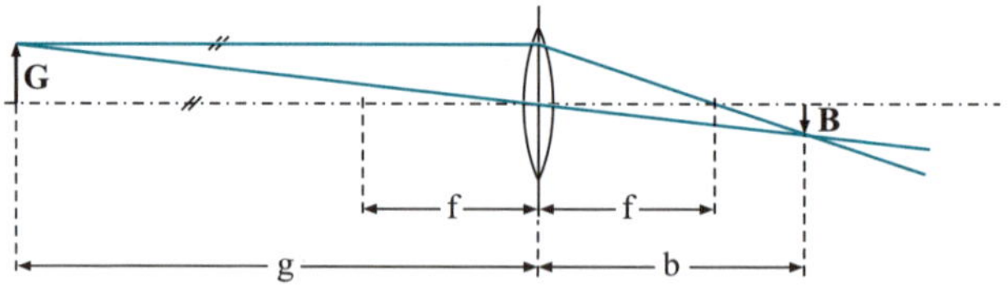

Der Parallelstrahl wird dabei nach der Brechung zum Brennstrahl, der Mittelpunktstrahl wird nicht gebrochen. Beide Strahlen, die von der Pfeilspitze ausgehen, treffen sich wieder in einem Punkt, dem Bildpunkt (und alle anderen Strahlen von der Pfeilspitze, die die Linse treffen, eben auch!). Dort ist ein scharfes Bild der Pfeilspitze (und auch des ganzen Pfeils), das man mit einem Schirm auffangen kann. Es handelt sich also um ein reelles Bild. Übrigens hätte man auch den Brennstrahl statt einem der beiden anderen wählen können, er kommt auch an der Spitze von B an:

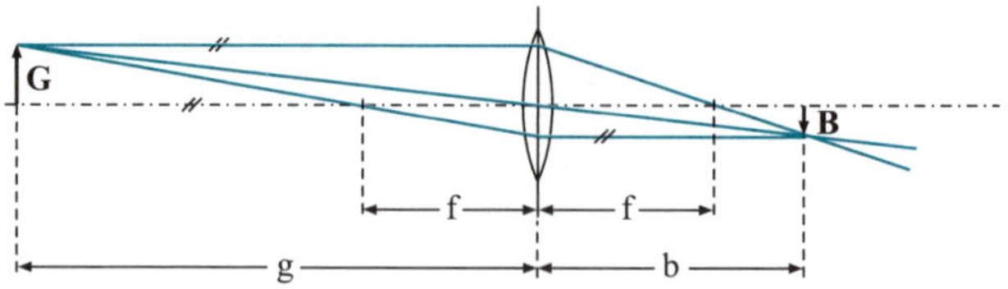

b) Verringere jetzt die Gegenstandsweite g in einigen Schritten bis auf f; wie verändert sich das Bild?

Lösung:
Es wird zunächst eine weitere Gegenstandsweite g_2 gewählt.

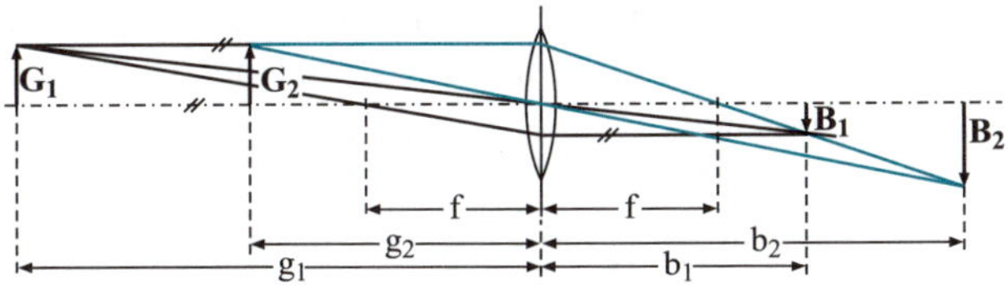

Man sieht gleich: Wandert der Gegenstand näher zum Brennpunkt, dann wird das Bild größer und entfernt sich von der Linse (Bildweite b_2); d. h. man müsste die Leinwand weiter entfernt aufstellen, um ein scharfes Bild zu erhalten. Nähert man sich mit G weiter dem Brennpunkt (Gegenstandsweite g_3), bestätigt sich dies wieder.

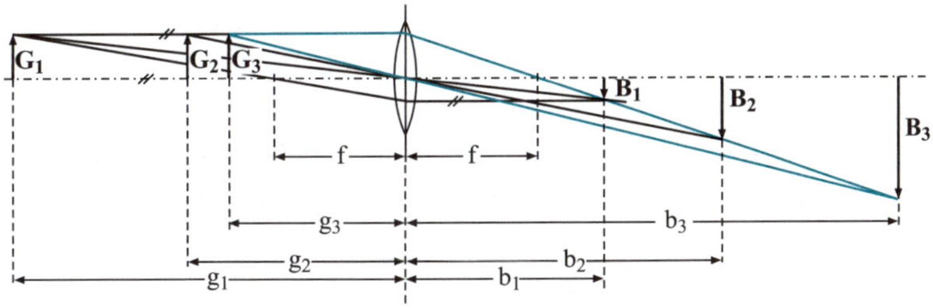

Erreicht man mit dem Gegenstand die Brennebene, dann entsteht jenseits der Linse kein reelles Bild mehr, weil die Brechkraft der Linse nicht ausreicht, um die wegen der kurzen Entfernung stark auseinanderlaufenden Strahlen von der Pfeilspitze zu einem konvergenten Bündel zu sammeln. Das Bündel wird parallel, bei weiterer Annäherung divergent.

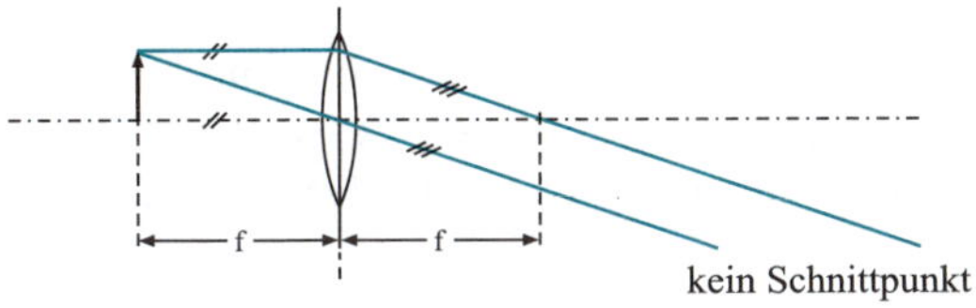

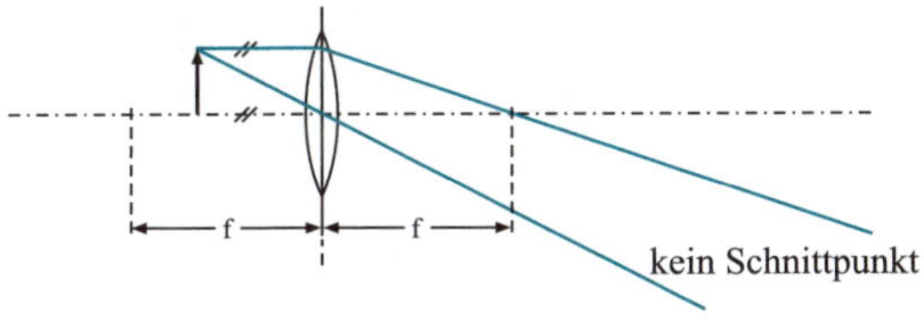

In diesen Fällen lässt sich auch der Brennstrahl nicht zur „Konstruktion“ verwenden, weil er die Linse nicht trifft! Befindet sich der Gegenstand zwischen Brennebene und Linsenebene, dann liegt man im Verwendungsbereich der Lupe (siehe Beispiel 2).

2. Will man einen Gegenstand mit einer **Lupe** betrachten, muss man diese bis auf höchstens Brennweite annähern. In welcher Stellung wird die Vergrößerung am stärksten?

   Lösung:
   Bei der Lupe entsteht ein virtuelles Bild (es lässt sich also nicht auf einem Schirm auffangen).

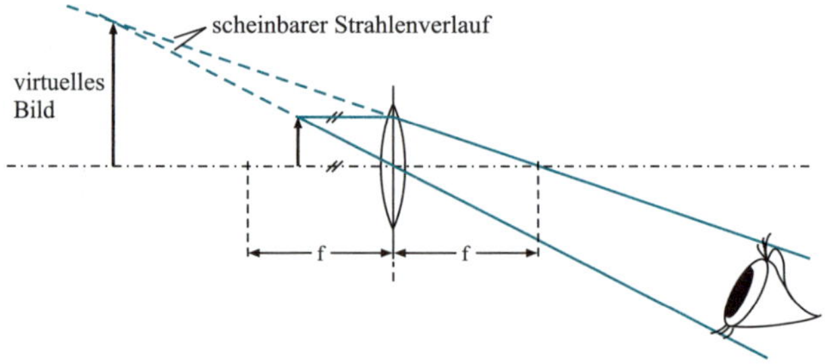

   Das scheinbare Bild ist aufrecht und vergrößert. Das Bild wird größer, wenn man den Gegenstand der Brennebene nähert:

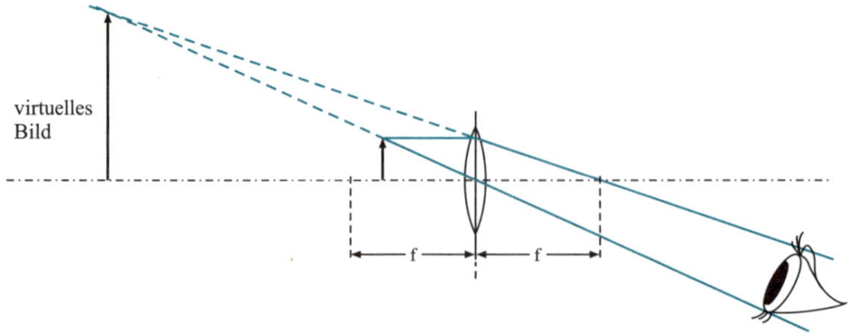

3. Bei einem **Diaprojektor** bildet eine Sammellinse mit der Brennweite f ein (auf dem Kopf stehendes) Dia der Höhe G im Abstand g vor der Linsenebene scharf ab auf einer Leinwand im Abstand b hinter der Linsenebene. Die Bildgröße ist B:

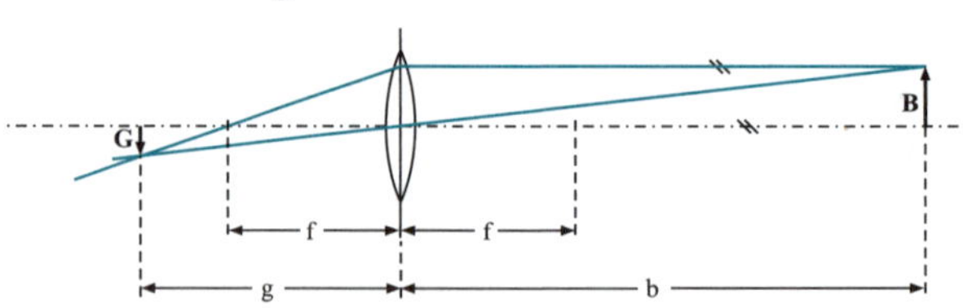

Zeige, dass die folgenden wichtigen Beziehungen gelten:

$\frac{B}{G}=\frac{b}{g}$ **(Abbildungsmaßstab)** und $\frac{1}{f}=\frac{1}{b}+\frac{1}{g}$ **(Linsengleichung)**

Lösung:

Um die erste Verhältnisgleichung zu zeigen, betrachtet man die Gerade, die die Spitzen von Pfeil und Bildpfeil miteinander verbindet (Mittelpunktstrahl): Ihre Steigung lässt sich entweder als $\frac{G}{g}$ oder als $\frac{B}{b}$ schreiben, also gilt:

$\frac{G}{g}=\frac{B}{b} \Rightarrow G\cdot b=B\cdot g$ bzw. $\frac{B}{G}=\frac{b}{g}$ (∗)

Für die Herleitung der zweiten Gleichung betrachten wir den Brennstrahl von der Spitze von G aus: Seine Steigung lässt sich angeben als $\frac{G}{g-f}$ oder auch als $\frac{B}{f}$, denn wegen des weiterhin parallelen Verlaufes ist die Höhe des „Knickpunktes" gerade B! Folglich gilt die Gleichung:

$\frac{G}{g-f}=\frac{B}{f} \Rightarrow G\cdot f=B\cdot(g-f) \Rightarrow G\cdot f=B\cdot g-B\cdot f$

Teilt man beide Seiten durch B, ergibt sich $\frac{G}{B}\cdot f=g-f$ oder mit der soeben gewonnenen Beziehung (∗) für den Abbildungsmaßstab:

$\frac{g}{b}\cdot f=g-f$

Teilt man diese Gleichung durch (g · f), dann erhält man $\frac{1}{b}=\frac{1}{f}-\frac{1}{g}$ und somit die geforderte Linsengleichung:

$\frac{1}{f}=\frac{1}{b}+\frac{1}{g}$

Aufgaben **6. Linsentypen**

Je nach Oberflächenform unterscheidet man verschiedene Linsentypen; eine nach außen gewölbte Oberfläche heißt konvex, eine Hohlschliff-Fläche heißt konkav, ebene Flächen nennt man auch „plan". Haben beide Seiten Hohlschliff, nennt man das eine Bikonkav-Linse.

Ergänzen die fehlenden Bezeichnungen:

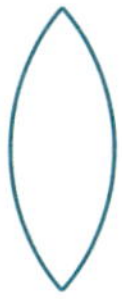			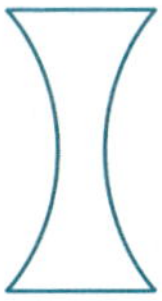	
	Plankonvex-Linse		Bikonkav-Linse	

7. Ein Fisch blickt nach oben in Richtung Wasseroberfläche. Was sieht er?

8. Die Strahlenbündel in der folgenden Zeichnung entspringen nicht im Brennpunkt, folglich werden sie nach der Brechung auch keine Parallelstrahlen sein. Skizziere den weiteren Strahlenverlauf!

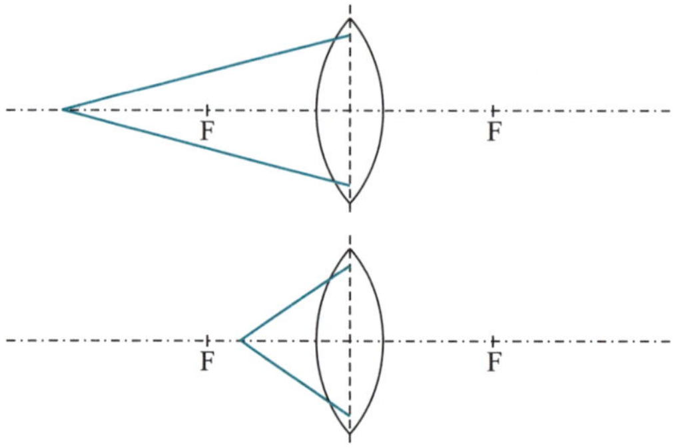

9. Wie ändern sich Bildgröße B und Bildweite b bei Veränderung von g (und gleich bleibendem f)?

10. Wie ändern sich Bildgröße B und Bildweite b bei Veränderung von f (und gleich bleibendem g)?

11. Ein Diaprojektor (Brennweite $f = 15$ cm) wirft das Bild eines Dias ($G = 36$ mm) an die Leinwand in $b = 10$ m Entfernung. Berechne die Bildgröße B!

12. Ein einfacher Fotoapparat besitzt als Objektiv eine Sammellinse mit $f = 55$ mm, der Film hat eine verfügbare (Bild-) Höhe B von 24 mm (Kleinbildformat). Wie hoch ist der Bereich G, den die Kamera aus $g = 12$ m Entfernung aufnehmen kann?

Zusammenfassung

- Licht breitet sich geradlinig und allseitig aus; an **Spiegeln** wird es **reflektiert**, dabei liegen einfallender und ausfallender Strahl in einer Ebene und schließen mit der Oberfläche des Spiegels jeweils den gleichen Winkel ein.
- Beim Übergang des Lichts von einem durchsichtigen Material in ein anderes tritt **Brechung** auf, die Richtung der Lichtstrahlen ändert sich. Bei **Sammellinsen** werden Brennstrahlen zu Parallelstrahlen und umgekehrt, Mittelpunktstrahlen werden nicht gebrochen. Ferner gelten die Gleichung für den **Abbildungsmaßstab** und die **Linsengleichung**.

Auge und optische Geräte

Ein stark vereinfachtes **Modell des Auges** ist eine Kugel mit einer Sammellinse, die ein Objekt auf die Netzhaut (gekrümmte Leinwand) abbildet. Auf der Netzhaut befinden sich viele Sehzellen (Zäpfchen und Stäbchen). Zwei Punkte können dann getrennt gesehen werden, wenn ihre Bilder nicht die gleiche Sehzelle treffen. Im entspannten Zustand der Linse ist das gesunde Auge so beschaffen, dass weit entfernte Gegenstände scharf gesehen werden (ist ein Gegenstand weit entfernt, dann kommen die Strahlen von einem Punkt des Gegenstandes nahezu parallel an):

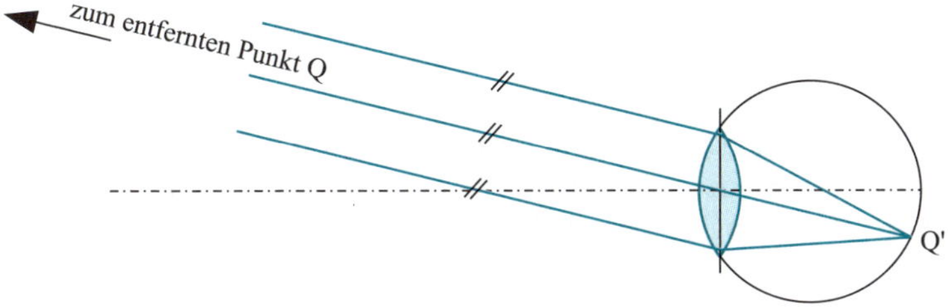

Die Strahlen von einem Punkt eines nahe gelegenen Gegenstandes sind divergent, müssen also stärker gebrochen werden, um sich auf der Netzhaut wieder zu treffen. Die Augenmuskulatur verformt die Linse entsprechend, man nennt dies **Akkomodation**:

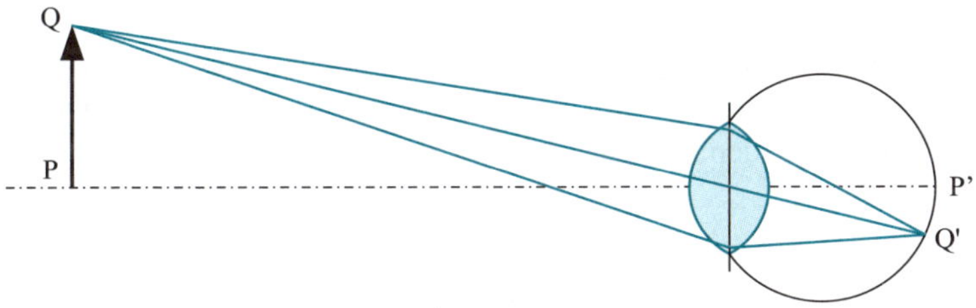

Das Bild eines Gegenstandes auf der Netzhaut wird sehr klein, wenn der Gegenstand entweder sehr weit entfernt liegt oder aber selbst sehr klein ist (das Auge kann nur auf eine Entfernung von etwa $d = 25$ cm, der deutlichen Sehweite, dauerhaft scharf stellen, sonst würde natürlich beliebiges Annähern das Bild vergrößern!). Wird das Bild eines Gegenstandes zu klein, nimmt man **optische Geräte** wie Lupe, Fernrohr oder Mikroskop zu Hilfe. Deren Aufbau und Funktionsweise wird in den folgenden Beispielen erklärt.

Beispiele

1. **Funktionsweise des Kepler-Fernrohres (astronomisches Fernrohr)**
Ein Kepler-Fernrohr mit möglichst starker Vergrößerung soll gebaut werden.
   a) Ist die Objektivbrennweite möglichst groß oder klein zu wählen?
   b) Ist die Okularbrennweite möglichst groß oder klein zu wählen?

Lösung:
Für die Beantwortung der Fragen a und b sind die folgenden Strahlengänge hilfreich, bei denen es jeweils um die Bildpunkte P' und Q' des rechts dargestellten Pfeils mit Endpunkten P und Q geht, welcher mit P auf der optischen Achse stehen soll (damit liegt auch P' stets auf der optischen Achse).

Wenn der Pfeil weit entfernt vom Auge steht, dann liegen die Bildpunkte P' und Q' sehr nahe beieinander und das Bild des Pfeils wird dementsprechend klein. Wegen der großen Entfernung kann man die von Q ausgehenden Strahlen als nahezu parallel annehmen:

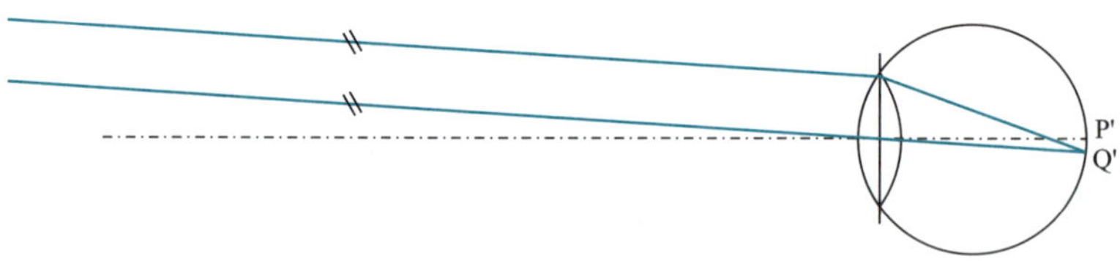

Ein Keplersches- oder astronomisches Fernrohr erzeugt nun zunächst mit dem **Objektiv** ein Bild des Pfeils in der Nähe des Auges, das dann wiederum mit einer Lupe, dem so genannten **Okular**, betrachtet wird:

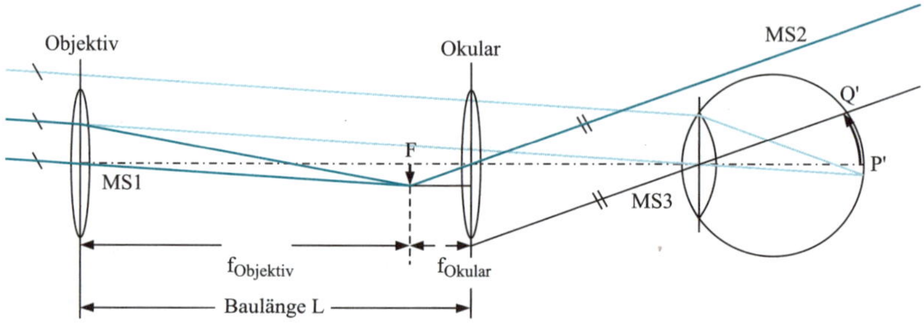

Der **Strahlengang** erklärt sich (unter Verwendung der Tatsachen, dass Brennstrahlen zu Parallelstrahlen werden und umgekehrt sowie Mittelpunktstrahlen nicht gebrochen werden) folgendermaßen:
Zunächst (links) kommen die Strahlen vom Punkt Q parallel zueinander wie im oberen Bild ohne Fernrohr; im Objektiv werden sie nun erstmals gebrochen, der Mittelpunktstrahl MS1 passiert die Linse ungebrochen.

Weil die Strahlen parallel zueinander einfallen, treffen sie sich in einem Punkt der Brennebene, nämlich der jetzt unten liegenden Spitze des Pfeils im gemeinsamen Brennpunkt F der Linsen. Hier entsteht ein scharfes, auf dem Kopf stehendes Bild des Pfeils. Wieder gehen von jedem Punkt (also auch der Spitze) in alle Richtungen Strahlen weg, also auch einer durch den Mittelpunkt des Okulars. Dieser wird als Mittelpunktstrahl (MS2) nicht gebrochen und gibt die Richtung des nach dem Okular parallelen Lichtbündels an. Legt man dazu die Parallele durch den Mittelpunkt der Augenlinse, erhält man den Mittelpunktstrahl MS3, der wiederum vom Auge nicht gebrochen wird und die Netzhaut im Bildpunkt Q' schneidet. Bei dieser Konstruktion wird grundsätzlich nicht berücksichtigt, ob der jeweilige (z. B. Mittelpunkt-) Strahl die andere Linse auch trifft; er dient eben nur als Konstruktionshilfe. Im Nachhinein lässt sich dann (vom so konstruierten Bildpunkt Q' ausgehend) das tatsächlich vom Zwischenbild auf die Netzhaut gelangende Bündel einzeichnen (das bringt aber keine neuen Erkenntnisse, außer vielleicht, dass große Linsen die Lichtstärke des optischen Instrumentes erhöhen, weil einfach mehr Licht von Q die Netzhaut erreicht); dabei wird der Strahlbereich oben durch den oberen Pupillenrand und unten durch den unteren Okularrand begrenzt.

Die Antworten auf die eingangs gestellten Fragen lauten somit:

a) Die **Objektivbrennweite** ist möglichst **groß** zu wählen, damit das Bild zwischen den Linsen erst in großer Entfernung vom Objektiv steht (beachte den ungebrochenen Mittelpunktstrahl!) und damit selbst möglichst groß ist.

b) Die **Okularbrennweite** ist möglichst **klein** zu wählen, damit das Bild zwischen den Linsen mit einer möglichst starken Lupe (= Sammellinse mit kurzer Brennweite als Okular) weiter vergrößert wird, um dann im Auge größtmöglich abgebildet zu werden.

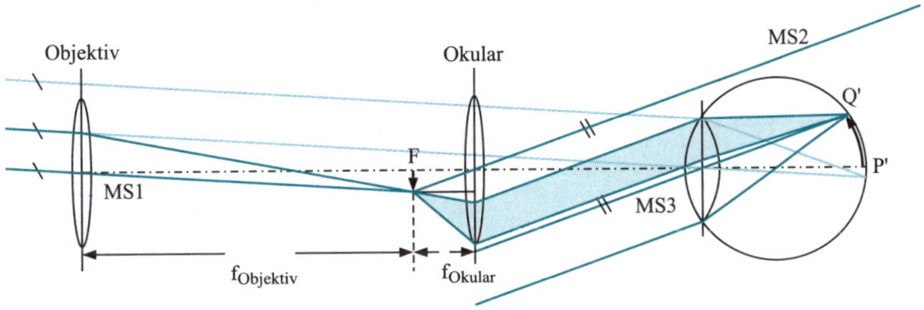

2. **Funktionsweise des Galilei-Fernrohres**

Beim Galilei-Fernrohr wird als Okular statt der Sammellinse eine **Streulinse** verwendet. Bei Streulinsen ist die Brennweitenangabe negativ, gemeint ist dabei der Abstand des **fiktiven Brennpunktes**. Fiktiv bedeutet hier, dass nicht die realen Strahlen, sondern nur deren gedachten Verlängerungen sich schneiden, also scheinbar einem gemeinsamen Punkt (eben dem fiktiven Brennpunkt) entspringen.

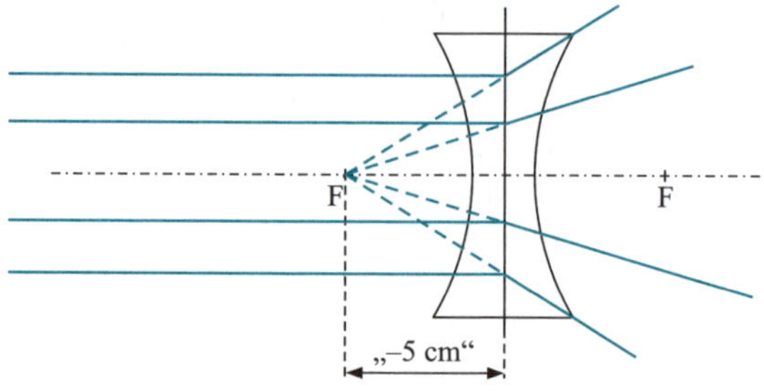

Die Baulänge verringert sich damit auf $f_{Objektiv} - |f_{Okular}|$ und das Bild steht aufrecht. Zeige dies zeichnerisch in einem Strahlengang!

Lösung:

Die Strahlen von der gedachten Pfeilspitze als Objekt in großer Ferne kommen fast parallel an, der Mittelpunktstrahl MS1 wird durch das Objektiv nicht gebrochen und würde sich mit den anderen Strahlen von der Pfeilspitze im Objektivbrennpunkt knapp links vom Auge treffen, dort wäre das scharfe Bild aufzufangen. Statt mit einer Lupe wie beim Kepler-Fernrohr wird nun eine Streulinse als Okular in den Strahlengang gebracht. Weil ihr fiktiver rechter Brennpunkt mit dem des Objektives zusammenfällt, wird das Bündel parallel. Der Mittelpunktstrahl durch das Okular (MS2) wird nicht gebrochen, an dem im Vergleich zu MS1 größeren Winkel der Parallelstrahlen zur optischen Achse erkennt man schon die Vergrößerung. Der Mittelpunktstrahl MS3 durch die Augenlinse schließlich liefert die Lage des Bildpunktes auf der Netzhaut; die Orientierung des Bilds ist dabei gegenüber der Ausgangslage unverändert.

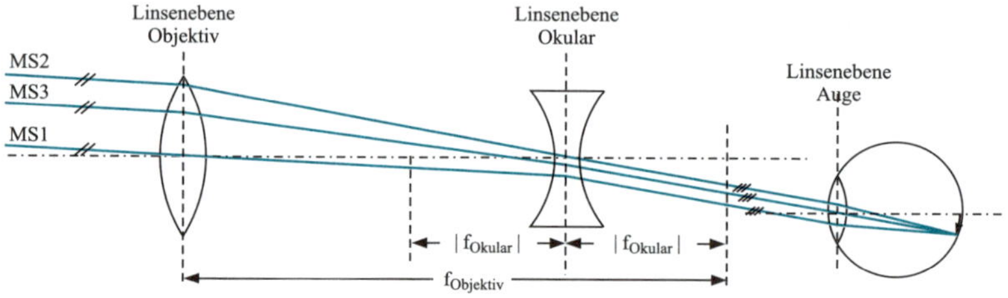

3. Funktionsweise des Mikroskops

Möchte man einen kleinen Gegenstand aus der Nähe betrachten, muss man mindestens $d = 25$ cm Abstand halten, um scharf zu stellen. Das Bild auf der Netzhaut wird dann gegebenenfalls noch sehr klein:

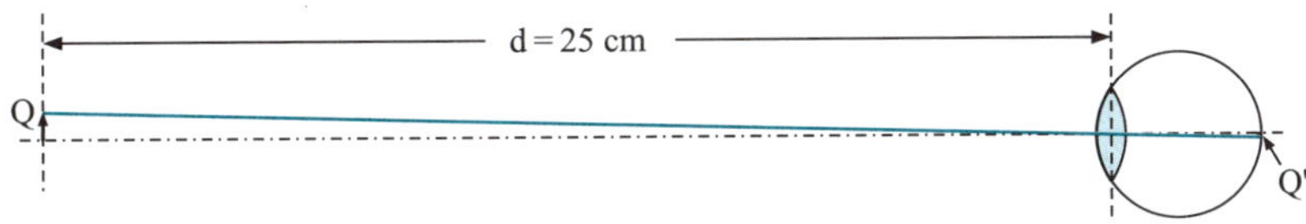

Bringe zwischen Gegenstand und Auge zunächst eine Objektivlinse, die den Gegenstand vergrößert abbildet, und eine weitere Sammellinse als Okular, die als Lupe zum Betrachten des Bildes verwendet wird. Ergänze den Strahlengang!

Lösung:
Bringt man das Objekt nahe an das Objektiv eines Mikroskops (aber etwas mehr Abstand von der Objektivebene als die Brennweite muss es sein!), dann wird auf der anderen Seite des Objektives ein großes Bild im Raum erzeugt. Bringt man an diese Stelle den Brennpunkt eines Okulars und betrachtet somit das Bild durch eine Lupe, dann entsteht das Bild auf der Netzhaut gemäß folgendem Strahlengang:

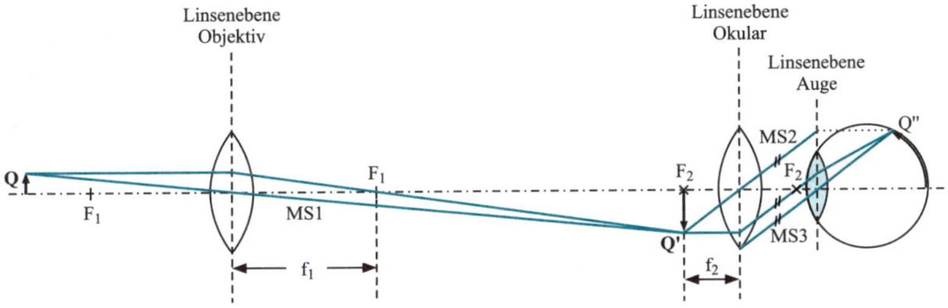

Die Mittelpunktstrahlen MS1 (durch das Objektiv), MS2 (durch das Okular) und MS3 (durch das Auge) sind als Konstruktionshilfen für den Strahlengang eingezeichnet.

4. **Vergrößerungsfaktoren von Lupe, Fernrohr und Mikroskop**
Fernrohr und Mikroskop dienen zur optischen Vergrößerung von Objekten, die entweder weit entfernt oder zu klein sind, um sie in ausreichender Größe zu sehen. Wie lässt sich ein Vergrößerungsfaktor sinnvoll festlegen?

Lösung:
Die Größe des Bildes auf der Netzhaut lässt keine Schlüsse zu über die Größe des Objektes selbst. Es kann entweder näher vor unseren Augen stehen und kleiner sein oder aber weiter entfernt und größer. Erfahrungswerte helfen uns hier im täglichen Leben weiter, ein objektives Maß ersetzen sie aber nicht. Für die Größe auf der Netzhaut ist vielmehr der Öffnungswinkel ε zwischen optischer Achse und Mittelpunktstrahl verantwortlich; er ist auch das Maß für die Steigung der Geraden, also ist diese Steigung, die so genannte **Öffnungsweite** $O(\varepsilon) = \frac{G_1}{g_1} = \frac{G_2}{g_2}$, ein brauchbares Maß für die Bildgröße.

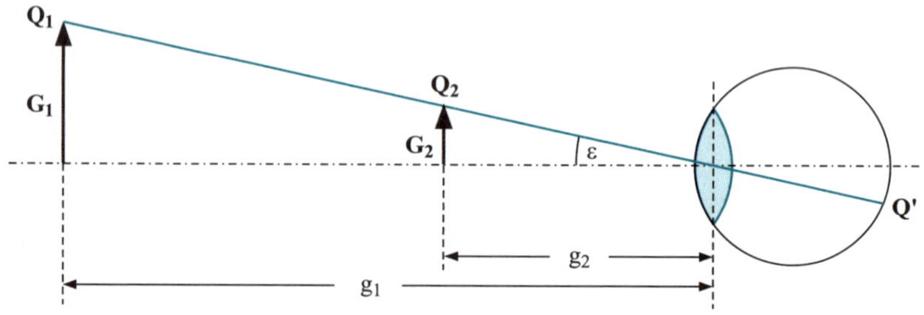

Ein optisches Gerät vergrößert den Öffnungswinkel und damit auch dieses Verhältnis. Als **Vergrößerungsfaktor** definiert man:

$$v = \frac{O(\varepsilon')}{O(\varepsilon)}$$

Für die **Lupe** wählt man als Vergleich die deutliche Sehweite d = 25 cm.

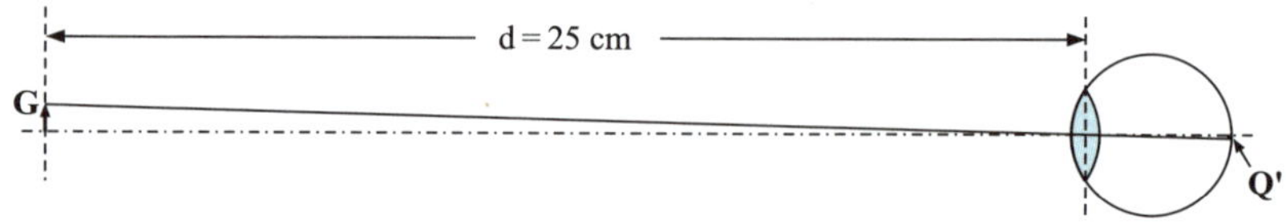

Ohne Lupe erhält man $O(\varepsilon) = \frac{G}{d}$.

Bringt man nun den Brennpunkt einer Lupe zum Gegenstand, ergibt sich folgender Strahlenverlauf:

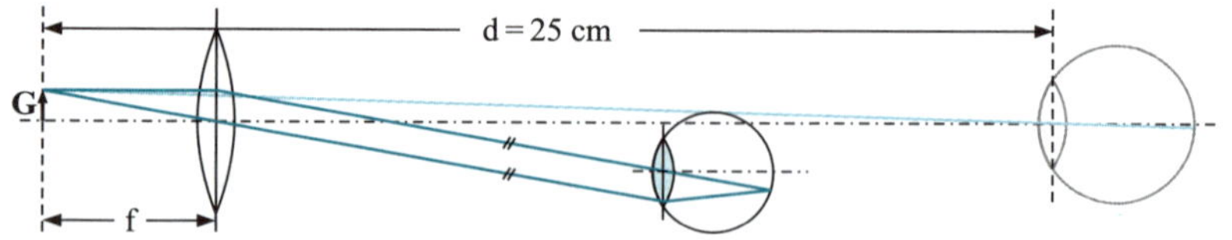

Für die Öffnungsweite erhält man jetzt $O(\varepsilon') = \frac{G}{f}$ und somit für die Lupenvergrößerung:

$$v_{Lupe} = \frac{O(\varepsilon')}{O(\varepsilon)} = \frac{\frac{G}{f}}{\frac{G}{d}} = \frac{d}{f} = \frac{25\,cm}{f}$$

Für das **Fernrohr** erhält man beide Öffnungsweiten aus folgender Zeichnung (hier am Beispiel des Kepler-Fernrohrs):

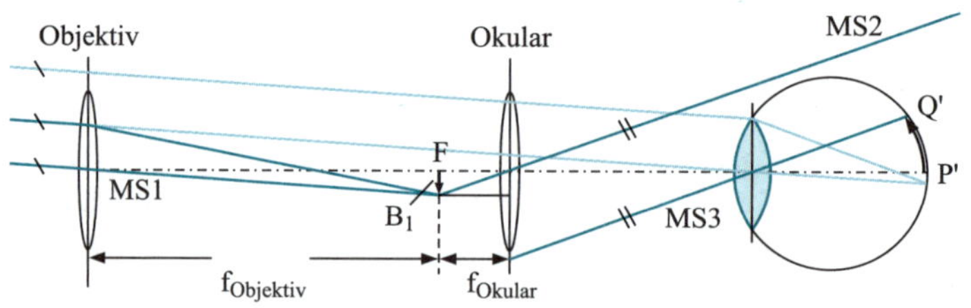

Die Größe B_1 des Zwischenbildes liefert zusammen mit den beiden Brennweiten (vergleiche die Mittelpunktstrahlen MS1 und MS2) folgende Öffnungsweiten:
Ohne Fernrohr wäre die Öffnungsweite des Mittelpunktstrahls MS1 entscheidend für die Größe des Netzhautbildes, also:

$$O(\varepsilon) = \frac{B_1}{f_{Objektiv}}$$

Im weiteren Verlauf ist die Richtung von den Mittelpunkstrahlen MS2 bzw. MS3 ausschlaggebend, es gilt

$$O(\varepsilon') = \frac{B_1}{f_{Okular}}$$

und damit für das gesamte Fernrohr:

$$v_{Fernrohr} = \frac{O(\varepsilon')}{O(\varepsilon)} = \frac{\frac{B_1}{f_{Okular}}}{\frac{B_1}{f_{Objektiv}}} = \frac{f_{Objektiv}}{f_{Okular}}$$

Um schließlich die Vergrößerung des **Mikroskops** zu erhalten, betrachten wir folgende Zeichnung:

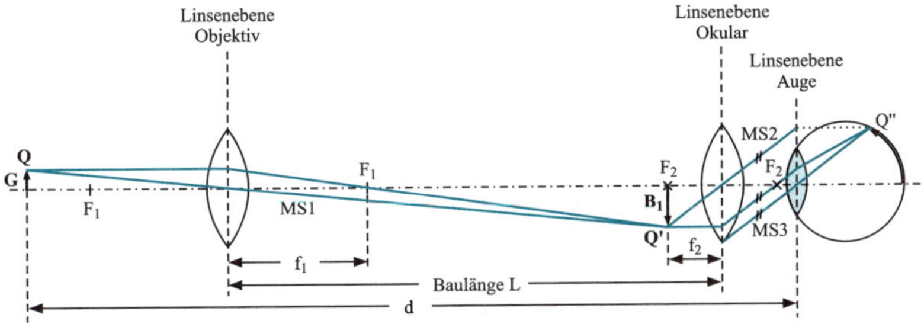

Ohne Mikroskop ergibt sich die Öffnungsweite wieder als Quotient aus der Gegenstandsgröße G und dem Abstand d von Gegenstand und Auge:

$$O(\varepsilon) = \frac{G}{d}$$

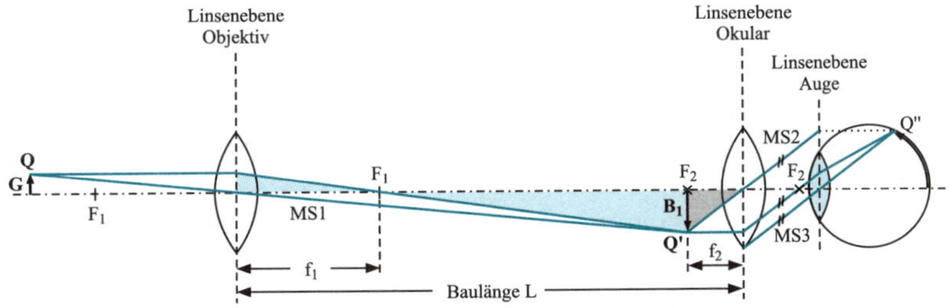

Durch die Linsenanordnung beim Mikroskop erhöht sich die Öffnungsweite auf (vgl. grau getöntes Dreieck):

$$O(\varepsilon') = \frac{B_1}{f_2}$$

Für den Vergrößerungsfaktor folgt dann zunächst:

$$v_{\text{Mikroskop}} = \frac{O(\varepsilon')}{O(\varepsilon)} = \frac{\frac{B_1}{f_2}}{\frac{G}{d}} = \frac{B_1 \cdot d}{f_2 \cdot G} \qquad (*)$$

Um die Vergrößerung allein durch das Mikroskop kennzeichnende Größen auszudrücken, formen wir noch mithilfe des Strahlensatzes um (vgl. hellgrün getönte Dreiecke):

$$\frac{B_1}{G} = \frac{L - f_1 - f_2}{f_1}$$

Damit erhält man insgesamt nach Einsetzen in (∗) als Vergrößerungsfaktor für das Mikroskop:

$$v_{\text{Mikroskop}} = \frac{(L - f_1 - f_2) \cdot d}{f_1 \cdot f_2}$$

Aufgaben

13. Ein Kepler-Fernrohr mit 50-facher Vergrößerung soll gebaut werden. Für das Okular ist eine Linse von 30 mm Brennweite vorgesehen.
a) Welche Objektivbrennweite ist zu wählen?
b) Welche Baulänge L ergibt sich?
c) Welche Okularlinse (Brennweite!) wäre – bei gleichem Objektiv – für ein Galilei-Fernrohr gleicher Vergrößerung notwendig und welche Baulänge L' ergäbe sich dabei?

14. a) Skizziere den Strahlengang eines Fernrohres aus zwei Sammellinsen mit $f_1 = 20$ cm und $f_2 = 2$ cm Brennweite!
b) Berechne den Vergrößerungsfaktor v_F!

15. a) Ein Fernrohr besteht aus zwei Sammellinsen mit $f_{\text{Objektiv}} = 100$ cm und $f_{\text{Okular}} = 2$ cm. Berechne den Vergrößerungsfaktor v_F!
b) Lässt sich aus den gleichen Linsen theoretisch auch ein Mikroskop mit Vergrößerungsfaktor $v_M = 50$ bauen? Wenn ja, ist das sinnvoll?

16. Zum Aufbau eines einfachen Mikroskops mit möglichst starker Vergrößerung kann man aus folgenden Brennweiten je eine für Objektiv und Okular auswählen: $f_1 = 5{,}0$ cm; $f_2 = 10{,}0$ cm; $f_3 = 20$ cm; $f_4 = 40{,}0$ cm.
a) Welche Linsenbrennweiten sind zu wählen (Doppelnennung zulässig)?
b) Welche Vergrößerung ergibt sich (deutliche Sehweite: 25 cm) bei einer Baulänge von 45 cm?

17. Ein Mikroskop mit Vergrößerungsfaktor $v_M = 100$ soll eine Baulänge von 30 cm sowie ein Objektiv mit $f_1 = 3{,}0$ cm haben.
a) Skizziere den Strahlengang eines solchen Mikroskops!
b) Welche Okularbrennweite f_2 ist zu wählen?

18. Ein Mikroskop mit 20-facher Vergrößerung soll bei einer Baulänge von 30 cm gebaut werden. Welche Brennweite f_1 des Objektivs ist zu wählen, wenn die Okularlinse eine Brennweite $f_2 = 11$ cm hat?

19. Ein Mikroskop soll möglichst starke Vergrößerung haben. Wie wählt man die Brennweiten von Objektiv und Okular sowie die Baulänge?

20. Ein Fernrohr soll möglichst starke Vergrößerung besitzen. Worauf ist bei den Brennweiten zu achten?

21. Fehlsichtigkeit
a) Bei der Kurzsichtigkeit ist der Augapfel in Richtung der optischen Achse zu lang (gleichbedeutend ist die Aussage, dass die Brechkraft der Linse zu groß ist).

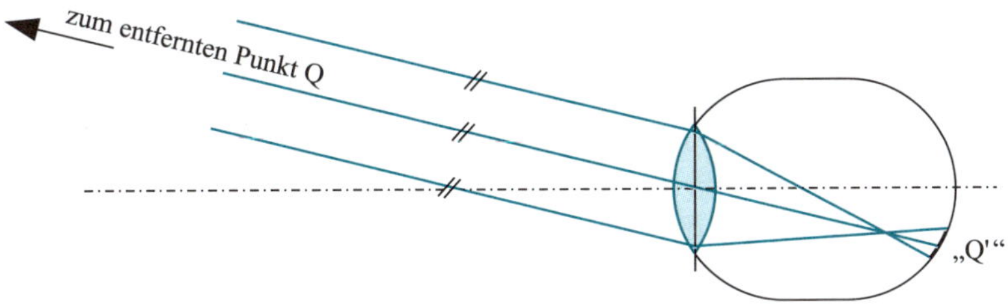

Die parallelen Strahlen von einem Punkt Q in großer Entfernung treffen sich schon vor der Netzhaut und divergieren dahinter wieder, sodass auf der Netzhaut kein scharfes Bild, sondern nur ein verschwommener Fleck „Q'“ zu sehen ist.
Hilft gegen die Kurzsichtigkeit eine Sammel- oder eine Streulinse (kurze Begründung)?
Entscheide, ob das kurzsichtige Auge ohne Brille ein nahe gelegenes Objekt scharf sehen kann.

b) Entsprechend ist bei der Weitsichtigkeit der Augapfel zu kurz bzw. die Brechkraft der Linse zu gering.
Zeichne zunächst einen Strahlengang für diesen Fall der Fehlsichtigkeit und einen entfernt liegenden Punkt Q, nenne anschließend die therapeutisch sinnvolle Linsenart (mit Kurzbegründung) und entscheide schließlich auch in diesem Fall, ob ein nahe gelegenes Objekt scharf gesehen werden kann (z. B. beim Lesen eines Buches).

Zusammenfassung

- Das entspannte **Auge** sieht auf große Entfernungen scharf. Je näher das Objekt am Auge liegt, desto stärker divergieren die Strahlen, die von einem Objektpunkt ausgehen. Sie werden in der durch **Akkomodation** verformten Augenlinse mit dadurch größerer Brechkraft scharf auf die Netzhaut abgebildet. Mit der deutlichen Sehweite von etwa 25 cm ist die Grenze für das dauerhafte Scharfstellen des Auges erreicht.
- Weit entfernt liegende Gegenstände betrachtet man durch ein **Fernrohr**, dessen Objektiv ein bereits vergrößertes Bild im Raum erzeugt, welches durch das als Lupe fungierende Okular betrachtet und dabei zusätzlich vergrößert wird.
- Kleine Gegenstände betrachtet man mit dem **Mikroskop**, dessen Objektiv ein scharfes und vergrößertes Bild im Raum erzeugt, welches wiederum mit einem Okular als **Lupe** zusätzlich vergrößert wird.
- Bei Kurz- und Weitsichtigkeit sind Augapfelform und Linsenbrechkraft nicht optimal aufeinander abgestimmt; durch Einbringen einer Sammel- oder Streulinse kann für Abhilfe gesorgt werden.

Farben und Dispersion

Bei der Brechung des Lichtes gibt es (anders als bei der Reflexion) eine weitere Besonderheit, die so genannte Dispersion.

Regel

Dispersion nennt man die unterschiedlich starke Brechung verschiedenfarbigen Lichtes beim Eintritt in ein optisch dichteres Medium.

Betrachtet man die sichtbare Farbpalette, wie sie im Regenbogen enthalten ist, so gilt: Je näher die Farbe am violetten Ende des Regenbogenspektrums liegt, desto stärker wird das Licht gebrochen.

Blau-violettes Licht wird also am stärksten gebrochen, rotes Licht am schwächsten.

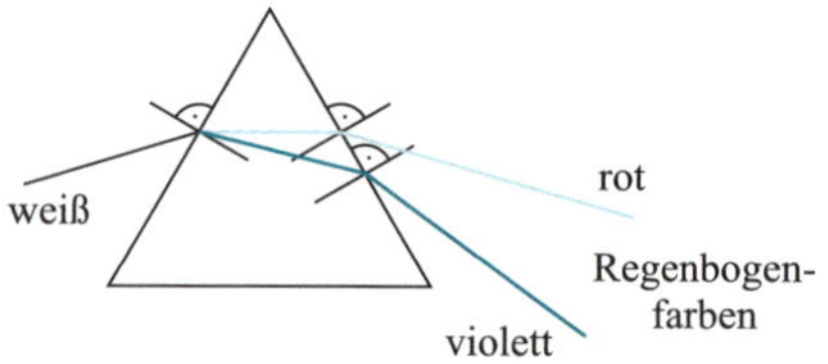

Weißes Licht lässt sich wegen der Dispersion mit einem Prisma in seine Spektralfarben (Regenbogenfarben bei Glühlampen- oder Sonnenlicht) zerlegen (siehe Abbildung). Es ist also nicht spektral rein, sondern immer **Mischlicht**, das sich durch ein Prisma in seine spektralen Bestandteile zerlegen lässt. Filtert man diese Spektralfarben dann etwa mit einer Blende aus und lässt sie erneut ein Prisma passieren, werden sie nicht weiter zerlegt; sie waren also rein.

Der Regenbogen besteht aus den **drei additiven Grundfarben Rot, Grün und Blauviolett („RGB")** sowie deren Mischfarben im Übergangsbereich. Die Mischfarbe Magenta (pinkfarben) fehlt, es ergäbe sich durch Überlagern der Farben an den beiden Rändern des Spektrums, nämlich Blau-Violett und Rot. Neben Magenta gibt es noch die additiven Doppel-Mischfarben Cyan (Blau + Grün) und Gelb (Rot + Grün). Auch alle anderen Farben lassen sich durch Mischen von Licht dieser additiven Grundfarben erzeugen; man spricht von **additiver Farbmischung**. Hierauf beruht das Prinzip des Bildschirms (siehe Beispiel 1).
In den Druckereien werden die **subtraktiven Grundfarben** verwendet, nämlich **Cyan, Gelb und Magenta** (sowie Schwarz für besonders satte Schwarztöne). Sie liegen meist als Farbpigmente (fein verteilte, feste Teilchen) vor. Der Farbeindruck im Auge entsteht durch Reflexion und Absorption des Lichts, das auf derartige Farbpigmente einfällt: Fällt weißes Licht auf eine Farbfläche, werden alle Farbanteile außer des eigenen von der Fläche „geschluckt" (absorbiert). So wird bei einer roten Fläche der blauviolette und grüne Anteil des weißen Lichts absorbiert, der rote reflektiert und vom Auge wahrgenommen. Auf diese Weise werden alle sichtbaren Farben durch **subtraktive Farbmischung** erzeugt. Je mehr Ausgangsfarben vorliegen, desto mehr Farbanteile werden bei der Mischung aus dem einfallenden Licht entfernt. Werden alle drei subtraktiven Grundfarben gemischt, entsteht (im Idealfall) ein schwarzer Farbeindruck, d. h. alle Farbanteile werden absorbiert.

Beispiel

1. Wie ist ein Fernsehbild aufgebaut?

   Lösung:
   Beim (Schwarz-Weiß-) Fernsehbild einer Kathodenstrahlröhre fährt ein Elektronenstrahl zeilenweise über die Mattscheibe und regt dabei das Beschichtungsmaterial zum Aussenden sichtbaren Lichtes an. Beim Farbfernseher wird dies durch drei Elektronenstrahlen erledigt, von denen je einer für die roten, grünen und blauen Lichtanteile des Bildes verantwortlich ist. Das Bild selbst ist aus farbigen Punkten aufgebaut, ein (scheinbar) weißer Leuchtpunkt entpuppt sich bei näherem Hinsehen als Gruppe von drei Punkten, von denen einer rot, einer grün und einer blau leuchtet (RGB). Jedes Farblicht lässt sich also aus den additiven Grundfarben Rot, Grün und Blau mischen.

2. Drei benachbarte, aber räumlich getrennte reinfarbige Lampen (eine rote, eine blaue und eine grüne) beleuchten eine weiße Fläche. Eine in den Strahlengang eingebrachte undurchsichtige Kugel wirft drei Schatten. Welche Farben haben diese Schatten?

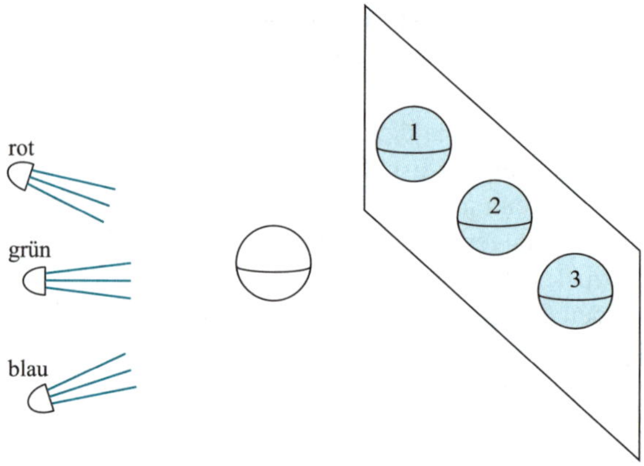

Lösung:
Schatten 1 wird von der blauen Lampe verursacht, rotes und grünes Licht treffen diesen Teil der weißen Fläche und beleuchten ihn somit gelb. Im Bereich von Schatten 2 fehlt das grüne Licht, er leuchtet daher magenta, Schatten 3 entsprechend in cyan.

3. Eine rot-grün gestreifte Platte wird auf zweierlei Arten mit gelbem Licht beleuchtet, nämlich mit
   a) Mischlicht aus einer roten und einer grünen Lampe;
   b) dem spektral reinen Gelb der Natrium-Dampf-Lampe.

   Was beobachtet man jeweils?

   Lösung:
   a) Das Licht besteht aus rotem und grünem Licht und lässt die Streifen daher in sattem Rot bzw. Grün leuchten.
   b) Spektral reines Gelblicht hat keine roten bzw. grünen Anteile, sodass die Streifen nur in unscheinbaren Grautönen zu sehen sind.

4. Aus den additiven Grundfarben zusammengesetzte, farbige Lichtbündel passieren zunächst je ein bis zwei Farbfilter und treffen sich dahinter auf einem weißen Schirm. Ergänze in der folgenden Zeichnung die Farben der gefilterten Lichtbündel und der beleuchteten Fläche!

   a)

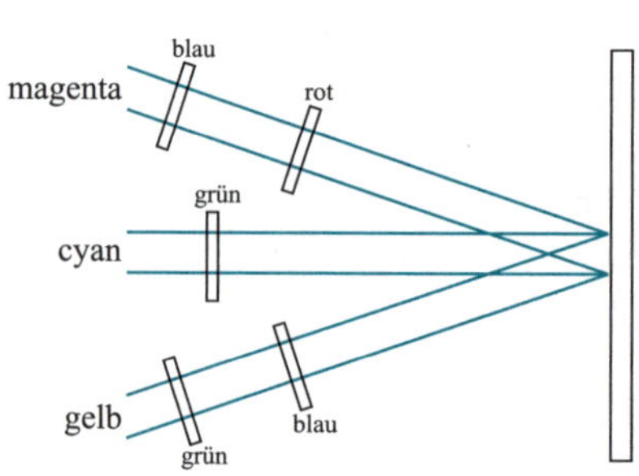

b)

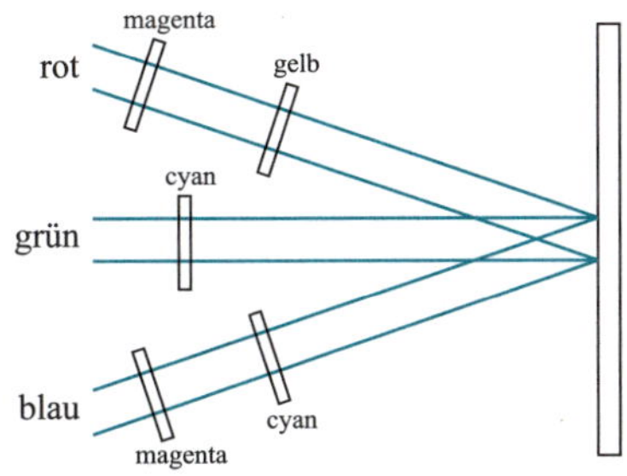

Lösung:

a)

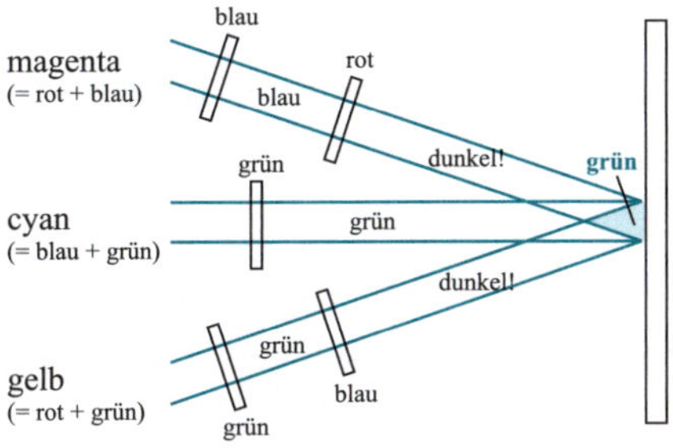

b)

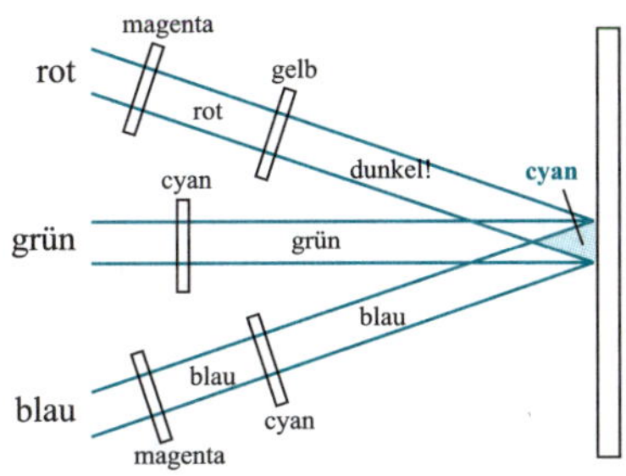

Aufgaben **22.** Ein Bildpunkt auf dem Fernseh-Röhrenbildschirm besteht aus je einem roten, grünen und blauen Leuchtpunkt, die unterschiedlich hell sein können und damit (weil man sie aus großer Entfernung nicht getrennt sehen kann und nur einen Punkt wahrnimmt) alle Farben durch additive Mischung darstellen können.

a) Welche Farbe hat ein Bildpunkt am Bildschirm, bei dem roter und blauer Leuchtpunkt mit halber Helligkeit und der grüne gar nicht ausgeleuchtet sind?

Ein Bildpunkt ist
b) schwarz;
c) grau;
d) weiß;
e) hellgelb.

Welche Helligkeit besitzen jeweils die drei Leuchtpunkte für rot, grün und blau?

23. Ein Popstar steht auf der Bühne (ausschließlich) im farbigen Licht von einem roten, einem blauen und einem grünen Schweinwerfer, die ihn und den Bühnenhintergrund von schräg vorne aus verschiedenen Richtungen beleuchten.
a) Welche Farben haben die drei Schatten des Stars, wenn der Bühnenhintergrund weiß ist?
b) Welche Farben haben die drei Schatten des Stars, wenn der Bühnenhintergrund gelb ist?

24. Im menschlichen Auge wird in den Sehzellen für jede der Grundfarben eine chemische Substanz gebildet, die bei Lichteinfall in der jeweiligen Farbe abgebaut wird. Zwar wird ziemlich rasch wieder die Substanz „nachgeliefert", aber eine gewisse Müdigkeit für das Sehen einer bestimmten Farbe lässt sich dennoch mit folgendem Versuch erzeugen:
Hält man bei weißer Beleuchtung an eine weiße Wand einen magentafarbenen, großen Pappkreis und starrt diesen etwa eine Minute lang an und lässt in anschließend ganz schnell durch eine andere Person entfernen, dann sieht man zunächst ein grünes Nachbild des Kreises an der Wand. Die Ursache ist folgende: Die Sehzellen für rot und blau, die von dem magentafarbenen Licht des Kreises über eine längere Zeit getroffen worden sind, zeigen allmählich Ermüdungserscheinungen für rotes und blaues Licht. Die Sehzellen für grünes Licht sind dagegen ausgeruht, die notwendigen chemischen Substanzen sind vorrätig und man sieht folglich von dem eigentlich weißen (= roten + blauen + grünen) Licht, das die Wand reflektiert, hauptsächlich das grüne. Diese Farbe nennt man übrigens **Komplementärfarbe**, sie enthält genau diejenigen Lichtanteile, die der Ausgangsfarbe zum Weiß fehlen.
a) Welche Farbe hätte das Nachbild eines roten Kreises?
b) Welche Farbe hätte das Nachbild eines gelben Kreises?

25. a) Eine orange Transparentfolie wird an das Fenster geheftet, draußen ist es neblig (gleichmäßige weiße Beleuchtung). Jetzt wird über die orange Folie eine türkisfarbige gelegt. In welcher Farbe erscheint das „Foliensandwich"?
b) Grün getönte Windschutzscheiben beim Auto verfälschen die Farbe des eigentlich türkisfarbigen Himmels. Wie erscheint er?

26. Bei den so genannten Deckfarben werden die Lichtstrahlen an der Oberfläche der Farbschicht reflektiert und dringen nicht in diese ein. Bei Aquarellfarben dagegen durchdringt das Licht die Farbschicht, wird auf der Papieroberfläche reflektiert und durchdringt schließlich die Farbschicht ein zweites Mal.
Wie unterscheidet sich bei Tageslicht der Farbeindruck von Türkis als Deck- bzw. Aquarellfarbe
a) auf grünem Papier?
b) auf rotem Papier?
c) auf gelbem Papier?

1.2 Elektrizitätslehre

Ursache und Wirkung des elektrischen Stromes

In der Elektrizität kennt man zwei Arten von Ladungen, die man **positive und negative Ladungen** nennt.
Die Materie ist aus **Atomen** aufgebaut, die jeweils einen elektrisch positiv geladenen **Kern** und in der umgebenden **Hülle** negativ geladene Elektronen enthalten. Bei einem elektrisch neutralen Atom ist die Anzahl der positiven und der negativen Ladungen gleich groß. Ein Atom und auch jeder andere Körper heißt positiv bzw. negativ geladen (geladene Atome heißen **Ionen**), wenn in ihm die Anzahl der positiven bzw. negativen Ladungen überwiegt. **Ungleichnamig geladene Körper ziehen sich gegenseitig an, gleichnamige stoßen sich ab.**
Auf dem **Pluspol** einer Stromquelle überwiegen die positiven Ladungsträger, sie stoßen sich gegenseitig ab; auf dem **Minuspol** stoßen sich entsprechend die negativen Ladungsträger (meist Elektronen) ab und nehmen eine sich bietende Gelegenheit, den gegenseitigen Abstand untereinander zu vergrößern, sofort wahr: Verbindet man Plus- und Minuspol über ein Kabel und einen elektrischen Verbraucher, d. h., bildet man einen elektrischen **Stromkreis**, so fließen die Ladungen durch das Kabel von „ihrem" Pol weg zum anderen. In metallischen Kabeln bewegen sich die Elektronen, die dort nicht sehr fest an die Atome gebunden sind. Elektrischer Strom fließt, wenn sich elektrische Ladungen bewegen. Je mehr Ladungen sich pro Zeit bewegen, desto höher ist die elektrische **Stromstärke I**.
Das Bestreben der Ladungsträger zum Fließen als Folge der Abstoßungskraft untereinander wächst mit dem Konzentrationsgefälle zwischen positiven und negativen Ladungen, das Maß dafür ist die elektrische **Spannung U**. Bei Anlegen einer Spannung U lassen verschiedene Leiter unterschiedlich viel Strom fließen, als Maß dafür dient der elektrische **Widerstand R**.
Die elektrischer Spannung (und damit der elektrische Strom) kann verschiedene **Ursachen** besitzen, beispielsweise

- chemische Vorgänge (Batterie),
- Bewegung eines Leiters in einem äußeren Magnetfeld (Dynamo, Generator),
- Bestrahlung eines geeigneten Materials mit Licht (Photovoltaik),
- Veränderung einer bereits vorhandenen Spannung (Transformator).

Wenn elektrischer Strom fließt, dann zeigt er **Wärmewirkung** (ein Strom durchflossener Leiter erwärmt sich, z. B. Glühlampe, Haarfön oder Elektroherd) oder **magnetische Wirkung** (Elektromotor, Elektromagnet).

Stromkreis und Schaltsymbole

Zur Mindestausstattung eines elektrischen Stromkreises gehören eine Stromquelle, ein Widerstand („Verbraucher", Gerät), ein Schalter und Kabel. Die folgende Tabelle zeigt wichtige Bauelemente und die zugehörigen Schaltsymbole.

Bauelement	Schaltsymbol
Batterie	
Wechselspannungsquelle	
Glühlampe	
Glimmlampe	
Messgerät	
Wechselschalter	
Kreuzschalter	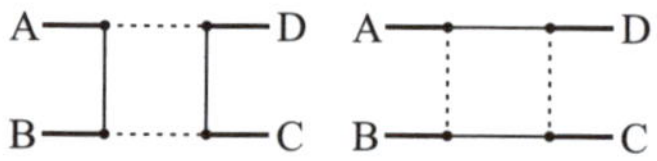 oder auch 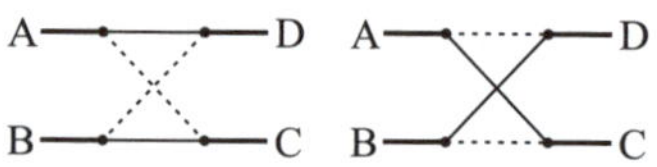
Widerstand R	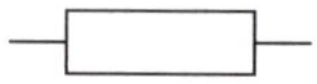

Spannungsmessung stets parallel (siehe unten)

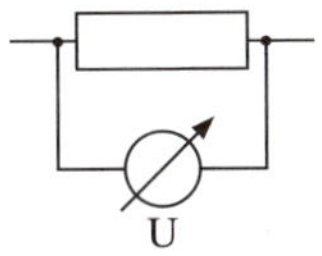

Stromstärkemessung stets in Reihe (siehe unten)

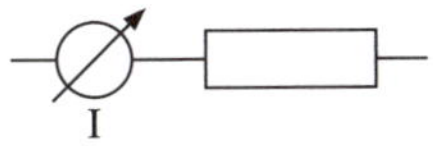

Alle Anordnungen der Bauelemente in einem Stromkreis lassen sich auf zwei elementare Schaltungen zurückführen, die Parallel- und die Reihenschaltung:

Parallelschaltung zweier Widerstände: Die volle Spannung liegt an beiden Zweigen an, die Gesamtstromstärke teilt sich auf die Parallelzweige auf.

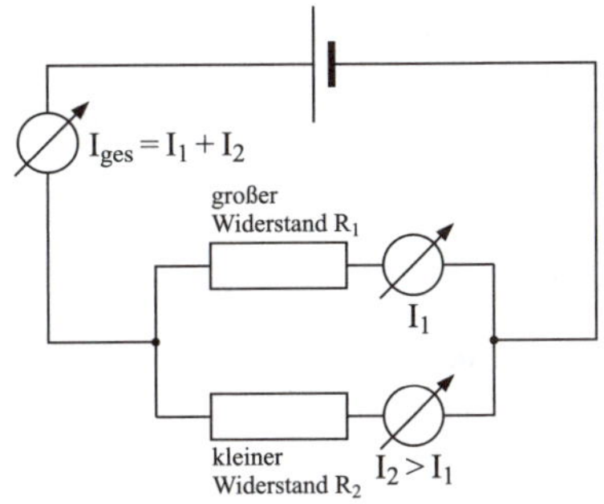

Reihenschaltung von Widerständen: Die Spannung fällt nach und nach ab, die Stromstärke ist überall gleich.

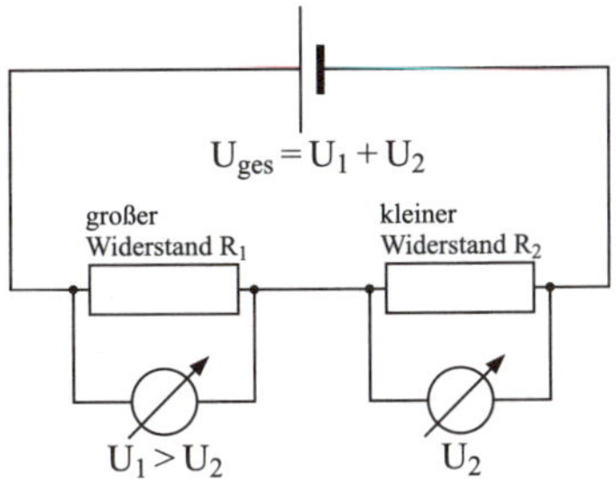

Einfache elektrische Schaltungen

Einige Grundschaltungen tauchen in Haushalt und Technik immer wieder auf und sind als Bausteine schwierigerer Schaltungen unerlässlich. Je nachdem, unter welchen Bedingungen Strom fließen soll, unterscheidet man drei Typen von Schaltungen:

ODER-Schaltung

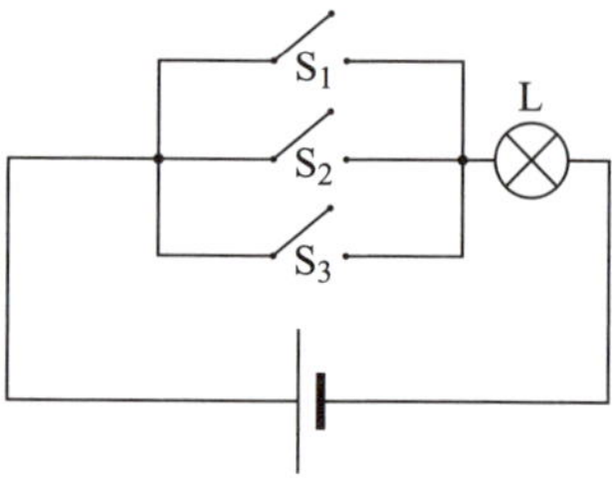

Eine Lampe soll leuchten, wenn wenigstens einer der (in der Abbildung: drei) Schalter geschlossen ist.
Diese Schaltung ist etwa üblich bei Autos: Eine Warnlampe leuchtet, wenn wenigstens eine der Türen (S_1 und S_2) oder die Heckklappe (S_3) nicht richtig geschlossen sind.

UND-Schaltung

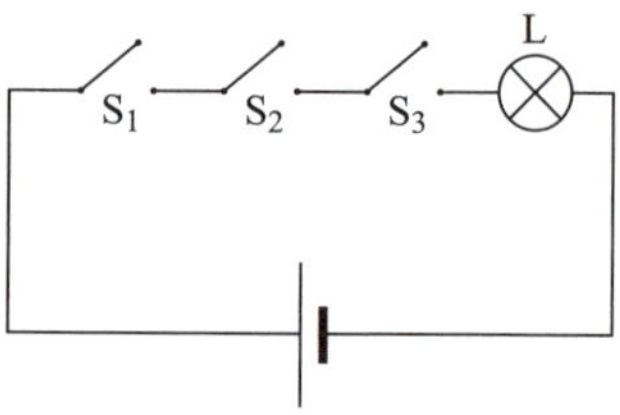

Eine Lampe soll erst dann leuchten, wenn alle (hier: drei) Schalter geschlossen sind: Diese Schaltung ist etwa bei Aufzügen üblich, die sich erst dann in Bewegung setzen dürfen, wenn alle Türen geschlossen sind.

Wechselschaltung

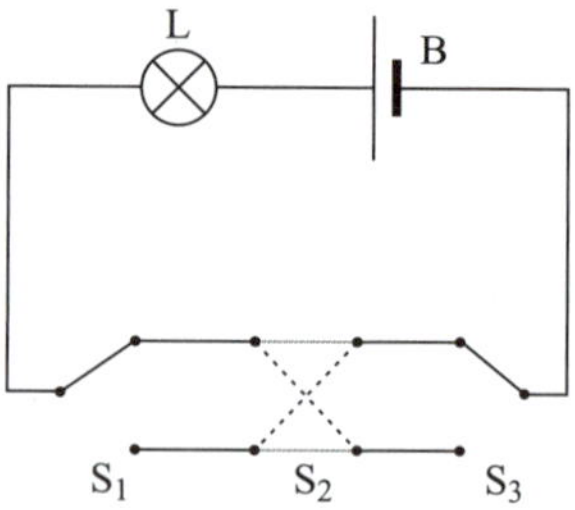

Eine Lampe soll von (hier drei) verschiedenen Schaltern aus unabhängig vom Beleuchtungszustand geschaltet werden können:

Beispiel

Für eine Gartenbeleuchtung (eine Lampe L, eine Stromquelle B) soll eine geeignete Schaltung geplant werden, sodass sowohl von der Gartentüre aus (Schalter S_1) als auch von der Haustüre aus (Schalter S_2) unabhängig vom Zustand des jeweils anderen Schalters die Lampe L ein- bzw. ausgeschaltet werden kann. Zeichne einen Schaltplan!

Lösung:

Da der Beleuchtungszustand unabhängig vom jeweils anderen Schalter gesteuert werden soll, benötigen wir eine Wechselschaltung mit zwei Schaltern und verwenden hierzu einen Kreuzschalter.

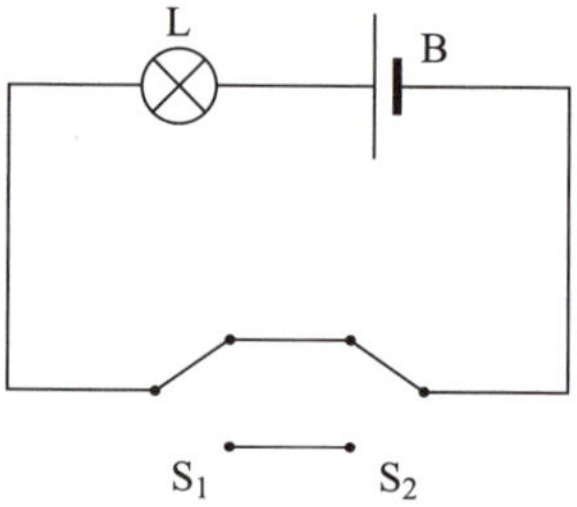

Aufgaben **27.** Sind die Steckdosen einer Wohnung parallel oder in Reihe geschaltet? Begründung!

28. Gib die Stromstärken I_3 und I_4 in der abgebildeten Schaltung an!

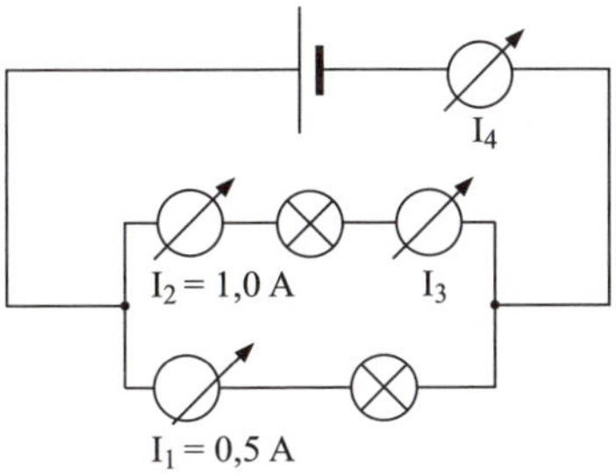

29. In der Schaltung rechts wird zunächst der Schalter S_1 geschlossen (B: Batterie; W: Wechselstromquelle).

a) Was beobachtet man?

b) Jetzt wird der Schalter S_2 umgelegt. Was beobachtet man?

c) Durch welche Hilfsanordnung kann man die Vorgänge besonders genau beobachten?

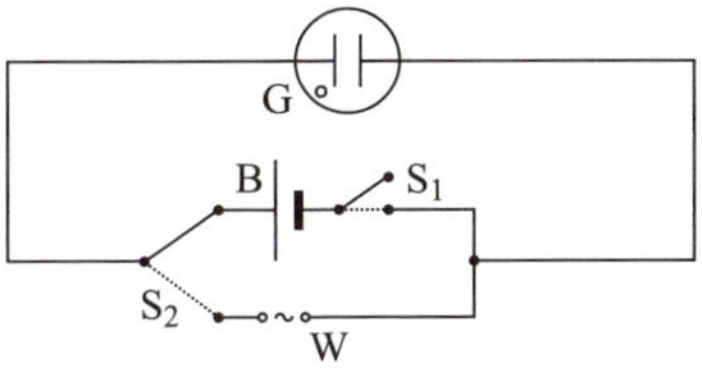

30. Welche Beziehungen (in Form von Gleichungen) bestehen zwischen den Spannungen U_1 bis U_6 in der abgebildeten Schaltung?

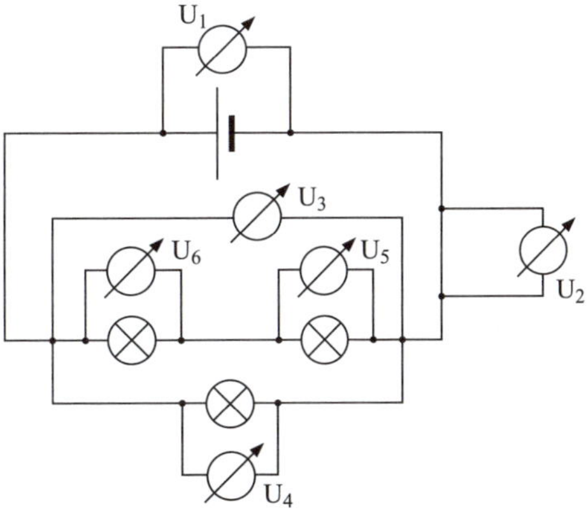

31. Die Innenbeleuchtung (Lampe L) eines Autos soll beim Öffnen von einer der beiden Türen (Schalter S_1 und S_2) bzw. der Heckklappe (Schalter S_3) eingeschaltet werden.
Zeichne einen möglichen Schaltplan und erläutere deine Lösung!

32. Der Zusatzscheinwerfer L_2 eines Autos soll mit dem Schalter S_2 nur dann eingeschaltet werden können, wenn bereits das Abblendlicht L_1 durch den Schalter S_1 eingeschaltet ist.
Zeichne einen möglichen Schaltplan!

33. Eine Schaltung mit der Lampe L und den drei Schaltern S_1, S_2 und S_3 (sowie einer Stromquelle B) liefert die folgende Schalttabelle. In ihr sind alle Kombinationen der Schalterstellungen und der zugehörige Schaltzustand der Lampe festgehalten (0 = Schalter offen bzw. Lampe leuchtet nicht; 1 = Schalter geschlossen bzw. Lampe leuchtet). Zeichne den Schaltplan!

S_1	0	1	0	0	0	1	1	1
S_2	0	0	1	0	1	0	1	1
S_3	0	0	0	1	1	1	0	1
L	0	0	0	0	1	1	0	1

34. Ergänze in der Tabelle die Leuchtzustände der Lampen L_1 bis L_5 in Anhängigkeit von der Stellung der vier Schalter S_1 bis S_4!

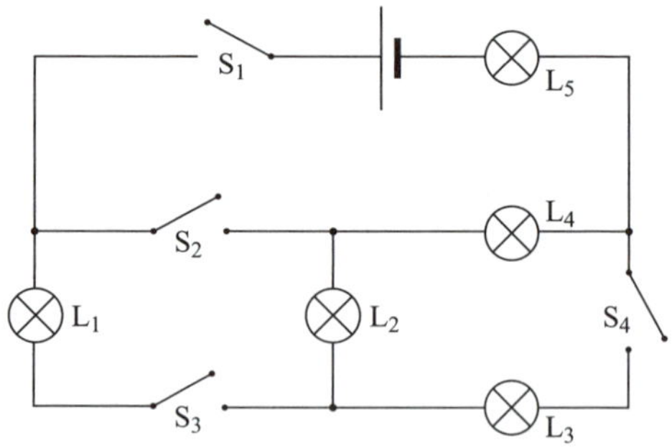

S_1	0	1	0	0	0	1	0	0	1	0	1	0	1	1	1	1
S_2	0	0	1	0	0	1	1	0	0	1	0	1	0	1	1	1
S_3	0	0	0	1	0	0	1	1	1	0	0	1	1	0	1	1
S_4	0	0	0	0	1	0	0	1	0	1	1	1	1	1	0	1
L_1																
L_2																
L_3																
L_4																
L_5																

1.3 Kräfte

Bewegungen

Wirken auf einen Körper keine Kräfte, erfährt er keine Beschleunigung. Er bleibt dann entweder in Ruhe oder er bewegt sich gleichförmig, also mit gleich bleibender Geschwindigkeit geradlinig weiter.

Regel

> Bei der **geradlinigen Bewegung eines Körpers mit konstanter Geschwindigkeit** gilt für die Geschwindigkeit v:
>
> $v = \frac{s}{t}$
>
> s bezeichnet den zurückgelegten Weg, t die dafür benötigte Zeit.
>
> Die Einheit der Geschwindigkeit ist $[v] = 1\,\frac{m}{s}$

Eine häufig verwendete Einheit ist auch $[v] = 1\,\frac{km}{h}$. Für die Umrechnung beider Einheiten gilt:

$$1\,\frac{m}{s} = \frac{1\,000\text{ m}}{1\,000\text{ s}} = \frac{3{,}6}{3{,}6} \cdot \frac{1\,000\text{ m}}{1\,000\text{ s}} = 3{,}6 \cdot \frac{1\,000\text{ m}}{3\,600\text{ s}} = 3{,}6\,\frac{km}{h}$$

Je nachdem, welche der drei Größen v, s oder t gesucht ist, erhält man die entsprechende Gleichung durch algebraische Äquivalenzumformung der Gleichung $v = \frac{s}{t}$.

Beispiel

Wie lange fliegt eine Brieftaube mit der Geschwindigkeit $v = 15\,\frac{m}{s}$ von München nach Freising (30 km Entfernung)?

Lösung:
Gesucht ist die Flugzeit t. Multipliziert man beide Seiten von $v = \frac{s}{t}$ mit t, so erhält man nach Kürzen auf der rechten Seite: $v \cdot t = s$ und nach Division beider Seiten durch v schließlich $t = \frac{s}{v}$. Einsetzen der gegebenen Größen $s = 30$ km und $v = 15\,\frac{m}{s}$ liefert (Einheiten beachten!):

$$t = \frac{s}{v} = \frac{30\text{ km}}{15\,\frac{m}{s}} = \frac{30\,000\text{ m}}{15\,\frac{m}{s}} = 2\,000\text{ s} = 33\text{ min }20\text{ s}$$

Aufgaben

35. Welche Strecke legt eine Schnecke bei $v = 0{,}0010\,\frac{m}{s}$ in 1,5 h zurück?

36. Wie lange ist ein Sportler bei einem Ski-Abfahrtsrennen mit $v = 30\,\frac{m}{s}$ unterwegs, wenn die Wettkampfpiste eine Länge von 3 900 m hat?

37. Ein Sprinter läuft 100 m in 10,0 s. Welche mittlere Geschwindigkeit hat er dabei?

38. Das Echolot eines Schiffes schickt ein akustisches Signal senkrecht nach unten zum Meeresgrund in 4 500 m Tiefe. Um wie viel später empfängt es das dort reflektierte Signal bei einer Schallgeschwindigkeit in Wasser von $1\,500\,\frac{m}{s}$?

39. Eine Fledermaus sendet ein Ultraschallsignal (Schallgeschwindigkeit in Luft $340\,\frac{m}{s}$) aus und trifft damit ein Beutetier, welches das Signal reflektiert. Bis zum Eintreffen des reflektierten Signals vergehen 0,0005 s.
Berechne den Abstand des Beutetieres!

40. Ein Sprinter ($v_{Läufer} = 10{,}0\,\frac{m}{s}$) steht in einem Bahntunnel der Länge 300 m, sein Abstand von der Einfahrt beträgt 100 m. In Kürze wird ein Zug mit $v_{Zug} = 25{,}0\,\frac{m}{s}$ durch den Tunnel fahren.

a) Berechne den Mindestabstand x_1, den der Zug noch von der Tunneleinfahrt haben muss, damit der Läufer dem Zug *entgegen* rennend noch rechtzeitig den Tunnelanfang erreicht.

b) Berechne den Mindestabstand x_2, den der Zug noch von der Tunneleinfahrt haben muss, damit der Läufer *in Zugrichtung* rennend noch rechtzeitig das andere Tunnelende erreicht.

c) Welche Richtung ist zu bevorzugen?

d) Würde eine andere Zuggeschwindigkeit eine andere Vorzugsrichtung ergeben (bei der gegebenen Laufgeschwindigkeit)?

e) Würde eine geringere Laufgeschwindigkeit eine andere Vorzugsrichtung ergeben (bei der gegebenen Zuggeschwindigkeit)?

Wirkt auf einen Körper eine Kraft, so ändert sich seine Bewegungsrichtung, seine Geschwindigkeit oder beides; er erfährt eine **Beschleunigung**. Bleibt diese Kraft zeitlich konstant, dann ist auch die Beschleunigung konstant.

Regel

Bei der **geradlinigen Bewegung eines Körpers mit konstanter Beschleunigung** gilt für die Geschwindigkeit v allgemein:

$v = v_0 + a \cdot t$

a bezeichnet die Beschleunigung, t die Beschleunigungsdauer, v_0 die Anfangsgeschwindigkeit.

Die Einheit der Beschleunigung ist $[a] = 1\,\frac{m}{s^2}$.

Wird der Körper aus der Ruhe heraus beschleunigt ($v_0 = 0$), vereinfacht sich die Gleichung für die Geschwindigkeit zu $v = a \cdot t$.
Die Erdbeschleunigung wird durch den Ortsfaktor g ausgedrückt. Dieser besitzt die Einheit $[g] = 1\,\frac{N}{kg}$, die der allgemeinen Einheit $[a] = 1\,\frac{m}{s^2}$ gleichwertig ist. Wir können daran den Zusammenhang zwischen der Krafteinheit 1 Newton mit den Längen-, Zeit- und Masseneinheiten erkennen:

$$1\,\frac{N}{kg} = 1\,\frac{m}{s^2} \quad \Rightarrow \quad 1\,N = 1\,kg \cdot 1\,\frac{m}{s^2} = 1\,\frac{kg \cdot m}{s^2}$$

Regel

> Eine **Kraft F** lässt sich als Produkt aus der zu beschleunigenden Masse m und der wirkenden Beschleunigung a schreiben:
>
> $F = m \cdot a$
>
> Die Einheit der Kraft ist 1 Newton: $[F] = 1\,N = 1\,\frac{kg \cdot m}{s^2}$

Der Zusammenhang $G = m \cdot g$ für die Gravitationskraft G ist ein Sonderfall dieser allgemeinen Gleichung mit der speziellen Beschleunigung $a = g$.

Wichtige Kräfte in der Natur

Magnetische Kraft

In der Umgebung eines Magneten erfahren andere Magneten Kräfte. Magneten besitzen zwei Pole (**Nord- und Südpol**), von denen sich gleichnamige gegenseitig abstoßen und ungleichnamige anziehen. Die magnetische Kraft wirkt längs Kraftlinien, die man z. B. mit Eisenfeilspänen sichtbar machen kann. Die Richtung dieser Kraftlinien ist festgelegt von Nordpol zu Südpol (außerhalb des Magneten). Bestimmte Materialien wie z. B. Eisen oder Nickel werden in der Nähe von Magneten selbst magnetisch; man nennt sie **ferromagnetisch**.

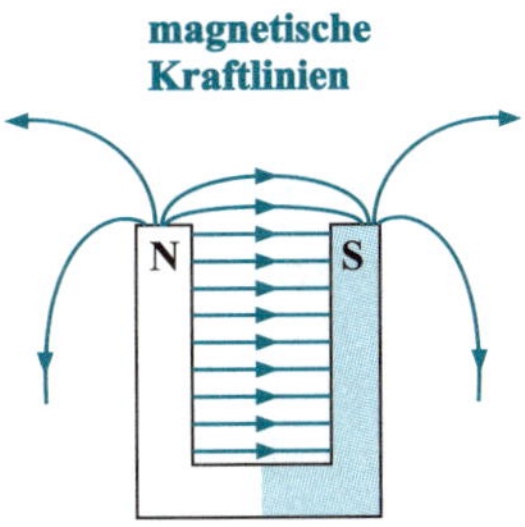

Elektrische Kraft

Ein elektrischer Strom fließt, wenn sich elektrische Ladungsträger (also etwa die Elektronen in einem Metall) bewegen. Sie tun dies wie alle Körper nur dann, wenn eine Kraft auf sie wirkt. Das ist hier die elektrische Abstoßungskraft zwischen gleichnamigen Ladungen. Ungleichnamige Ladungen ziehen sich dagegen gegenseitig an. Diese anziehende elektrische Kraft ist z. B. für den Zusammenhalt von Kochsalzkristallen verantwortlich, die aus positiv geladenen Natriumatomen und negativ geladenen Chloratomen aufgebaut sind.

Elektrisch geladene Atome bezeichnet man als **Ionen**, man spricht daher auch von Ionenbindung beim Salzkristall.
Der Betrag der elektrischen Kraft – egal, ob anziehend oder abstoßend – ist umso größer, je geringer die Abstände zwischen den Ladungsträgern sind.
Ähnlich wie bei der magnetischen Kraft wirkt die elektrische Kraft längs Kraftlinien zwischen den Ladungen. Die Kraftlinienrichtung ist festgelegt von der positiven zur negativen Ladung hin.
Sitzen auf dem Pol einer Spannungsquelle gleichnamige Ladungsträger sehr dicht, dann stoßen sie sich gegenseitig sehr stark ab, verteilen sich (wenn dies über eine leitende Verbindung möglich ist) auf bis dahin ungeladene Körper oder streben zum anderen Pol der Spannungsquelle, um sich dort mit den ungleichnamigen Ladungen gegenseitig zu neutralisieren.

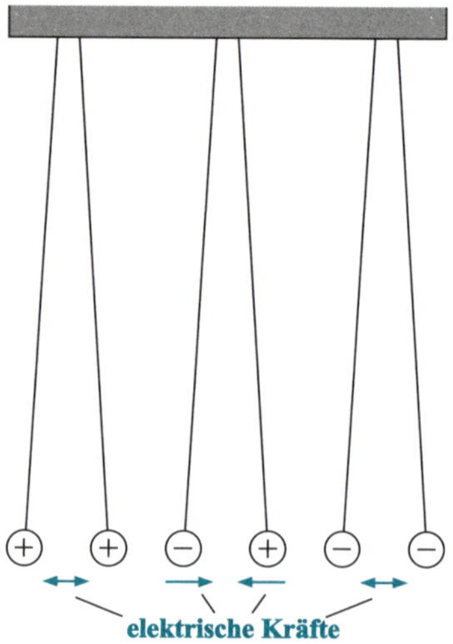

Gravitationskraft

Massen (und damit Körper an sich) haben die Eigenschaft, sich gegenseitig anzuziehen. Diese Kraft ist proportional zu den beiden beteiligten Massen und nimmt mit größer werdendem Abstand sehr stark ab; die Besonderheit gegenüber elektrischer und magnetischer Kraft besteht bei der Gravitationskraft darin, dass sie immer anziehend wirkt. Massen stoßen sich also (wegen ihrer Masse jedenfalls) niemals ab!

Reibungskraft

Bewegen sich zwei Gegenstände, die sich berühren, aneinander vorbei, dann treten Reibungskräfte auf. Im einfachsten Fall ist die Reibungskraft F proportional zu der Auflagekraft, also etwa beim Ziehen eines Koffers, der mit der Gewichtskraft G von der Erde angezogen wird:

$$F = \mu \cdot G$$

Die Proportionalitätskonstante μ nennt man **Reibungszahl**.

Elastische Kraft

Elastische Körper lassen sich deformieren, allerdings tritt eine Rückstellkraft auf. Ist diese proportional zur Auslenkung, gilt das **Gesetz von Hooke**:

$F = D \cdot s$

Die Proportionalitätskonstante D heißt **Federhärte**.

Betrag und Richtung von Kräften

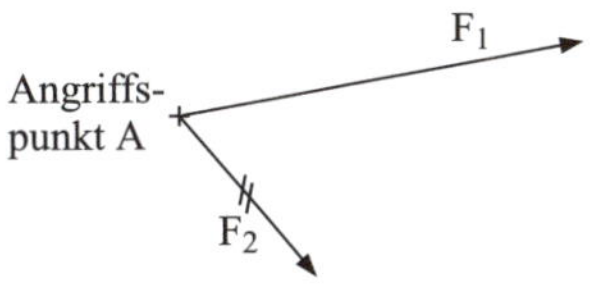

Kräfte sind physikalische Größen, die außer einem Betrag auch eine Richtung und einen Angriffspunkt haben. Man stellt sie daher als **Kraftpfeile** dar, deren Pfeilspitze die Kraftrichtung und deren Pfeillänge den Kraftbetrag angeben.

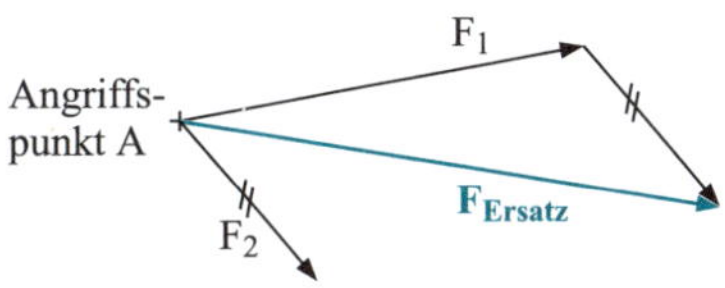

Sind zwei Kräfte F_1 und F_2 gegebenen, lässt sich die resultierende Gesamtkraft, die so genannte **Ersatzkraft** F_{Ersatz}, stets durch die Pfeilsumme der Einzelkräfte ausdrücken. Man verwendet hierzu die Regel „Fuß an Spitze“, d. h., man verschiebt den zweiten Kraftpfeil parallel, bis sein Anfangspunkt an der Spitze des Pfeils der ersten Kraft liegt. Die Ersatzkraft hat dann ihren Angriffspunkt am Anfang des ersten und ihre Spitze an der Spitze des parallel verschobenen zweiten Pfeils (siehe Abbildung).

Hinweis: Die kleinen Striche an den Kraftpfeilen kennzeichnen hier und in den folgenden Abbildungen Pfeile oder deren verlängerte Wirklinien, welche die gleiche Kraft mit verschiedenen Angriffspunkten darstellen. Diese Kennzeichnung ist hilfreich, um bei der Konstruktion von Ersatzkräften den Überblick zu bewahren.

Beispiele

1. An einer senkrechten Wand sind zwei Stangen verankert: die obere ragt unter einem Winkel von 60° nach oben, die untere mit 30°; sie treffen sich an einem Punkt, in dem sie mit der Haltekette eines Wirtshausschildes der Gewichtskraft 240 N (samt Kette) verschweißt sind.
   Bestimme zeichnerisch die Kräfte auf die obere und auf die untere Stange und ergänze jeweils, ob es sich um eine Zug- oder Druckkraft handelt!

Lösung:
Die Kraftrichtungen sind die Richtungen der Stangen. Wir konstruieren daher zuerst die Parallele zu der oberen Stange durch die Spitze von G, dann die Parallele zur unteren Stange ebenfalls durch die Spitze von G. In dem so entstandenen Parallelogramm bildet G die Ersatzkraft zweier Kräfte F_1 (längs der oberen Stange) und F_2 (längs der unteren Stange) mit den Beträgen $F_1 = G = 240$ N und $F_2 = 415$ N. An der oberen Stange wird gezogen, man könnte sie durch ein Seil ersetzen. Die untere Stange erfährt eine Druckkraft.

Zeichnung:

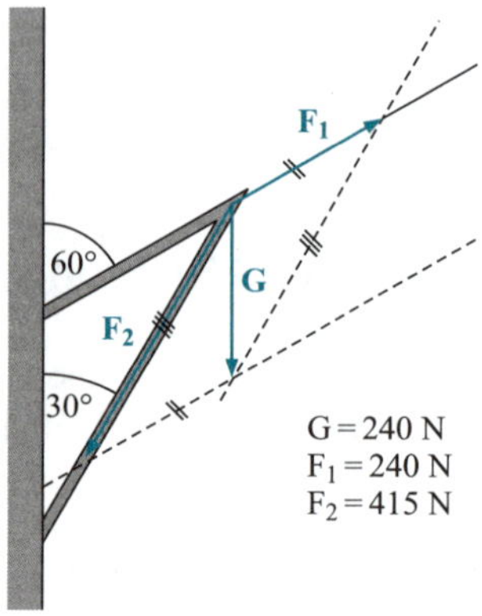

2. Die drei Kräfte $F_1 = 68$ N, $F_2 = 88$ N und $F_3 = 45$ N greifen am Punkt A an. Welche Winkel schließen die Kräfte jeweils miteinander ein, wenn in A Gleichgewicht herrscht?

Lösung:
Gleichgewicht in A bedeutet, dass die Ersatzkraft und damit die Pfeilsumme der drei Kraftpfeile null sein müssen. Die Pfeilkette ist also geschlossen (Anfangspunkt = Endpunkt) und stellt ein Dreieck dar. Die Seitenlängen (Kraftbeträge) sind gegeben, das Dreieck also in Form und Größe eindeutig bestimmt (Abbildung A).

A

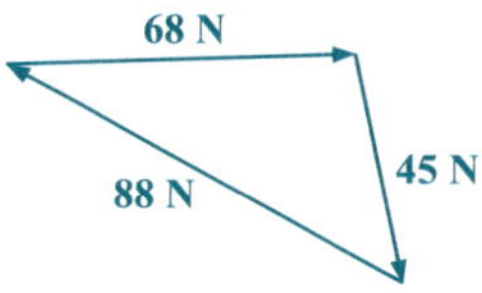

B

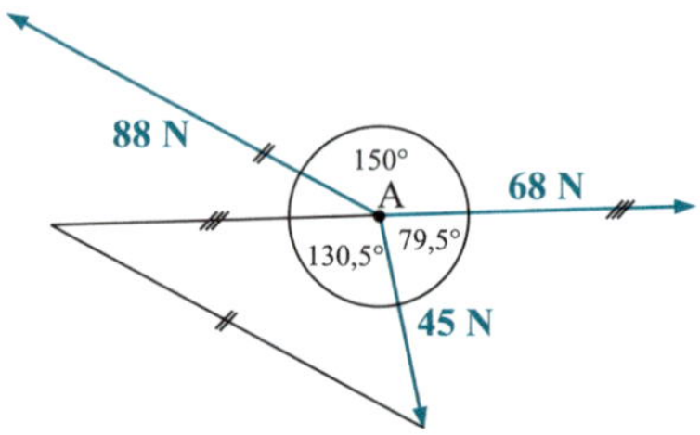

Zur Konstruktion zeichnet man eine der drei Seiten und schneidet die Kreise um die Endpunkte mit den Radien der anderen Seitenlängen: Jetzt wählt man einen der Eckpunkte als Angriffspunkt A und verschiebt die beiden Kräfte mit bislang anderem Angriffspunkt parallel dorthin; die gesuchten Winkel lassen sich dann unmittelbar abmessen (Abbildung B).

Aufgaben

41. An den Enden einer Schnur, die über zwei Rollen gelegt ist, sind die Körper K_1 ($G_1 = 7{,}00$ N) und K_2 ($G_2 = 5{,}00$ N) befestigt. In der Mitte der Schnur wird nun (zwischen den beiden Rollen) der Körper K_3 ($G_3 = 8{,}00$ N) aufgehängt. Welchen Winkel bildet die Schnur dann an dieser Stelle?

42. In der Skizze rechts wird ein Dreiecks-Gestänge ABC beschrieben, das in A und B waagerecht gelagert wird und in C eine Last F trägt.

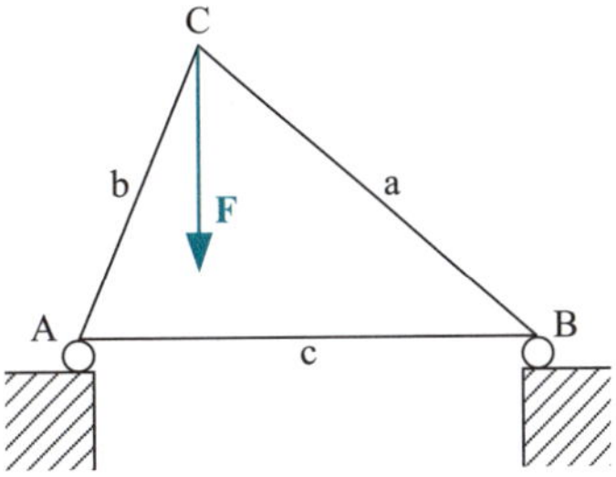

a) Fertige eine saubere Zeichnung an mit $F = 50$ N, $c = 12$, $a = 9$ und $b = 11$!
(Maßstab: 1 cm für 10 N)

b) Bestimme zeichnerisch die Teilkräfte F_1 auf Stab a und F_2 auf Stab b!

c) Die Teilkräfte F_1 und F_2 werden durch die Stangen übertragen und wirken in den Punkten A und B auf die Unterlage.
Bestimme zeichnerisch die Teilkräfte, die in A und B senkrecht nach unten bzw. horizontal angreifen! Welche beiden Besonderheiten dieser vier Kräfte sind zu beobachten und weshalb?

d) Welche der Stäbe sind durch Seile zu ersetzen und warum?

43. Eine Schraubenfeder der Federhärte $D = 25{,}0\ \frac{N}{cm}$ wird um $s = 7{,}00$ cm gedehnt. Welche Kraft F ist dafür notwendig?

44. An einer Schraubenfeder der Federhärte $D = 25{,}0\ \frac{N}{cm}$ greift eine Kraft $F = 12{,}5$ N an. Wie weit dehnt sich die Feder?

45. Eine Schraubenfeder S_1 hat die Federhärte $D_1 = 25{,}0\ \frac{N}{cm}$, eine zweite Schraubenfeder S_2 hat die Federhärte $D_2 = 30{,}0\ \frac{N}{cm}$. Welche Feder ist „härter“?

46. Eine Schraubenfeder S_1 hat die Federhärte $D_1 = 5{,}0\ \frac{N}{cm}$ und wird zunächst an eine weitere Schraubenfeder S_2 der Federhärte $D_2 = 8{,}0\ \frac{N}{cm}$ gehängt.

a) Überlege: Wird die „Reihenschaltung“ zweier Federn härter oder weicher sein als die Einzelfedern bzw. liegt die Härte dazwischen?

b) Berechne die Federhärte D_3 dieser Reihenschaltung!

c) Jetzt werden zwei gleiche Federn vom Typ S_1 parallel geschaltet, d. h.: Beide werden nebeneinander an einem Brett befestigt und an ihren unteren Enden wird eine Stange quer befestigt, in deren Mitte sich ein Haken als Angriffspunkt für Kräfte befindet.
Welche Federhärte D_4 hat diese Parallelschaltung?

2 Physikalische Arbeit

2.1 Kraftwandler

Wie wir im letzten Abschnitt des vorangegangenen Kapitels gesehen haben, besitzen physikalische Kräfte einen **Betrag** und eine **Richtung**; sie lassen sich deshalb als Pfeile darstellen. Greifen mehrere Kräfte an einem Körper an, erhält man die resultierende Kraft, die **Ersatzkraft**, aus der Pfeilsumme der Einzelkräfte. Umgekehrt lässt sich eine auf eine Körper wirkende Kraft in einzelne Kräfte zerlegen, die der jeweils betrachteten Lage des Körpers besonders angepasst sind (siehe Beispiele und Aufgaben zu Abschnitt 1.3). Man erhält diese Teilkräfte mithilfe eines **Kräfteparallelogramms**. Um ein solches Parallelogramm zu konstruieren, nutzt man aus, dass sich der **Angriffspunkt** eines Kraftpfeils längs der Wirkungslinie der Kraft verschieben lässt. Will man darüber hinaus auch Betrag und Richtung einer Kraft ändern, benötigt man einen Kraftwandler.

Regel

> Eine physikalische Kraft besitzt die Bestimmungsstücke Angriffspunkt, Betrag und Richtung. **Kraftwandler** sind einfache Geräte, mit denen eines oder mehrere dieser Bestimmungsstücke verändert werden.

Ein sehr einfacher Kraftwandler ist ein **Seil**: Es verlegt den Angriffspunkt der Kraft entlang der Seilrichtung.

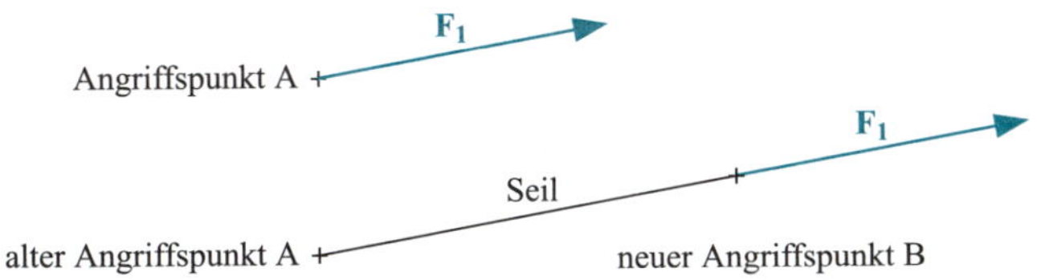

Ein **Seil mit Rolle** verändert zusätzlich die Richtung der Kraft.

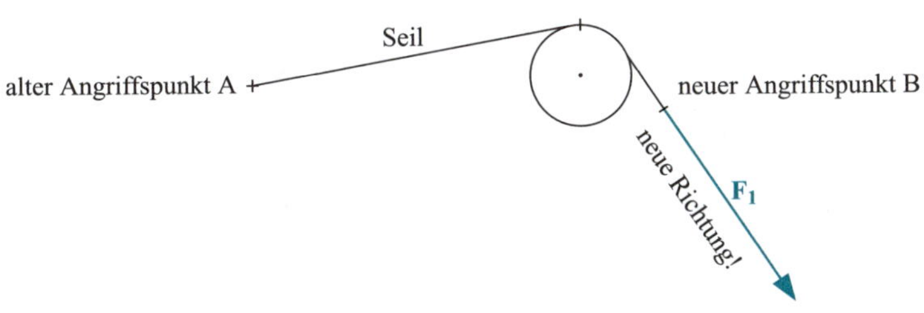

Ein **Seil mit festen und losen Rollen** verändert den Betrag der Kraft, man nennt diese Kraftwandler auch **Flaschenzüge**. Der in der Abbildung rechts gezeigte Flaschenzug ist ein Kraftdrittler, wie folgende Überlegung ergibt:
Die untere, lose Rolle hängt an drei Seilabschnitten, die über Rollen verbunden sind und damit gleiche Kraftwirkungen erfahren (sonst würden sich die Rollen ja drehen). Jede dieser Kräfte beträgt ein Drittel von G, denn insgesamt muss ebenso stark nach oben gezogen werden wie nach unten, andernfalls würde sich die Rolle heben oder senken. Für die nötige Gegenkraft F, die der Seilkraft das Gleichgewicht hält, gilt daher ebenfalls:

$F = \frac{1}{3}G$

Sie wird durch die obere (feste) Umlenkrolle noch in ihrer Richtung geändert.

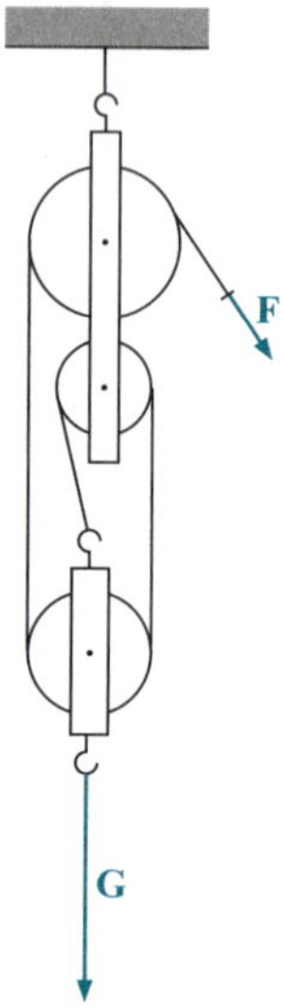

Auch die **schiefe Ebene** ist ein bekannter Kraftwandler:
Um einen (schweren) Gegenstand der Gewichtskraft G um die Höhe h zu heben, kann man sich einer Rampe bedienen: Je flacher diese Rampe ist, desto kleiner ist die zu überwindende Kraft, die so genannte **Hangabtriebskraft** F_H. Man erhält F_H, indem man die Gewichtskraft G in die Komponenten parallel und senkrecht zur schiefen Ebene zerlegt. Die senkrechte Komponente, die den Gegenstand auf den Boden drückt, heiß **Normalkraft** F_N.

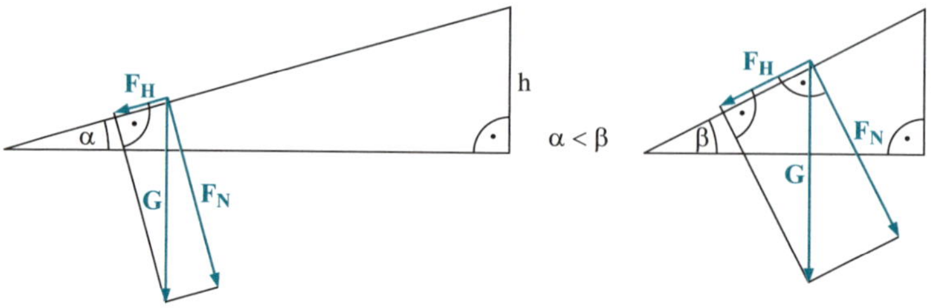

Regel

Die Hangabtriebskraft, die ein Körper auf einer **schiefen Ebene** besitzt, ist bei konstanter Höhe umso kleiner, je kleiner der Neigungswinkel ist.

Beispiel

Wie groß muss der Neigungswinkel einer Rampe (schiefe Ebene) sein, damit die Hangabtriebskraft nur zwei Drittel der Gewichtskraft beträgt? (Zeichnerische Lösung!)

Lösung:

Wir erstellen zunächst eine Planfigur: Der Neigungswinkel α tritt im Kräfteparallelogramm (hier sogar Kräfterechteck) nochmals auf, und zwar bei C: Beide Schenkel stehen nämlich senkrecht auf je einem Schenkel vom Neigungswinkel α. Bei B ist ein rechter Winkel, sodass sich der Neigungswinkel α auf folgende Dreieckskonstruktion zurückführen lässt:

Planfigur:

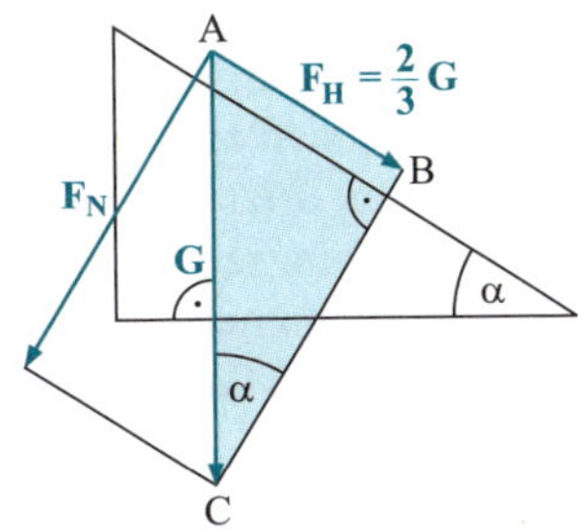

Wir zeichnen die Seite [AC] mit der Länge G (3 Längeneinheiten) und die rechte Hälfte des Thaleskreises über [AC]; der Punkt B muss dann wegen des rechten Winkels auf dem Thaleskreis liegen. Der Schnittpunkt mit dem Kreis um A mit Radius $\frac{2}{3}G$ liefert uns die exakte Lage von B. Den Neigungswinkel α misst man dann im fertigen Dreieck aus und erhält $\alpha \approx 41{,}8°$.

Konstruktion:

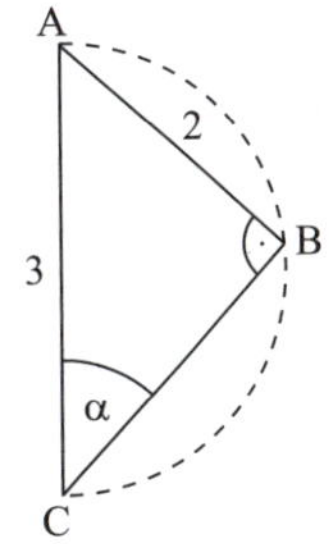

Ein weiterer wichtiger Kraftwandler ist der **Hebel**. Man versteht darunter einen um eine feste Achse drehbaren Körper und unterscheidet zwischen einseitigen und zweiseitigen Hebel. Beispiele für einseitige Hebel sind Nussknacker, Schraubenschlüssel oder Schubkarre, zweiseitige Hebel sind z. B. Zange, Balkenwaage oder eine Wippe.

Die Kraftwandlung beim Hebel besteht darin, dass einer Last, die auf einen Hebelarm (Lastarm) wirkt, das Gleichgewicht durch eine zweite Kraft gehalten wird, deren Größe vom Abstand ihres Angriffspunktes zur Drehachse (Kraftarm) abhängt: Je größer der Kraftarm im Vergleich zum Lastarm ist, desto kleiner ist die nötige Kraft. Das Produkt von Hebelarm s und angreifender Kraft F ist dabei konstant und bildet eine eigene physikalische Größe, das **Drehmoment** $M = F \cdot s$.

Regel

Bezeichnen F_1, F_2 zwei Kräfte, s_1, s_2 die Längen der Hebelarme und M_1, M_2 die zugehörigen Drehmomente, dann lautet das **Hebelgesetz**:

$F_1 \cdot s_1 = F_2 \cdot s_2$ bzw. $M_1 = M_2$

Beispiel

Der normalgewichtige Norbert (600 N), der dicke Dieter (1 100 N) und die magere Margit (350 N) treffen sich zum Wippen.

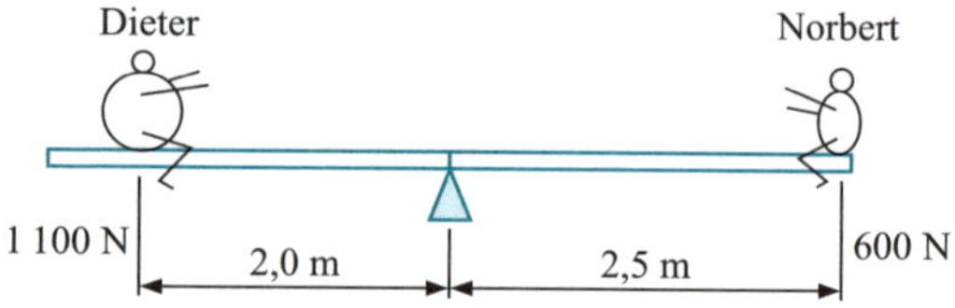

Norbert setzt sich ganz außen hin, sein Hebelarm beträgt 2,5 m; Dieter kennt sein Problem und setzt sich schon mal weiter nach vorne, nämlich 2,0 m vom Drehpunkt entfernt. Wo muss Margit Platz nehmen, damit ein entspanntes Wippen möglich wird?

Lösung:

An der Wippe treten zunächst zwei Drehmomente auf:
Dieters linksdrehendes Moment beträgt $M_1 = 1\,100\text{ N} \cdot 2{,}0\text{ m} = 2\,200\text{ Nm}$,
Norberts rechtsdrehendes Moment beträgt $M_2 = 600\text{ N} \cdot 2{,}5\text{ m} = 1\,500\text{ Nm}$.

Für ein entspanntes Wippen sollten die Drehmomente gleich groß sein. Margit muss also noch $M_1 - M_2 =$ 700 Nm an rechtsdrehendem Moment aufbringen. Ihr Drehmoment ergibt sich aus

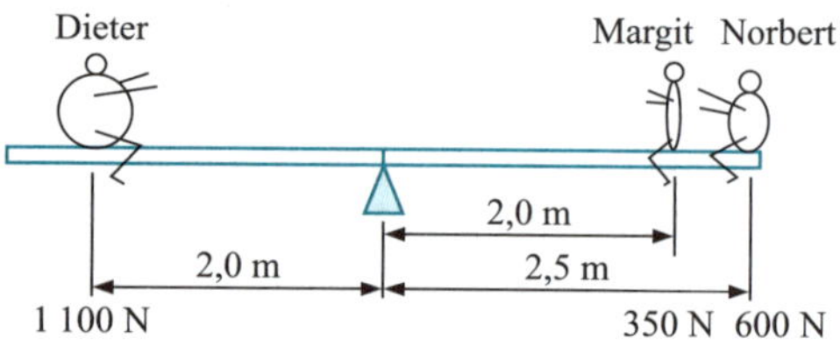

ihrer Gewichtskraft von 350 N und ihrem Abstand x vom Wippendrehpunkt:

$700\text{ Nm} = 350\text{ N} \cdot x \quad \Rightarrow \quad x = 2\text{ m}$

Margit muss sich also in 2 m Entfernung vom Drehpunkt zu Norbert setzen.

Das **Getriebe** ist ein in der Technik sehr wichtiger Kraftwandler. Ein im Alltag häufig eingesetzter Vertreter ist das Zahnradgetriebe, wie es etwa bei der Gangschaltung am Fahrrad verwendet wird. Ein Zahnradgetriebe besteht aus mindestens zwei Zahnrädern, die direkt oder über ein Kraft übertragendes Element (Kette, Riemen) verbunden sind. Die Zahlräder bilden eine Kombination von Hebeln, ihre Wirkung beruht daher auf dem Hebelgesetz: Eine Kraft erzeugt an einem Zahnrad ein Drehmoment; dieses Drehmoment übt eine Kraft auf das nächste Zahnrad aus, wodurch ein weiteres, im Allgemeinen verschiedenes Drehmoment erzeugt wird, das über das Hebelgesetz wieder eine Kraft hervorruft. Getriebe sind also nicht nur Kraft, sondern auch Drehmomentwandler.

Beispiel

Kraftübertragung am Fahrrad

Die Länge r_2 eines Pedalarmes ist doppelt so groß wie der Radius r_1 des vorderen Zahnrades; das hintere Zahnrad hat als Radius r_3 den dritten Teil von r_1 und dreht sich synchron mit dem Hinterrad vom Radius r_4, der zehnmal so groß ist wie r_3. Welche Kraft wirkt über das Hinterrad auf die Fahrbahn, wenn der Radfahrer mit 120 N gegen das Pedal drückt?

Lösung:
Die Skizze rechts veranschaulicht die gegebenen Größen. Zunächst werden die 120 N am Pedal mit Hebelarm r_2 weitergegeben auf die Kette (mit Hebelarm r_1). Wegen der Gleichheit der Drehmomente gilt mit $r_2 = 2 \cdot r_1$:

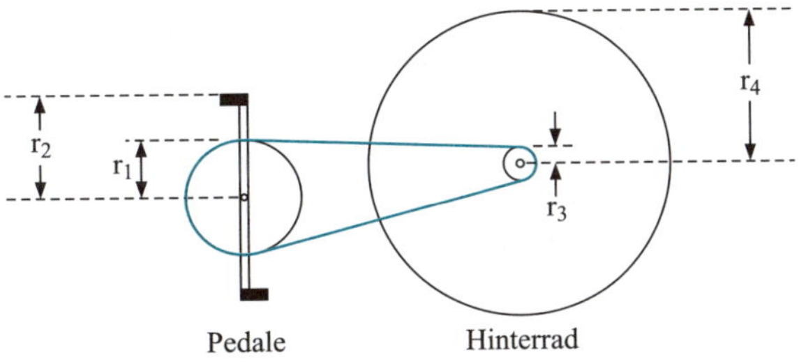

$$120\ \text{N} \cdot r_2 = F_{\text{Kette}} \cdot r_1 \quad \Rightarrow \quad F_{\text{Kette}} = 120\ \text{N} \cdot \frac{r_2}{r_1} = 120\ \text{N} \cdot 2 = 240\ \text{N}$$

Diese Kettenkraft wird über das hintere Zahnrad (Radius $r_3 = \frac{1}{3} r_1$) und das Hinterrad auf die Fahrbahn übertragen: Da wiederum die Drehmomente am Hinterrad gleich sein müssen, gilt mit $r_4 = 10 \cdot r_3$:

$$240\ \text{N} \cdot r_3 = F_{\text{Fahrbahn}} \cdot r_4 \quad \Rightarrow \quad F_{\text{Fahrbahn}} = 240\ \text{N} \cdot \frac{r_3}{r_4} = 240\ \text{N} \cdot \frac{1}{10} = 24\ \text{N}$$

Die durch das Hinterrad auf den Boden übertragene Kraft beträgt also ein Fünftel der vom Radfahrer aufgewendeten Pedalkraft. Durch eine Gangschaltung lassen sich die Radien r_1 und/oder r_3 verändern und damit die wirkenden Kräfte.

So wie das Getriebe lassen sich auch andere so genannte **einfache Maschinen** wie Schraube und Keil auf die elementaren Kraftwandler Hebel und schiefe Ebene zurückführen (so kann man die Schraube als aufgewickelte schiefe Ebene betrachten).
Allen Kraftwandlern gemeinsam ist die Tatsache, dass als „Preis" für den geringeren Kraftaufwand ein längerer Kraftweg in Kauf genommen werden muss: Bei einem Kraftdrittler-Flaschenzug müssen 3 Meter Seil abgezogen werden, damit sich die Last um nur 1 Meter hebt; die geringere Kraftanstrengung bei Verwendung einer Rampe erfordert im Ausgleich einen im Vergleich zur reinen Hubhöhe längeren Weg; die Erleichterung beim Fahrradfahren durch die Wahl niedriger Gänge muss man durch mehr Pedalumdrehungen ausgleichen; usw.
Dieser wichtige Zusammenhang lässt sich in folgender Weise zusammenfassen:

Regel

Goldene Regel der Mechanik
Was man bei der Verwendung einer einfachen Maschine an Kraft spart, muss man an Weg zusetzen.

Das Produkt aus Kraft und Kraftweg bleibt dabei immer konstant und führt uns auf die wichtige Größe der physikalischen Arbeit (siehe Abschnitt 2.2).

Aufgaben

47. Ein Seil wird wie abgebildet über zwei (reibungslose) Rollen gelegt; nachdem die drei Körper mit den angegebenen Gewichtskräften angehängt worden sind, stellt sich ein Gleichgewicht ein. Welcher Winkel α stellt sich bei A ein (zeichnerische Lösung mit Kennzeichnung des Punktes A)?

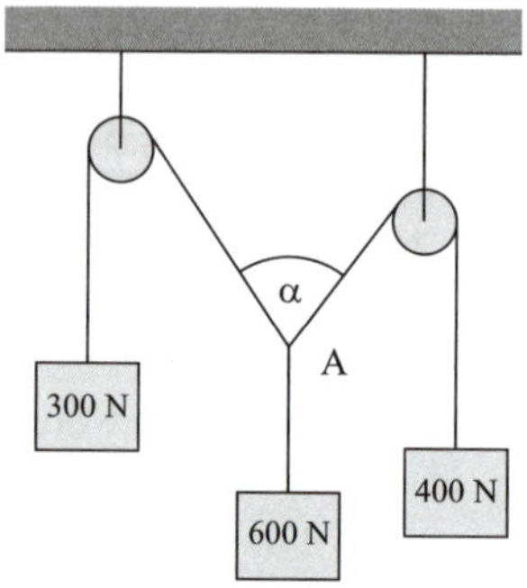

48. Zwischen den Fassaden gegenüber liegender Häuser wird (Befestigungshaken in gleicher Höhe!) eine Straßenlaterne der Gewichtskraft 200 N aufgehängt, und zwar 3,0 Meter von der linken und 10,0 Meter von der rechten Wand entfernt. Die Lampe befindet sich dann 1,5 Meter unter der Höhe der Befestigungshaken.

a) Fertige eine saubere Skizze an!

b) Bestimme zeichnerisch die Seilkräfte F_1 und F_2!

c) Die Angriffspunkte der beiden Kräfte F_1 und F_2 werden durch die Seile an die Befestigungshaken verlegt. An diesen ziehen sie sowohl in horizontaler als auch in vertikaler Richtung. Welche Eigenschaften haben diese waagerechten und senkrechten Anteile? (Die Beantwortung dieser Frage ist auch ohne Zeichnung möglich.)

49. Auf der linken schiefen Ebene (siehe Skizze) steht ein Wagen mit $G_1 = 15{,}0$ kN und ist über Seil und Rolle mit dem anderen Wagen auf der rechten schiefen Ebene verbunden. Bestimme zeichnerisch dessen Gewichtskraft G_2, wenn die Neigungswinkel links 35° und rechts 55° betragen!

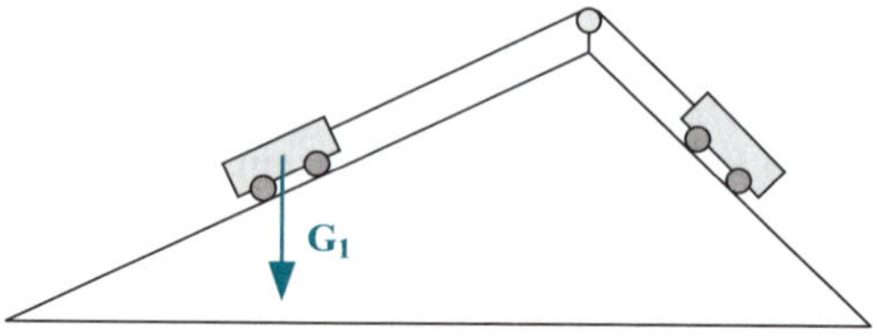

* **50.** Am abgebildeten Flaschenzug herrscht Gleichgewicht. Bestimme F (als Bruchteil von G) und versuche zu begründen, warum man diesen Flaschenzug **Potenzflaschenzug** nennt!

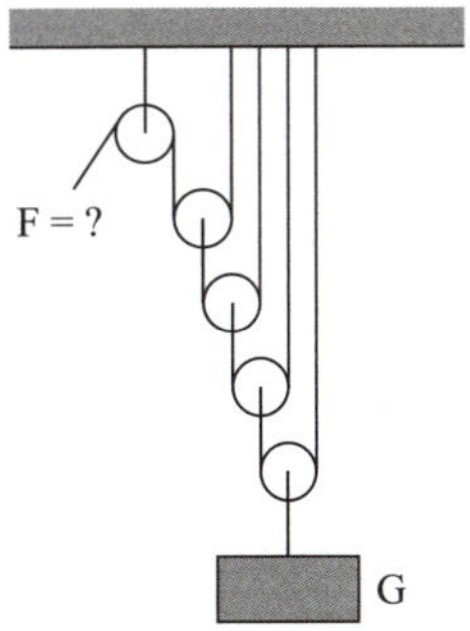

51. Bestimme
a) die Kraftübersetzung des abgebildeten Flaschenzuges,
b) die Kräfte auf die Seilabschnitte a, b, c, d, e, f, g und h sowie
c) die Kräfte auf die Aufhängevorrichtungen bei 1, 2, 3, 4 und 5!
d) Welche Gesamtkraft wird von der Decke gehalten?

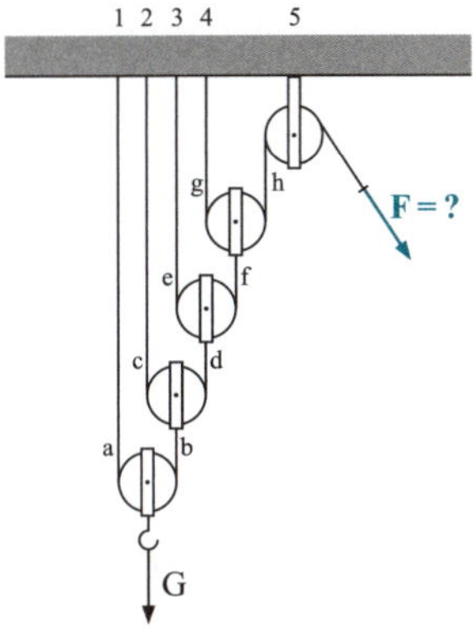

* **52.** Ein Mann sitzt auf einem Stuhl und möchte sich selbst wie abgebildet mit einem Flaschenzug hochziehen:
a) Mit welcher Kraft F (als Bruchteil von G) muss er ziehen? Welche Gesamtkraft wirkt auf die Deckenbefestigung?
b) Welche Seillänge muss der Mann nach unten ziehen, um sich selbst um einen Meter zu heben?
c) Mit welcher Kraft müsste ein Außenstehender am Seil ziehen, um G das Gleichgewicht zu halten?

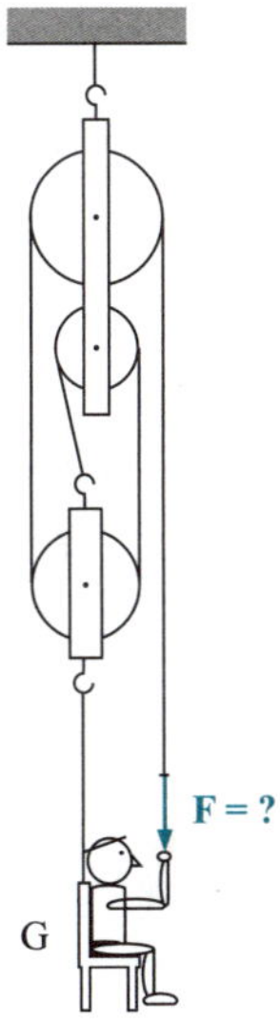

53. Bestimme bei dem abgebildeten Flaschenzug
a) die Kräfte auf die Seilstücke a bis f und die Kraft F (als Bruchteil von G), welche G das Gleichgewicht hält;
b) die Kräfte auf die Aufhängungen 1 bis 4!

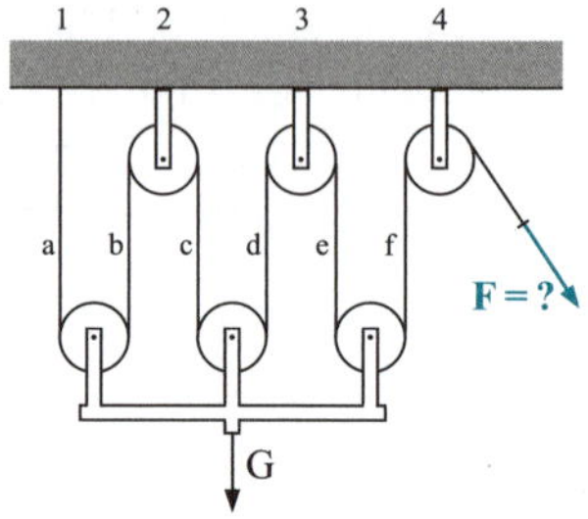

54. Bestimme bei folgenden Flaschenzügen die aufzubringende Kraft F (als Bruchteil von G)!

a)

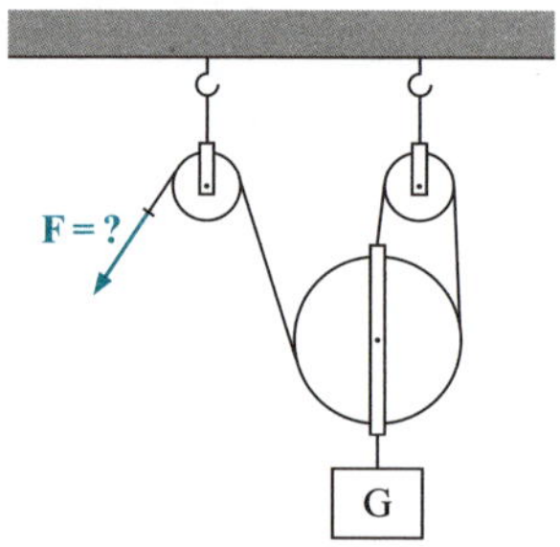

b)

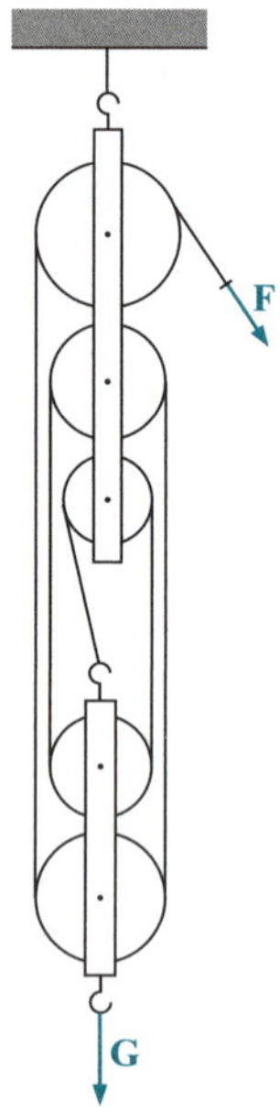

c)

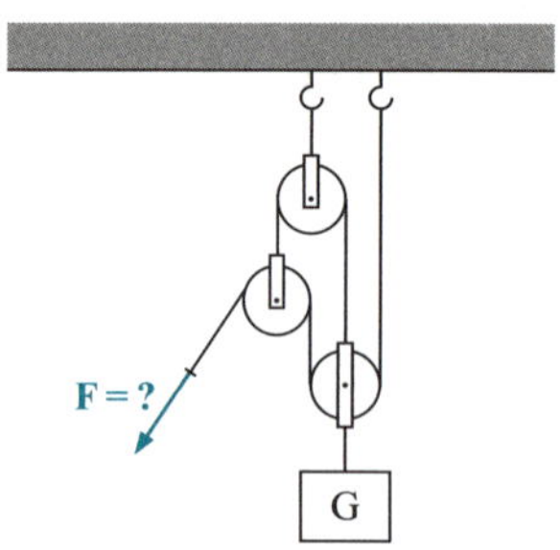

55. a) Zeichne einen Potenzflaschenzug mit achtfacher Kraftübersetzung und ergänze die Kräfte an allen Aufhängepunkten (Lastkräfte 800 N und 100 N)!
b) Mit diesem Flaschenzug soll die Last von 800 N um 2 m gehoben werden. Welche Seillänge wird auf der anderen Seite gezogen?

56. Gib für den abgebildeten Flaschenzug die Kraftübersetzung an und ermittle die Seillänge, die links gezogen werden muss, wenn der Körper mit der Gewichtskraft G um 3,0 Meter gehoben werden soll!

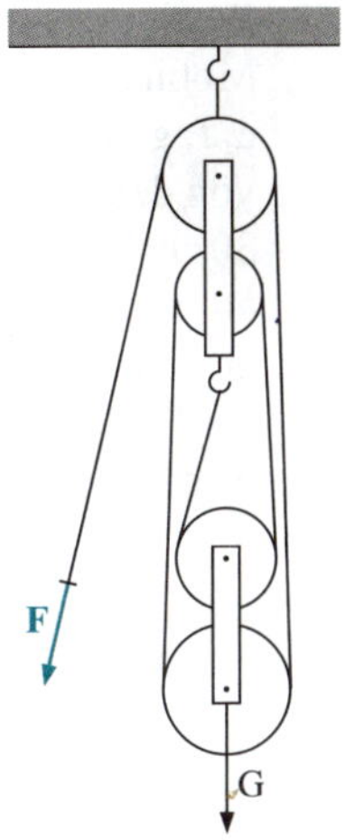

57. Auf einer symmetrischen Wippe mit 6,00 m Länge möchten Rudi Rundlich ($G_R = 1\,000$ N) und Hilde Hunger ($G_H = 450$ N) ein möglichst entspanntes und trotzdem intensives Wipperlebnis erzielen. Wo müssen die beiden sitzen?

58. Hilfe, Ladendiebe!
In einem Kaufhaus mit Drehtüre (Radius 2,0 m) wurden zwei Ladendiebe erwischt und im Drehtürbereich eingesperrt (siehe Abbildung). Die Täter drücken in 1,8 m Abstand vom Drehpunkt (mit Kraft F_1) und 1,5 m Abstand (mit der gleichen Kraft $F_2 = F_1$), die Angestellten halten dagegen: Der Auszubildende drückt in 0,4 m Abstand vom Drehpunkt mit zarten $F_3 = 400$ N, die Kassiererin in 1,6 m Abstand vom Drehpunkt mit $F_4 = 600$ N und der Detektiv in 1,7 m Abstand vom Drehpunkt mit seiner ganzen Kraft $F_5 = 800$ N, bis die Polizei zur endgültigen Festnahme eintrifft.

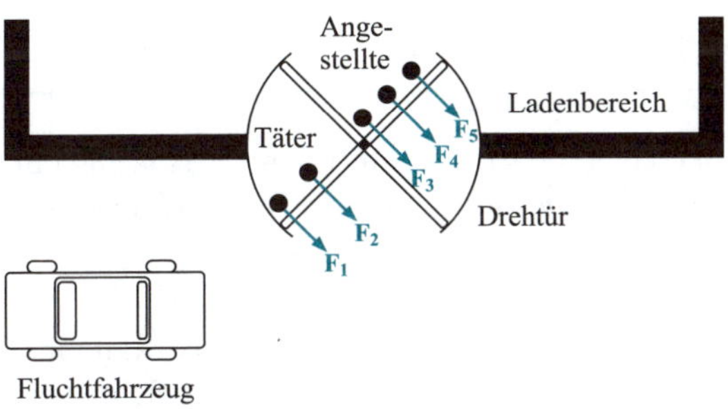

a) Mit welcher Kraft drückt jeder Gauner, wenn Gleichgewicht herrscht?
b) Hätten die Ganoven eine Chance zu entkommen?

✱ **59.** Bestimme bei dem skizzierten Mobile die Abstände a, b, c, d, e, f, g und h der Aufhängefäden von den Enden der Stäbe (Länge 30 cm bzw. 50 cm) so, dass die eingezeichneten Kräfte im Gleichgewicht sind. Die Gewichtskraft der Stäbe soll dabei vernachlässigt werden.

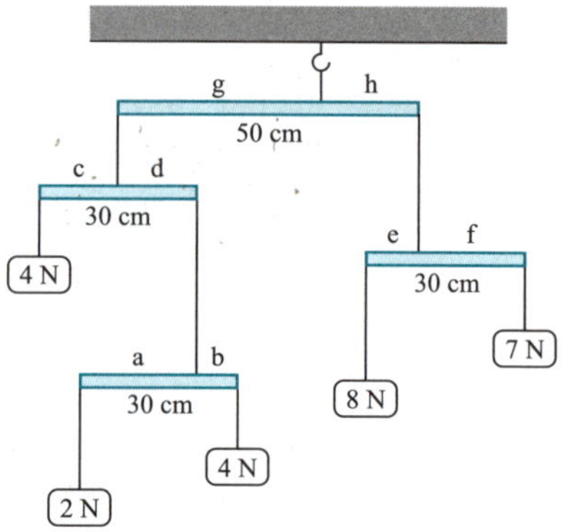

2.2 Arbeit, Energie und Leistung

Wie wir im vorherigen Abschnitt gesehen haben, kann man mithilfe von Kraftwandlern zwar Kräfte verringern, aber nicht gewinnen, weil man die kleinere Kraft über einen längeren Weg aufwenden muss (Goldene Regel der Mechanik). Das Produkt aus Kraft und Weg ist hingegen eine konstante Größe, die man (physikalische) Arbeit nennt. Sie drückt aus, dass man an einem Körper dieselbe Veränderung durchführt, unabhängig davon, ob man ihn beispielsweise direkt oder über eine schiefe Ebene in eine höhere Lage bringt: In beiden Fällen wird die gleiche Arbeit an ihm verrichtet.

Regel

Wirkt eine Kraft F auf einen Körper längs des Weges s, so bezeichnet man das Produkt aus beiden Größen als die **Arbeit W**:

$W = F \cdot s$

Die Einheit der Arbeit ist 1 Joule: $[W] = 1\ \text{Nm} = 1\ \text{J}$

Beispiel

Ralf hebt eine Tafel Schokolade (100 g), die vom Tisch der Höhe 80 cm gefallen ist, vom Boden auf und legt sie zurück auf den Tisch. Welche Arbeit verrichtet er an der Schokolade?

Lösung:

Die Arbeit ist Kraft mal Weg. Um die Tafel aufzuheben, muss Ralf eine Kraft F aufwenden, die gleich der Gewichtskraft $G = m \cdot g$ der Schokolade ist. Bei der Berechnung es ist ganz wichtig, die richtige Wahl der Einheiten zu beachten; mit $m = 100\ \text{g} = 0{,}100\ \text{kg}$, $s = 80\ \text{cm} = 0{,}80\ \text{m}$ und $g = 9{,}81\ \frac{\text{N}}{\text{kg}}$ folgt:

$W = F \cdot s = G \cdot s = m \cdot g \cdot s$

$W = 0{,}100\ \text{kg} \cdot 0{,}80\ \text{m} \cdot 9{,}81\ \frac{\text{N}}{\text{kg}} = 0{,}78\ \text{Nm} = 0{,}78\ \text{J}$

Hebt man einen Körper hoch, so ist diese Arbeit in ihm gespeichert. Würde man ihn wieder herunterfallen lassen, könnte er über Seil und Rolle einen anderen Gegenstand heben und selbst wieder Arbeit verrichten. Die Arbeit, die an ihm verrichtet wurde, ist also in ihm gespeichert.

Regel

> Unter der **Energie E**, die ein Körper besitzt, versteht man die in ihm gespeicherte Arbeit W.
> Die Einheit der Energie ist wie bei der Arbeit 1 Joule: $[E] = 1\ J$

Energie kann in vielen verschiedenen Formen auftreten:

- Verrichtet man Arbeit an einem Körper, in dem man ihn anhebt, erhöht man seine **potenzielle Energie**. Sie wird auch **Höhenenergie** oder **Lageenergie** genannt. Mit Masse m, Ortsfaktor (Erdbeschleunigung) g und Hubhöhe h gilt:

  $E_{pot} = m \cdot g \cdot h$
- Besteht die Arbeit im Beschleunigen eines Körpers, so nennt man die gespeicherte Arbeit **kinetische Energie** oder auch **Bewegungsenergie**. Sie beträgt bei der Geschwindigkeit v eines Körpers der Masse m:

  $E_{kin} = \frac{1}{2} \cdot m \cdot v^2$
- die in einer durch Spannarbeit an einer Feder gespeicherte Arbeit heißt **Spannenergie**. Besitzt die Feder eine Federhärte D und wird die Feder um eine Strecke s ausgelenkt. so gilt:

  $E_{sp} = \frac{1}{2} \cdot D \cdot s^2$
- Weitere wichtige Energieformen sind elektrische Energie (vgl. Abschnitt 4.3), magnetische Energie, Reibungsenergie, Wärmeenergie.

Arbeit und Energie hängen eng miteinander zusammen: Wird an einem Körper Arbeit verrichtet – er wird z. B. angehoben –, führt man ihm Energie zu; verrichtet der Körper selbst Arbeit – er fällt z. B. zu Boden –, so wird ihm Energie entzogen. Energie drückt die Fähigkeit aus, Arbeit zu verrichten. Sie geht dabei nie verloren, sondern wird immer von einer Energieform in die andere umgewandelt.

Regel

> **Energieerhaltungssatz**
> Energie kann weder erzeugt noch vernichtet werden, sie wechselt nur ihre Erscheinungsformen.

Beispiele

1. Ein Lkw hat beladen eine Masse von 8,5 t und fährt mit konstanter Geschwindigkeit 108 $\frac{km}{h}$.
   a) Welche Bremskraft muss wirken, damit das Fahrzeug nach 200 m zum Stehen kommt?

Lösung:
Wenn die Bremskraft F über die Strecke $s = 200$ m wirkt, dann verrichtet sie dabei durch Reibung die Bremsarbeit $F \cdot s$ und nimmt damit dem Fahrzeug seine Bewegungsenergie $\frac{1}{2} m \cdot v^2$: Die Bewegungsenergie wird in Reibungsenergie umgewandelt. Setzt man diese beiden Größen gleich (und rechnet die Geschwindigkeit um in die Grundeinheit, also $108 \frac{km}{h} = 30 \frac{m}{s}$), erhält man für die Bremskraft F:

$$F \cdot s = \frac{1}{2} \cdot m \cdot v^2 \Rightarrow F = \frac{m \cdot v^2}{2 \cdot s} = \frac{8\,500 \text{ kg} \cdot (30 \frac{m}{s})^2}{2 \cdot 200 \text{ m}} = 19\,125 \text{N} \approx 19 \text{kN}$$

b) Bei unbeladenem Lkw beträgt der Bremsweg bei gleicher Kraft und Geschwindigkeit nur 60 m. Welche Masse besitzt der unbeladene Lkw?

Lösung:
Löst man die Gleichung $F \cdot s' = \frac{1}{2} m' \cdot v^2$ nach m' auf und ersetzt den Bremsweg von $s = 200$ m durch jetzt $s' = 60$ m, ergibt sich:

$$m' = \frac{2F \cdot s'}{v^2} = \frac{2 \cdot 19125 \text{ N} \cdot 60 \text{ m}}{(30 \frac{m}{s})^2} = 2550 \text{ kg} = 2{,}55 \text{ t}$$

2. Ein Skifahrer verliert bei konstanter Geschwindigkeit auf 200 m Pistenlänge gerade 30 m an Höhe. Die Reibungskraft beträgt 180 N. Berechne die Masse m des Skifahrers!

Lösung:
Die Reibungskraft von 180 N wirkt über eine Strecke von 200 m und verrichtet dabei am Skifahrer die Bremsarbeit $W_1 = F_R \cdot s$. Gleichzeitig wird er ebenso stark beschleunigt (denn insgesamt bleibt seine Geschwindigkeit ja konstant), weil seine Höhenenergie in Bewegungsenergie umgewandelt wird: Die Beschleunigungsarbeit ist $W_2 = m \cdot g \cdot \Delta h$. Da Brems- und Beschleunigungsarbeit wegen der konstanten Geschwindigkeit gleich groß sind, gilt $F_R \cdot s = m \cdot g \cdot \Delta h$. Damit folgt für die Masse des Skifahrers:

$$m = \frac{F_R \cdot s}{g \cdot \Delta h} = \frac{180 \text{ N} \cdot 200 \text{ m}}{9{,}81 \frac{N}{kg} \cdot 30 \text{ m}} \approx 122 \text{ kg}$$

Ein Mann, der einen Anstieg bewältigt, erhöht seine Lageenergie um den gleichen Betrag, egal, ob er läuft oder geht. Auch benötigt ein starker Sportwagen die gleiche Beschleunigungsarbeit wie ein gleichschwere, aber schwächere Limousine, um Tempo $100 \frac{km}{h}$ zu erreichen. Der Läufer bzw. der Sportwagen verrichten ihre Arbeit aber schneller, man sagt: Die aufgebrachte Leistung ist höher.

Regel

Je schneller eine Arbeit verrichtet wird, umso größer ist die **Leistung P**. Sie ist in folgender Weise festgelegt:

$$P = \frac{\text{verrichtete Arbeit}}{\text{dafür benötigte Zeit}} = \frac{W}{t}$$

Die Einheit der Leistung ist 1 Watt: $[P] = 1\,\frac{J}{s} = 1\,W$

Beispiel

Hans (60 kg) und Dieter (50 kg) besitzen die gleichen Fahrräder (15 kg) und veranstalten ein Wettrennen. Zwischen Start und Ziel liegt ein Höhenunterschied von 250 m. Dieter gewinnt in einer Zeit von 5 Minuten und 30 Sekunden, Hans benötigt genau 6 Minuten. Wer hat mehr geleistet?

Lösung:

Für die von Hans und Dieter verrichtete Arbeit gilt jeweils

$$W = F \cdot h = (m + m_F) \cdot g \cdot h$$

und daher für die von beiden erbrachte Leistung:

$$P = \frac{W}{t} = \frac{(m + m_F) \cdot g \cdot h}{t}$$

Einsetzen der gegebenen Größen liefert:

$$P_H = \frac{(60\,kg + 15\,kg) \cdot 9{,}81\,\frac{m}{s^2} \cdot 250\,m}{6 \cdot 60\,s} \approx 511\,W$$

$$P_D = \frac{(50\,kg + 15\,kg) \cdot 9{,}81\,\frac{m}{s^2} \cdot 250\,m}{5{,}5 \cdot 60\,s} \approx 483\,W$$

Obwohl Hans das Rennen verliert, hat er also eine höhere Leistung erbracht.

Aufgrund von Reibungsverlusten oder Abwärme lässt sich bei Kraftwandlern nicht die gesamte verrichtete Arbeit W_{in} in eine gleich große Energie umwandeln, vielmehr ist die nutzbare Arbeit W_{nutz} stets kleiner. Das Verhältnis von aufgewendeter zu nutzbarer Arbeit liegt daher stets zwischen 0 und 1.

Regel

Als **Wirkungsgrad** eines Kraftwandlers oder einer Maschine bezeichnet man das Verhältnis von aufgewendeter zu nutzbarer Arbeit:

$$\eta = \frac{W_{nutz}}{W_{in}}$$

Er wird in Prozent angegeben.

Natürlich gilt auch hier der Energieerhaltungssatz: Dass der Wirkungsgrad immer kleiner als 100 % ist, bedeutet nicht, dass Energie verloren geht, sondern, dass ein Teil der Energie in eine für den Zweck der Maschine nicht nutzbare Form, z. B. Reibungsenergie, umgewandelt wird.

Der Wirkungsgrad kann anstatt über die Arbeit auch über die Leistung berechnet werden:

$$\eta = \frac{W_{nutz}}{W_{in}} = \frac{W_{nutz} \cdot t}{W_{in} \cdot t} = \frac{t}{W_{in}} \cdot \frac{W_{nutz}}{t} = \frac{P_{nutz}}{P_{in}}$$

Beispiel

Ein Motor mit einem Wirkungsgrad von 65 % soll eine Last von 2,5 t in 3,0 s um 5,0 m heben.

a) Welche Leistung nimmt er auf?

Lösung:

Die zu verrichtende Arbeit ist $m \cdot g \cdot h$, die dafür zur Verfügung stehende Zeit ist $t = 30$ s und die aufzubringende Leistung somit:

$$P_{nutz} = \frac{m \cdot g \cdot h}{t}$$

Mit dem Wirkungsgrad von $\eta = \frac{P_{nutz}}{P_{in}} = 0,65$ ergibt sich für die aufzubringende Leistung:

$$P_{in} = \frac{P_{nutz}}{0,65} = \frac{m \cdot g \cdot h}{0,65t} = \frac{2\,500\text{ kg} \cdot 9,81\,\frac{\text{N}}{\text{kg}} \cdot 5,0\text{ m}}{0,65 \cdot 3,0\text{ s}} \approx 62885\text{ W} \approx 63\text{ kW}$$

b) Welche Höhenenergie hat die Last anschließend?

Lösung:

Die Höhenenergie beträgt

$$m \cdot g \cdot h = 2\,500\text{ kg} \cdot 9,81\,\frac{\text{N}}{\text{kg}} \cdot 5,0\text{ m} = 122625\text{ J} \approx 123\text{ kJ}$$

c) Würde man die Last fallen lassen, so würde sie mit erheblicher Wucht am Boden aufschlagen. Berechne die Aufprallgeschwindigkeit v!

Lösung:

Beim Fallenlassen wandelt sich die Höhenenergie in kinetische Energie um. Der Energieverlust durch die Luftreibung ist hier sehr klein und kann vernachlässigt werden; daher ist die Bewegungsenergie kurz vor dem Aufprall ebenso groß wie die Höhenenergie vor dem Fall und es gilt:

$$m \cdot g \cdot h = \frac{1}{2} m \cdot v^2$$

Diese Gleichung lässt sich durch m dividieren, die Aufprallgeschwindigkeit v hängt also nicht von der Masse des Gegenstandes ab:

$$g \cdot h = \frac{1}{2} \cdot v^2 \quad \Rightarrow \quad v = \sqrt{2g \cdot h} = \sqrt{2 \cdot 9,81\,\frac{\text{m}}{\text{s}^2} \cdot 5,0\text{ m}} \approx 9,9\,\frac{\text{m}}{\text{s}}$$

Zusammenfassung

- Physikalische Kräfte lassen sich mithilfe von **Kraftwandlern** – z. B. den einfachen Maschinen Hebel oder schiefe Ebene – verkleinern. Im Ausgleich dazu muss sich der Weg, längs dessen die Kraft wirkt, verlängern **(Goldene Regel der Mechanik)**.
- Das Produkt aus Kraft und Kraftweg, die **Arbeit**, bleibt hierbei konstant und gibt die Energiemenge an, die einem Körper zu- oder abgeführt wird: **Energie** ist gespeicherte Arbeit.
- Bei physikalischen Vorgängen gilt stets der **Energieerhaltungssatz**: Die Summe aller beteiligten Teilenergien bleibt gleich. Energie kann nur umgewandelt, aber nicht erzeugt oder vernichtet werden.
- Die **Leistung** ist ein Maß dafür, wie schnell an bzw. von einem Körper Arbeit verrichtet wird.
- Der **Wirkungsgrad** einer Maschine gibt das Verhältnis aus aufgewendeter zu nutzbarer Arbeit bzw. Leistung an.

Aufgaben

60. Ein Auto der Masse 1,8 t beschleunigt auf einer Strecke von 100 m aus dem Stand auf 72 $\frac{km}{h}$.

a) Berechne die beschleunigende Kraft F, die über die Räder auf die Straße wirkt!

b) Wie lange ist die Strecke, die es bei gleich bleibender Kraft F zum Weiterbeschleunigen auf 144 $\frac{km}{h}$ benötigt?

c) Bei 144 $\frac{km}{h}$ muss der Fahrer wegen eines plötzlich auftauchenden Hindernisses eine Vollbremsung (mit der Kraft 5,0 kN) durchführen. Wie lange ist sein Bremsweg s?

d) Leider war der Abstand zum Hindernis bei Beginn der Vollbremsung nur $x = 30$ m; mit welcher Restgeschwindigkeit v prallt das Fahrzeug auf das Hindernis? [Kontrollergebnis: $v = 136 \frac{km}{h}$]

e) Die Bewegungsenergie beim Aufprall hätte das Fahrzeug auch durch den freien Fall aus einer bestimmten Höhe h erhalten können. Berechne diese Höhe!

61. Fünf Würfel mit einer Kantenlänge von 10 cm und einer Masse von je 3,0 kg liegen nebeneinander auf dem Boden. Welche Arbeit ist aufzubringen, um mit ihnen einen „fünfstöckigen" Turm zu bauen?

62. Ein Skifahrer verliert bei konstanter Geschwindigkeit auf 300 m Pistenlänge gerade 55 m an Höhe. Die Reibungskraft beträgt 160 N.
Berechne die Masse m des Skifahrers!

63. Ein (zunächst ruhender) Körper fällt aus 120 m Höhe frei nach unten.
a) Welche Aufprallgeschwindigkeit ist zu erwarten?
b) Welche Fluggeschwindigkeit hat der Körper in 30 m Höhe?
c) Ein weiterer (zunächst ruhender) Körper fällt aus unbekannter Höhe h frei nach unten. In 10 m Höhe über dem Boden hat er die Geschwindigkeit 50 $\frac{m}{s}$. Berechne h!

64. Ein Auto (m = 1 000 kg) fährt mit der Geschwindigkeit v = 180 $\frac{km}{h}$.
a) Berechne seine Bewegungsenergie E_{kin}!
b) Das Fahrzeug soll auf einer Strecke von $s_1 = 50$ m zum Stillstand gebracht werden. Welche (gleich bleibende) Bremskraft F_1 ist erforderlich?
c) Bei regennasser Fahrbahn ist die Bremskraft jedoch nur $F_2 = 6\,250$ N. Wie lang ist der Bremsweg s_2?
d) Aus welcher Höhe h müsste man das Fahrzeug herabfallen lassen, damit es unmittelbar vor dem Aufprall gerade die Geschwindigkeit v = 180 $\frac{km}{h}$ hat?
e) Aus welcher Höhe müsste man einen Lkw mit Masse M = 38 t fallen lassen, damit er beim Aufprall ebenfalls 180 $\frac{km}{h}$ schnell ist?

65. Ein Körper der Masse 450 kg wird mit einem Flaschenzug 3,50 m hoch gehoben. Die lose Rolle des Flaschenzugs hat die Masse 25 kg.
a) Welche Arbeit ist zum Heben des Körpers allein notwendig, welche zum Heben der losen Rolle?
b) Welche Arbeit ist insgesamt zu verrichten, wenn der Wirkungsgrad 75 % beträgt?

66. Ein Kraftwerk liefert jährlich etwa 160 GWh (1 Gigawattstunde = 1 Milliarde Wattstunden) an elektrischer Energie, pro Einwohner benötigt man etwa 3,24 GJ im Jahr. Wie viele Einwohner einer Stadt kann das Kraftwerk versorgen?

67. Im Walchenseekraftwerk überwinden maximal 80 m^3 Wasser pro Sekunde einen Höhenunterschied von 200 m, bevor sie die Turbinen antreiben. Berechne den Wirkungsgrad des Kraftwerks, das bei Spitzenlast 120 MW liefert!

68. a) Welche Leistung gibt ein Motor ab, der einen Körper der Masse 150 kg mit der Geschwindigkeit 1,2 $\frac{m}{s}$ hochzieht?
b) Welche Leistung nimmt der Motor auf, wenn sein Wirkungsgrad 80 % ist?

69. Ein Motor mit einem Wirkungsgrad von 80 % wird mit einer Leistung von $P_{in} = 4$ kW versorgt.

a) Welche Leistung P_{nutz} gibt er ab?

b) Der Motor soll nun einen Körper (m = 3 000 kg) über ein Seil um h = 160 m heben. Wie lange braucht er dafür?

* **70.** Ein Auto (G = 10 kN) fährt waagerecht auf der Straße (Reibungszahl $\mu = 0{,}12$).

a) Berechne die Kraft F, die der Motor aufbringen muss, um die Geschwindigkeit konstant zu halten!

b) Welche Arbeit W verrichtet der Motor über eine Strecke von s = 30 km?

c) Welche Leistung P muss der Motor besitzen, damit er die 30 km in t = 20 min durchfahren kann?

d) Welche mittlere Geschwindigkeit v erreicht das Auto, wenn der Motor 72 kW leistet?

e) Warum ist diese Geschwindigkeit unrealistisch hoch?

71. Ein Motor nimmt bei maximaler Leistung in 1 Stunde die Energie 4 320 kJ auf und hebt ein Gewicht von m = 200 kg in t = 50 s um h = 18 m. Berechne die aufgenommene Leistung P_{in}, die abgegebene Leistung P_{nutz} sowie den Wirkungsgrad η des Motors!

72. Ein untrainierter Radfahrer bringt beim Anfahren eine Leistung von 1,2 kW auf und benötigt 2,5 s für die 20 m lange Anfahrstrecke.

a) Welche beschleunigende Kraft F übt er dabei aus?

b) Der Profi-Radler benötigt nur 1,5 s und 10 m Beschleunigungsstrecke bei einer Kraft von 300 N. Welche Leistung bringt er?

c) Mit welcher Geschwindigkeit fährt der Profi nach der Beschleunigungsphase, wenn er eine Masse von 75 kg besitzt?

73. a) Wie lange benötigt ein Motor mit Wirkungsgrad 55 % und einer Leistungsaufnahme von 2 800 W, um eine Last von 3,5 t um 6,0 m zu heben?

b) Mit welcher Geschwindigkeit steigt die Last in die Höhe?

c) Ein anderer Motor mit einer Leistungsaufnahme von 3 800 W benötigt nur 60 s, um die Last zu heben. Welchen Wirkungsgrad hat er?

* **74.** Ein Auto der Masse 1,00 t fährt eine Passstraße hinauf (Länge 5 000 m, Höhenunterschied 800 m). Die Steigung ist überall gleich, Reibung werde vernachlässigt.

a) Welche Arbeit verrichtet der Motor?

b) Berechne daraus die Hangabtriebskraft!

c) Mit welcher Dauer-Höchstgeschwindigkeit in $\frac{km}{h}$ kann ein Pkw obiger Art den Pass erklimmen, wenn seine Motorleistung 25 kW beträgt?

d) Wie lange braucht das Fahrzeug, um den Pass hinaufzufahren?

75. Ein Kran hebt eine Last von 15 kN in zwei Minuten 16,0 m hoch. Berechne die Leistung!

76. Ein 5,0 kW-Motor treibt einen Kran, mit dem eine Last von 6,0 kN um 50 m gehoben werden soll. Welche Zeit benötigt er dazu?

77. Wie viele Treppenstufen von je 18 cm Höhe müsste ein Schüler, der 400 N wiegt, in einer Sekunde steigen, um eine Leistung von 1,0 kW zu erbringen?

78. Die Seilbahn auf den Predigtstuhl trägt in 6,5 Minuten eine Kabine 1 150 m hoch. Berechne die Leistung, wenn die Kabine (1 400 N) mit sechs Personen (je 670 N) besetzt ist!

79. Welche Leistung hat ein Aufzug, der bei 12 kN Gewichtskraft mit einer Geschwindigkeit von $0,75\ \frac{\mathrm{m}}{\mathrm{s}}$ steigt?

80. Eine Elektrolokomotive erzielt im Gebirge bei der Geschwindigkeit $46\ \frac{\mathrm{km}}{\mathrm{h}}$ gerade 105 kN Zugkraft. Welcher Leistung entspricht das?

3 Aufbau der Materie und Wärmelehre

3.1 Temperaturänderung und Aggregatzustand

Im Kapitel 2 haben wir verschiedene Formen von Energie kennen gelernt: Durch Anheben eines Körpers erhöht man seine Lageenergie, durch Beschleunigen seine Bewegungsenergie. Wird ein bewegter Körper abgebremst, wird seine Bewegungsenergie durch Reibung in Wärmeenergie, die an die Umgebung abgegeben wird, umgewandelt. Doch was genau ist unter „Wärme" zu verstehen?

Betrachten wir hierzu folgendes Experiment, den so genannten Schürholzversuch: Ein am Tisch befestigtes Seil wird mehrmals um einen Metallzylinder gewickelt und am anderen Ende mit einem Massestück belastet. Der eingewickelte Zylinder wird mittels einer Kurbel gedreht, durch die Reibung wird er warm. Dreht man nicht zu schnell, bleibt das Massestück einfach hängen, auch sonst wird keine mechanische Arbeit verrichtet außer der Reibarbeit am Metall. Die Temperaturerhöhung des Zylinders kann man mithilfe eines in eine Bohrung eingeführten Thermometers messen und stellt fest, dass die mechanische Energie (Bremsarbeit durch Reibung) jetzt in Form von Wärme im Zylinder sitzt. Die zugeführte Energie ist dabei proportional zur Zylindermasse m und zur Temperaturerhöhung $\Delta\vartheta$, außerdem hängt sie vom Material ab.

Dieses Ergebnis gilt ganz allgemein für die Erwärmung eines Körpers.

Regel

Die **spezifische Wärmekapazität c** beschreibt die Energiemenge, die notwendig ist um 1 kg eines Materials um 1 Kelvin zu erwärmen. Sie ist eine Materialkonstante. Es gilt der Zusammenhang:

$$\Delta E = m \cdot c \cdot \Delta\vartheta$$

Darin bedeuten m: Masse, $\Delta\vartheta$: Temperaturdifferenz, ΔE: Energiedifferenz.
Die spezifische Wärmekapazität besitzt die Einheit $1\,\frac{J}{kg \cdot K}$.

Wärme ist also eine Form von Energie, die eng mit der Temperatur eines Körpers zusammenhängt. Um diesen Zusammenhang genauer zu verstehen, müssen wir uns damit beschäftigen, woraus ein Körper, genauer: seine Materie, eigentlich besteht.

Materie ist aus kleinen (lange meinte man sogar, dies seien die kleinsten) Bauteilen zusammengesetzt, den **Atomen**, und liegt im **gasförmigen, flüssigen oder festen Aggregatszustand** vor. Wasser kann z. B. neben seiner flüssigen Form auch als Dampf (gasförmig) oder Eis (fest) existieren. Die Atome in einem Gas bewegen sich regellos im zur Verfügung stehenden Raum, stoßen sich gegenseitig und ändern auf diese Weise immer wieder ihre Flugrichtung und -geschwindigkeit. Erwärmt man ein Gas, dann bewegen sich die Atome mit einer größeren Durchschnittsgeschwindigkeit. **Temperaturerhöhung** bedeutet also in atomarer Sichtweise die **Erhöhung der mittleren kinetischen Energie der Teilchen**, man sagt auch: Die **innere Energie** des Körpers nimmt zu.

Regel

> Die innere Energie eines Systems lässt sich ändern durch Verrichten mechanischer Arbeit oder durch Zufuhr bzw. Abgabe von Wärme. Die Gesamtenergie bleibt dabei unverändert (**1. Hauptsatz der Wärmelehre**).

Der 1. Hauptsatz der Wärmelehre ist nichts anderes als eine andere Formulierung des Energieerhaltungssatzes (siehe Abschnitt 2.2).

Beispiel

Max friert und möchte sich aufwärmen. Was kann er tun? Wie unterscheiden sich die verschiedenen „Aufwärmmethoden" physikalisch?

Lösung:
Max hat mehrere Möglichkeiten um sich aufzuwärmen: Er kann die Hände am offenen Feuer oder an Heizstrahler wärmen (Zufuhr von Wärme durch Strahlung); er kann eine heiße Tasse Tee, einen Taschenwärmer, eine Wärmeflasche oder einen Heizkörper berühren (Zufuhr von Wärme durch Kontakt); er kann heftig seine Hände reiben (Erwärmung durch Verrichten von Reibarbeit). Immer wird dabei Energie von außen entweder in Form von Wärme- oder von mechanischer Energie zugeführt, die innere Energie auf der Handoberfläche nimmt zu (Temperaturanstieg).

Im Festkörper sind die Atome nachbarschaftlich gebunden: Man kann sich kleine Spannfedern zwischen ihnen vorstellen, die Schwingungen um eine Mittellage in einem bestimmten Rahmen zulassen. Die Atome besitzen Spannenergie, die fortlaufend in Bewegungsenergie und wieder zurück in Spannenergie gewandelt wird. Auch hier gilt: Je stärker die Atome schwingen, je größer also ihre Bewegungs- und Spannenergie, desto größer ist die Temperatur des Festkörpers. Werden die Schwingungen durch das Erwärmen zu heftig, reißen diese gedachten Federn und die Substanz geht in den flüssigen Zustand über; man nennt diesen Vorgang **Schmelzen**. Man kann sich den flüssigen Zustand gut am Modell einer mit Tischtennisbällen gefüllten Lotto-Trommel vorstellen: Solange die Trommel still steht oder sich nur langsam bewegt, bleiben benachbarte Bälle weitgehend zusammen und verschieben sich nur leicht gegeneinander. Dreht sich die Trommel schneller, wird den Bällen weiter Energie zugeführt, bis ab einer bestimmten Drehgeschwindigkeit die Teilchen sich in der Trommel wild durcheinander und regellos bewegen; dieses Modell steht für den gasförmigen Zustand. Der Übergang dorthin

heißt **Verdampfen** oder auch **Sieden**. Beim Schmelzen und Verdampfen wird Energie zugeführt, bei den umgekehrten Vorgängen Erstarren und Kondensieren gibt der Körper Energie an die Umgebung ab. **Schmelz-** und **Verdampfungswärme** geben an, welche Energie zum Schmelzen bzw. Verdampfen des Stoffs notwendig ist. Die Übergänge finden bei einer für das Material typischen Temperatur statt, der **Schmelz-** bzw. **Siedetemperatur** (z. B. Wasser: $\vartheta_{Schmelz} = 0°$ C; $\vartheta_{Siede} = 100°$ C). Während dieser Umwandlungsprozesse bleibt die Temperatur konstant, weil die zugeführte Energie allein zum Loslösen der Teilchen von ihren Nachbarteilchen verwendet wird, nicht aber zur Erhöhung der inneren Energie (vergleiche kochendes Wasser auf dem Ofen: es ist sowohl Dampf als auch Wasser vorhanden, beide besitzen die Siedetemperatur 100 °C).
Siedet eine Flüssigkeit, liegt ihre Temperatur also bei oder oberhalb der Siedetemperatur, dann besitzen alle Atome genügend Energie, um in den gasförmigen Zustand überzugehen. Doch auch unterhalb der Siedetemperatur schafft es ein kleiner Teil der Atome, seinen Nachbaratomen zu entwischen. Der Grund hierfür liegt darin, dass die Temperatur lediglich die durchschnittliche Bewegungsenergie der Atome angibt. Die einzelnen Atome besitzen also durchaus verschiedene Geschwindigkeiten: Die meisten sind nahe am Durchschnittswert, manche liegen weit darunter, einige weit darüber. Die schnellsten von ihnen können der Flüssigkeit entweichen, man spricht bei diesem Vorgang von **Verdunsten**. Je höher die Temperatur, desto größer ist der Anteil an genügend schnellen Teilchen, desto größer ist also die Verdunstung.

Regel

Materie kann die **Aggregatzustände** fest, flüssig und gasförmig annehmen. Die Übergänge zwischen den Aggregatszuständen finden bei einer für das Material charakteristischen Temperatur statt.

- $\vartheta = \vartheta_{Schmelz}$: Schmelzen bzw. Erstarren (flüssig ↔ fest)
- $\vartheta = \vartheta_{Siede}$: Verdampfen/Sieden bzw. Kondensieren (flüssig ↔ gasförmig)
- $\vartheta < \vartheta_{Siede}$: Verdunsten (flüssig → gasförmig)

Die zum Schmelzen und Verdampfen notwendigen Energien heißen Schmelz- bzw. Verdampfungswärme. Die **spezifische Schmelzwärme** und die **spezifische Verdampfungswärme** sind Materialkonstanten; ihre Einheit ist $1\,\frac{J}{g}$.

Die Temperatur ist, wie wir gesehen haben, unmittelbar mit der inneren Energie einer Substanz verknüpft. Dieser Zusammenhang lässt sich besonders einfach formulieren, wenn wir die Temperatur auf der Kelvin-Skala angeben und nicht auf der uns vertrauten Grad Celsius-Skala. Für die so genannte **absolute Temperatur** in Kelvin gilt nämlich: Die innere Energie ist direkt proportional zur absoluten Temperatur. Zur Unterscheidung der beiden Temperaturskalen bezeichnet man die Grad Celsius-Temperatur mit dem Formelbuchstaben ϑ, die Kelvin-Temperatur mit dem Buchstaben T.

Regel

Für die **Umrechnung von Grad Celsius in Kelvin** gilt:
$\frac{T_1}{K} = \frac{\vartheta_1}{°C} + 273{,}15$

Beispiel

Gib die Schmelz- und Siedetemperatur von Wasser in Kelvin an!

Lösung

Die Schmelztemperatur von Eis beträgt 0 °C, Wasserdampf entsteht bei 100 °C. Daher gilt:
$T_{Schmelz} = (0 + 273{,}15)\ K = 273{,}15\ K$
$T_{Siede} = (100 + 273{,}15)\ K = 373{,}15\ K$

Da die absolute Temperatur direkt proportional zur inneren Energie ist, nehmen beide Größen in gleichem Maße zu und ab. Wird die innere Energie, also die mittlere Bewegungsenergie der Atome, immer kleiner, bis sie fast ganz verschwunden ist, wird auch die absolute Temperatur immer kleiner und strebt gegen null. Die Temperatur 0 K (= –273,15 °C) stellt also eine Untergrenze dar, die nicht unterschritten werden kann; sie bezeichnet den **absoluten Temperaturnullpunkt**.
Bisher haben wir uns die Temperatur eines einzelnen Körpers angesehen. Was passiert, wenn wir zwei Körper oder Substanzen mit unterschiedlicher Temperatur in Kontakt bringen, wenn also feste Körper sich berühren, Flüssigkeiten gemischt werden, Gase sich gegenseitig durchdringen?

Regel

Zwei Substanzen unterschiedlicher Temperatur, die in Kontakt stehen, nehmen nach einer gewissen Zeit eine einheitliche Temperatur an, die zwischen den beiden Ausgangstemperaturen liegt, die **Mischtemperatur**.
Den Zustand einheitlicher Temperatur nennt man **thermisches Gleichgewicht**.

Wir ahnen bereits, wie ein thermisches Gleichgewicht zustande kommt: Da die Temperatur ein Maß für die innere Energie einer Substanz ist, bedeutet ein Temperaturausgleich nichts anderes als den **Austausch von Wärmeenergie** zwischen den Stoffen. Durch den Kontakt, also durch die Stöße der Atome, wird solange Energie vom System höherer Temperatur zum System niederer Temperatur übertragen, bis alle beteiligten Teilchen eine einheitliche mittlere kinetische Energie besitzen.

Beispiele

1. Welche Mischtemperatur erhält man bei Zusammenschütten von 1,0 kg Wasser von 70 °C und 3,0 kg Petroleum von 25 °C?
($c_{Wasser} = 4\,190\ \frac{J}{kg \cdot K}$, $c_{Petroleum} = 2\,100\ \frac{J}{kg \cdot K}$)

Lösung:
Den Betrag der Mischtemperatur nennen wir x. Das Wasser von ursprünglich 70 °C wird dabei um (70 – x) K kälter (beachte: Temperaturdifferenzen werden immer in Kelvin angegeben), die abgegebene Energie beträgt:
$E_{abgegeben} = m_{Wasser} \cdot c_{Wasser} \cdot (70 - x)\ K$
Das Petroleum erwärmt sich um (x – 25) K und nimmt dabei genau die Energie auf, die genau vom Wasser abgegeben wird:
$E_{aufgenommen} = m_{Petroleum} \cdot c_{Petroleum} \cdot (x - 25)\ K$
Wir können also $E_{abgegeben} = E_{aufgenommen}$ setzen und erhalten:

$$m_{Wasser} \cdot c_{Wasser} (70 - x)\ K = m_{Petroleum} \cdot c_{Petroleum} \cdot (x - 25)\ K$$
$$1{,}0\ kg \cdot 4\,190 \frac{J}{kg \cdot K} \cdot (70 - x)\ K = 3{,}0\ kg \cdot 2\,100 \frac{J}{kg \cdot K} \cdot (x - 25)\ K$$
$$4\,190 \frac{J}{K} \cdot (70 - x)\ K = 6\,300 \frac{J}{K} \cdot (x - 25)\ K$$
$$4\,190\ J \cdot 70 - 4\,190\ J \cdot x = 6\,300\ J \cdot x - 6\,300\ J \cdot 25$$
$$293\,300\ J - 4\,190\ J \cdot x = 6\,300\ J \cdot x - 157500\ J$$
$$450\,800\ J = 10\,490\ J \cdot x$$
$$x \approx 43$$

Es stellt sich also eine Mischtemperatur von etwa 43 °C ein.

2. Wie viel kalten Tee (10 °C) muss man in eine Tasse frisch aufgebrühten Tees (200 mℓ, 85 °C) geben, damit dieser bei einer Temperatur von 55 °C gerade gut trinkbar wird?

   Lösung:
   Tee ist (aus physikalischer Sicht) im Wesentlichen Wasser und besitzt daher die gleiche Dichte ($1 \frac{kg}{\ell}$) und Wärmekapazität. Die Masse des heißen Tees beträgt somit $0{,}200\ \ell \cdot 1 \frac{kg}{\ell} = 0{,}200\ kg$.
   Die Menge x an kaltem Tee nimmt von dem 85 °C heißen Tee so viel Energie auf, dass sich gerade eine Temperatur von 55 °C ergibt. Es ergibt sich folgende Gleichung:
   $x \cdot c_{Wasser} \cdot (55 - 10)\ K = 0{,}200\ kg \cdot c_{Wasser} \cdot (85 - 55)\ K$
   Teilt man beide Seiten durch c_{Wasser}, erhält man:
   $x \cdot 45\ K = 0{,}200\ kg \cdot 30\ K$
   $$x = \frac{0{,}200\ kg \cdot 30\ K}{45\ K} \approx 0{,}133\ kg$$
   Man muss also etwa 133 mℓ kalten Tee zuführen.

   Zweiter, gleichwertiger Lösungsansatz:
   Vor dem Mischen hat man die Menge x an kalten und 200 g an heißen Tee, nach dem Mischen hat man (x + 200 g) an warmen Tee.

Beziehen wir die Energiemengen auf die Temperatur 0 °C, so gilt nach Gleichsetzen der Energien vor und nach dem Mischen:

$$\begin{aligned} x \cdot c_{Wasser} \cdot 10\text{ K} + 0{,}200\text{ kg} \cdot c_{Wasser} \cdot 85\text{ K} &= (x + 0{,}200\text{ kg}) \cdot c_{Wasser} \cdot 55\text{ K} \\ x \cdot 10\text{ K} + 0{,}200\text{ kg} \cdot 85\text{ K} &= (x + 0{,}200\text{ kg}) \cdot 55\text{ K} \\ x \cdot 10\text{ K} + 17\text{ kgK} &= x \cdot 55\text{ K} + 11\text{ kgK} \\ 6\text{ kgK} &= x \cdot 45\text{ K} \\ x &\approx 0{,}133\text{ kg} \end{aligned}$$

3. In einer Thermoskanne werden 300 g Eis von –15 °C mit 500 g Wasser von 80 °C gemischt. Welche Temperatur stellt sich schließlich ein? (spezifische Wärmekapazitäten: $c_{Eis} = 2\,100\,\frac{J}{kg \cdot K}$, $c_{Wasser} = 4\,190\,\frac{J}{kg \cdot K}$; spezifische Schmelzwärme von Eis: $s_{Eis} = 335\,\frac{J}{g}$)

   Erster möglicher Lösungsweg:
   Wir gehen schrittweise vor und betrachten die einzelnen Vorgänge, in denen Energie ausgetauscht wird, nacheinander.
   Zunächst müssen die 300 g Eis von –15 °C auf 0 °C erwärmt werden:

   $$E_1 = c_{Eis} \cdot m \cdot \Delta\vartheta = 2\,100\,\frac{J}{kg \cdot K} \cdot 0{,}300\text{ g} \cdot 15\text{ K} = 9\,450\text{ J}$$

   Daraufhin muss das Eis zu Wasser von 0 °C geschmolzen werden:

   $$E_2 = s_{Eis} \cdot m = 335\,\frac{J}{g} \cdot 300\text{ g} = 100\,500\text{ J}$$

   Diese Energie $E_1 + E_2 = 109\,950$ J wird den 500 g Wasser mit der Temperatur $\vartheta_1 = 80\,°C$ entzogen. Es gilt mit

   $$E_3 = c_{Wasser} \cdot m \cdot \Delta\vartheta = 4\,190\,\frac{J}{kg \cdot K} \cdot 0{,}500\text{ kg} \cdot \Delta\vartheta = 2\,095\,\frac{J}{K} \cdot \Delta\vartheta$$

   also die Gleichung:

   $$\begin{aligned} E_3 &= E_1 + E_2 \\ 2\,095\,\frac{J}{K} \cdot \Delta\vartheta &= 109\,950\text{ J} \\ \Delta\vartheta &= \frac{109\,950\text{ J}}{2\,095\,\frac{J}{K}} \approx 52{,}5\text{ K} \end{aligned}$$

   Das Warmwasser besitzt somit nur noch die Temperatur von

   $\vartheta_2 = \vartheta_1 - \Delta\vartheta = 80\,°C - 52{,}5\text{ K} = 27{,}5\,°C.$

   Es wird mit den 300 g frisch geschmolzenem Wasser von 0 °C gemischt. Die vom Kaltwasser aufgenommene Energie ist gerade die vom Warmwasser abgegebene. Für die Mischtemperatur ϑ_{misch} erhält man:

$$0{,}300\ \text{kg} \cdot c_{\text{Wasser}} \cdot (\vartheta_{\text{misch}} - 0\ °\text{C}) = 0{,}500\ \text{kg} \cdot c_{\text{Wasser}} \cdot (27{,}5\ °\text{C} - \vartheta_{\text{misch}})$$

$$0{,}300\ \text{kg} \cdot (\vartheta_{\text{misch}} - 0\ °\text{C}) = 0{,}500\ \text{kg} \cdot (27{,}5\ °\text{C} - \vartheta_{\text{misch}})$$

$$0{,}300\ \text{kg} \cdot \vartheta_{\text{misch}} = 0{,}500\ \text{kg} \cdot 27{,}5\ °\text{C} - 0{,}500\ \text{kg} \cdot \vartheta_{\text{misch}}$$

$$0{,}800\ \text{kg} \cdot \vartheta_{\text{misch}} = 0{,}500\ \text{kg} \cdot 27{,}5\ °\text{C}$$

$$\vartheta_{\text{misch}} = \frac{0{,}500\ \text{kg}}{0{,}800\ \text{kg}} \cdot 27{,}5\,°\text{C} \approx 17{,}2\,°\text{C}$$

Es stellt sich eine Mischtemperatur von 17,2 °C ein.

Alternative Lösung:
Man kann die Vorgänge auch in einer Gleichung zusammenfassen.
Ausgehend von den einzelnen Energieumsetzungen

- Zuführung der Energie E_1, um das Eis auf die Schmelztemperatur zu erwärmen,
- Zuführung der Schmelzwärme E_2,
- Zuführung der Energie E_3 zur Erwärmen des Schmelzwassers auf die gesuchte Mischtemperatur x.

Die drei Energiebeträge E_1, E_2 und E_3 stammen vom Heißwasser, das sich dabei von 80 °C auf die Temperatur x °C abkühlt und dabei die Energie E_4 freisetzt. Die Energiegleichung lautet:

$$E_1 + E_2 + E_3 = E_4$$

$$0{,}300\ \text{kg} \cdot c_{\text{Eis}} \cdot 15\ \text{K} + 300\ \text{g} \cdot s_{\text{Eis}} + 0{,}300\ \text{kg} \cdot c_{\text{Wasser}} \cdot (x - 0)\ \text{K}$$
$$= 0{,}500\ \text{kg} \cdot c_{\text{Wasser}} \cdot (80 - x)\ \text{K}$$

$$0{,}300\ \text{kg} \cdot 2\,100\ \frac{\text{J}}{\text{kg} \cdot \text{K}} \cdot 15\ \text{K} + 300\ \text{g} \cdot 335\ \frac{\text{J}}{\text{g}} + 0{,}300\ \text{kg} \cdot 4\,190\ \frac{\text{J}}{\text{kg}} \cdot x$$
$$= 0{,}500\ \text{kg} \cdot 4\,190\ \frac{\text{J}}{\text{kg} \cdot \text{K}} \cdot (80 - x)\ \text{K}$$

$$9\,450\ \text{J} + 100\,500\ \text{J} + 1\,257\ \text{J} \cdot x = 2\,095\ \frac{\text{J}}{\text{K}} \cdot (80 - x)\ \text{K}$$

$$9\,450\ \text{J} + 100\,500\ \text{J} + 1\,257\ \text{J} \cdot x = 167\,600\ \text{J} - 2\,095\ \text{J} \cdot x$$

$$3\,352\ \text{J} \cdot x = 57\,650\ \text{J}$$

$$x \approx 17{,}2$$

Wir erhalten wieder die Mischtemperatur 17,2 °C. Interessant ist hier auch ein Vergleich der Energiebeträge: Für den Schmelzprozess ist mehr als die zehnfache Energie (100 500 J) nötig wie zum Erwärmen des Eises um 15 K (9 450 J)!

Zusammenfassung

- Erwärmung eines Stoffes tritt bei Energiezufuhr auf und bedeutet eine Erhöhung der Bewegungsenergie der kleinsten Teilchen, d. h. der **inneren Energie** des Stoffs.
- Ist die Energiezufuhr genügend groß, führt dies zunächst zum **Schmelzen** und bei weiterer Erhöhung zum **Verdampfen** der Substanz. Allgemein kann durch Erwärmen bzw. Abkühlen ein **Aggregatzustand** (fest, flüssig, gasförmig) in einen anderen übergeführt werden. Schmelz- und Siedtemperatur sowie die zugehörigen spezifischen Schmelz- und Verdampfungswärmen sind charakteristisch für das jeweilige Material. Während des Schmelz- und Verdampfungsvorgangs erhöht sich trotz Energiezufuhr die Temperatur nicht.
- Wird zwischen Stoffen verschiedener Temperatur Kontakt hergestellt, z. B. beim Mischen von Flüssigkeiten, erfolgt ein **Temperaturausgleich**. Dabei wird solange Energie vom warmen zum kalten Körper übertragen, bis sich die Substanzen im thermischen Gleichgewicht befinden.

Aufgaben

81. Bis heute gibt es immer wieder Versuche, ein Perpetuum mobile (1. Art) zu konstruieren, also eine Maschine, die – einmal in Gang gesetzt – ewig in Bewegung bleibt. Begründe, warum eine derartige Maschine niemals funktionieren kann!

82. Wie viel Liter kaltes Wasser von 15 °C sind 80 ℓ Wasser von 65 °C beizumischen, damit sich gerade eine Mischtemperatur von 36 °C einstellt?

83. a) Wie viel Energie muss aufgewendet werden, um 400 g Wasser von 20 °C in Wasserdampf von 160 °C zu verwandeln?
($s_{Wasser} = 2\,258\,\frac{J}{g}$; $c_{Wasser} = 4\,190\,\frac{J}{kg \cdot K}$; $c_{Dampf} = 2\,090\,\frac{J}{kg \cdot K}$)

b) Welcher prozentuale Anteil davon wird jeweils für Erwärmen von Wasser bzw. Dampf und für das Verdampfen selbst verwendet?

84. Ein Kristall wird solange erwärmt, bis er schmilzt. Beschreibe diesen Vorgang anhand des Teilchenmodells der Materie!

85. Wie viel Eis von –15,0 °C lässt sich mit der Gesamtenergie von 150 kJ in Wasser von 75,0 °C verwandeln?
($s_{Eis} = 335\,\frac{J}{g}$; $c_{Wasser} = 4\,190\,\frac{J}{kg \cdot K}$; $c_{Eis} = 2\,100\,\frac{J}{kg \cdot K}$)

86. 400 g einer unbekannten Flüssigkeit von 15,0 °C werden mit 600 g Wasser von 65,0 °C und 300 g Alkohol von 40,0 °C zusammengeschüttet. Es stellt sich eine Temperatur von 50,27 °C ein. Was lässt sich über die unbekannte Flüssigkeit aussagen?
($c_{Wasser} = 4\,190 \frac{J}{kg \cdot K}$; $c_{Alkohol} = 2\,400 \frac{J}{kg \cdot K}$; $c_{Petroleum} = 2\,100 \frac{J}{kg \cdot K}$)

87. Wie viele Liter Wasser von 70 °C müssen in eine Badewanne mit 42 ℓ Wasser von 15 °C gegeben werden, damit sich eine angenehme Mischtemperatur von 35 °C ergibt?

88. Welche Mischtemperatur ergibt sich bei Zusammenschütten von 1,0 kg Wasser von 50 °C und
a) 2,0 kg Wasser von 30 °C?
b) 1,0 kg Petroleum von 30 °C?
($c_{Wasser} = 4\,190 \frac{J}{kg \cdot K}$; $c_{Petroleum} = 2\,100 \frac{J}{kg \cdot K}$)

89. Zu $m_1 = 200$ g verdünntem Alkohol von 60 °C werden $m_2 = 100$ g Wasser von 18 °C gegossen, wodurch eine Mischtemperatur von 42,5 °C entsteht. Welchen Massenanteil Wasser enthielt der Alkohol (in Prozent)?
($c_{Wasser} = 4\,190 \frac{J}{kg \cdot K}$; $c_{Alkohol} = 2\,400 \frac{J}{kg \cdot K}$)

90. Zur Bereitung eines Wannenbades von 200 ℓ wird ein Heißwasserbedarf von 70 ℓ bei 85 °C angegeben. Welche Mischtemperatur ist dabei angenommen, wenn das Kaltwasser 15 °C hat?

91. Dem Motor eines Traktors werden je Stunde 3 100 ℓ Kühlwasser zugeführt, das sich dabei um 8 K erwärmt. Wie viel Prozent der umgesetzten Wärme führt das Wasser ab, wenn die Maschine je Stunde 11 ℓ Kraftstoff vom Heizwert 29,3 $\frac{MJ}{l}$ verbraucht?

92. Eine glühende Eisenkugel mit einer Masse von 80,0 g wird in 1,00 kg Wasser von 23,0 °C gelegt. Es stellt sich eine Temperatur von 33,5 °C ein.
a) Welche Ausgangstemperatur hatte die Kugel ($c_{Eisen} = 452 \frac{J}{kg \cdot K}$)?
b) Spiegelt das Ergebnis die exakte, eine Mindest- oder eine Maximaltemperatur wider(kurze Begründung)?

✱ **93.** In einem perfekt wärmeisolierten Zimmer befinden sich eine funktionsfähige Steckdose und ein Kühlschrank (im Betrieb). Wie ändert sich allmählich die Raumtemperatur, wenn man die Kühlschranktüre dauerhaft öffnet? Begründung!

3.2 Wärmeausdehnung von Gasen

Betrachten wir ein Gas, das sich in einem geschlossenen Gefäß befindet: Die Gasteilchen bewegen sich mit hoher Geschwindigkeit in alle Richtungen und stoßen dabei immer wieder mit der Gefäßwand zusammen. Sie prallen dort ab, werden zurückgeworfen und üben dabei eine Kraft auf die Wand aus. Die Summe dieser Kräfte pro Flächeneinheit bezeichnet man als **Gasdruck**, seine Einheit ist das Pascal: $1\,\text{Pa} = 1\,\frac{\text{N}}{\text{m}^2}$.

Je größer die **Temperatur** des Gases, desto größer ist seine innere Energie und damit die Geschwindigkeit der Teilchen. Da das **Volumen** konstant ist, steigen auch die Kräfte auf die Wand und damit der Druck. Soll der Druck konstant bleiben, muss man dem Gas mehr Platz zur Verfügung stellen, d. h., das Volumen muss größer werden: die größere Teilchenenergie wird dann durch die geringere Zahl der Stöße pro Zeiteinheit gerade ausgeglichen. Aus demselben Grund gilt: Bei konstanter Teilchenenergie, also konstanter Temperatur, steigt der Druck, wenn das Volumen verkleinert wird.

Ein Gas, welches das beschriebene Verhalten exakt erfüllt, nennt man **ideales Gas**. Es stellt ein vereinfachtes, aber sehr zutreffendes Modell dar, denn viele reale Gase verhalten sich in guter Näherung wie ein ideales Gas. Erst bei sehr hohen Temperaturen oder Drücken treten Abweichungen zu diesem Modell auf.

Regel

Allgemeine Zustandsgleichung

Der Zustand eines idealen Gases ist durch die Angabe der drei Größen Druck, Volumen und (absolute) Temperatur eindeutig bestimmt. Es gilt:

$$\frac{p \cdot V}{T} = \text{konst.}$$

Nach der allgemeinen Zustandsgleichung folgt für die **Ausdehnung von Gasen**:

$$V \sim \frac{T}{p}$$

Als so genannte **Normalbedingungen** sind weltweit einheitlich die Temperatur $T_0 = 273{,}15\,\text{K}$ und der Druck $p_0 = 1\,013{,}25\,\text{hPa}$ festgelegt ($1\,\text{hPa} = 100\,\text{Pa}$; sprich Hektopascal).

Bleibt bei einer Zustandsänderung der Druck gleich, so heißt sie **isobar**, bei konstanter Temperatur **isotherm** und bei unverändertem Volumen **isochor**.

Anmerkung: Bei einer isobare Zustandsänderung gilt nach der allgemeinen Zustandsgleichung die Proportionalität $V \sim T$, die nach ihrem Entdecker auch Gesetz von Gay-Lussac genannt wird. Ebenso leitet sich für die isotherme Zustandsänderung das so genannte Gesetz von Boyle-Mariotte ab: $p \sim \frac{1}{V}$.

Beispiele

1. Ein Autoreifen ist mit Luft von 15 °C und einem Druck von 2 800 hPa gefüllt worden. Nach scharfer Fahrt ist die Lufttemperatur im Reifen auf 55 °C gestiegen.
   a) Wie hoch ist jetzt der Druck im Reifen, wenn man annimmt, dass sich das Volumen nicht geändert hat?

   Lösung:
   Die Zustandsänderung ist bei konstantem Volumen abgelaufen, also isochor. Die Temperaturen sind in Grad Celsius gegeben. Um die allgemeine Zustandsgleichung verwenden zu können, müssen wir vorher die absoluten Temperaturen bestimmen:

   $$\frac{T_1}{K} = \frac{\vartheta_1}{°C} + 273{,}15 = 15 + 273{,}15 = 288{,}15; \quad \frac{T_2}{K} = 55 + 273{,}15 = 328{,}15$$

   Dann folgt:

   $$\frac{p_1}{T_1} = \frac{p_2}{T_2} \quad \Rightarrow \quad p_2 = \frac{T_2 \cdot p_1}{T_1} = \frac{328{,}15\ \text{K} \cdot 2\,800\ \text{hPa}}{288{,}15\ \text{K}} \approx 3\,189\ \text{hPa}$$

   b) Wie hoch ist der Druck im Reifen, wenn man zusätzlich berücksichtigt, dass das Reifenvolumen ebenfalls um 5 % zunimmt (allgemeiner Ansatz)?

   Lösung:
   Die Formel lautet jetzt:

   $$\frac{p_1 \cdot V_1}{T_1} = \frac{p_2 \cdot V_2}{T_2} \quad \Rightarrow \quad p_2 = \frac{p_1 \cdot V_1 \cdot T_2}{T_1 \cdot V_2} = \frac{2\,800\ \text{hPa} \cdot V_1 \cdot 328{,}15\ \text{K}}{288{,}15\ \text{K} \cdot 1{,}05\ V_1} \approx 3037\text{hPa}$$

2. Ein Gasballon hat zunächst bei $\vartheta_1 = 20$ °C und $p_1 = 1\,200$ hPa Innendruck das Innenvolumen $V_1 = 12{,}5\ \text{dm}^3$.
   a) Um wie viel K wurde erwärmt, wenn schließlich bei $p_2 = 1\,400$ hPa das Volumen $V_2 = 13{,}5\ \text{dm}^3$ beträgt?

   Lösung:
   Die Absoluttemperatur zu Beginn beträgt $T_1 = 293{,}15$ K. Auflösen der Zustandsgleichung nach T_2 liefert:

   $$\frac{p_1 \cdot V_1}{T_1} = \frac{p_2 \cdot V_2}{T_2}$$

   $$\Rightarrow \quad T_2 = \frac{p_2 \cdot V_2}{p_1 \cdot V_1} \cdot T_1 = \frac{1\,400\ \text{hPa} \cdot 13{,}5\ \text{dm}^3}{1\,200\ \text{hPa} \cdot 12{,}5\ \text{dm}^3} \cdot 293{,}15\ \text{K} \approx 369\ \text{K}$$

   Der Ballon wurde um etwa 76 K auf die neue Temperatur $\vartheta_2 \approx 96$ °C erwärmt.

   b) Berechne das Normalvolumen V_0 der Gasmenge!

   Lösung:
   Das Normalvolumen V_0 liegt bei $T_0 = 273$ K und $p_0 = 1\,013$ hPa vor:

   $$\frac{p_1 \cdot V_1}{T_1} = \frac{p_0 \cdot V_0}{T_0} \quad \Rightarrow \quad V_0 = \frac{T_0 \cdot p_1 \cdot V_1}{T_1 \cdot p_0} = \frac{273{,}15\ \text{K} \cdot 1\,200\ \text{hPa} \cdot 12{,}5\ \text{dm}^3}{293{,}15\ \text{K} \cdot 1\,013{,}25\ \text{hPa}} \approx 13{,}8\ \text{dm}^3$$

Aufgaben

94. Eine abgeschlossene Menge eines idealen Gases hat das Normalvolumen $V_0 = 200\ dm^3$. Bei Erwärmung (von einer unbekannten Temperatur aus) um 20 K dehnt es sich isobar um 30 dm^3 aus.
Berechne den herrschenden Druck p!

95. a) Wie viel Luft entweicht aus einem quaderförmigen Saal von 20 m Länge, 15 m Breite und 5 m Höhe, wenn die Temperatur bei konstantem Druck von 22 °C auf 35 °C erhöht wird?
b) Welche Dichte ρ hat die Luft in dem Saal bei 35 °C, wenn bei 22 °C die Dichte gerade $1{,}29\ \frac{kg}{m^3}$ beträgt?

96. Gib jeweils die Zustandsgleichung idealer Gase an
a) im isothermen Fall;
b) im isochoren Fall;
c) im isobaren Fall!

97. Eine abgeschlossene Gasmenge wird isochor auf 70 °C erwärmt. Dabei steigt der Druck auf 3 150 hPa. Berechne den Ausgangsdruck p_1, wenn die anfängliche Temperatur gerade $\vartheta_1 = 10\ °C$ beträgt!

98. Nach dem Öffnen eines Fensters im Winter tritt kalte Luft in das Zimmer ein. Welche Luftbewegung stellt man fest, bevor die Vermischung eintritt? (Kurze Begründung)

99. Der Druck einer abgeschlossenen Gasmenge wird isotherm um 10 % erhöht. Wie ändert sich der Druck prozentual?

3.3 Wärmeausdehnung bei flüssigen und festen Körpern

Flüssigkeiten dehnen sich bei Erwärmung weniger stark aus als Gase – weil die Anziehungskraft zwischen den Teilchen größer ist –, aber stärker als Festkörper. An Besonderheiten ist die **Anomalie des Wassers** zu nennen, welches bei 4 °C seine größte Dichte aufweist. Wird es wärmer, dehnt es sich aus, wird es kälter, dann auch. Deshalb gefrieren stehende und langsam fließende Gewässer stets von oben her zu, denn unten am Grund des Sees ist die Schicht mit dem dichtesten, nämlich 4 °C „warmen“ Wasser. Fische überleben den Winter unter dem Eis aus eben diesem Grund. Andererseits richtet in Felsritzen oder Fahrbahnbeläge eingedrungenes Wasser bei Frost mit seiner unglaublichen Ausdehnungskraft große Zerstörungen an.

Feste Stoffe dehnen sich bei Erwärmung ebenfalls aus, die Kräfte dabei sind sehr groß. Die Tabelle zeigt die Längenausdehnung $\Delta\ell$ für einen 1 Meter langen Stab in Abhängigkeit von dem Material, aus dem er besteht.

Material	$\Delta\ell$ in mm	Material	$\Delta\ell$ in mm
Zink	2,6	Eisen	1,2
Aluminium	2,4	Beton	1,2
Silber	2,0	Porzellan	0,3
Kupfer	1,7	Quarzglas	0,06

Regel

> Der **Volumenausdehnungskoeffizient** γ beschreibt die Ausdehnung einer Flüssigkeit oder eines Festkörpers bei Erwärmung und ist charakteristisch für das betreffende Material. Für das Volumen V_1 des um ΔT heißeren Materials gilt im Vergleich zum Ausgangsvolumen V_0 des kalten Materials:
>
> $V_1 = V_0 \cdot (1 + \gamma \cdot \Delta T)$
>
> Die Einheit des Volumenausdehnungskoeffizienten ist $\frac{1}{K}$.

Bei festen Körpern betrachtet man zusätzlich noch die Längenausdehnung und erhält eine ganz analoge Aussage:

Regel

> Der **Längenausdehnungskoeffizient** α beschreibt die Längsausdehnung eines Materials bei Erwärmung. Für die Länge ℓ_1 des um ΔT heißeren Körpers gilt im Vergleich zur Ausgangslänge ℓ_0 des kalten Körpers:
>
> $\ell_1 = \ell_0 \cdot (1 + \alpha \cdot \Delta T)$
>
> Die Einheit des Längenausdehnungskoeffizienten ist $\frac{1}{K}$.

Der Längen- und der Volumenausdehnungskoeffizient hängen bei festen Körpern für das jeweilige Material über folgende einfache Beziehung zusammen:

$\gamma = 3 \cdot \alpha$

Die Ausdehnungskoeffizienten der wichtigsten Materialien sind in Tabellenwerken (z. B. der Formelsammlung) zusammengefasst.

Beispiel

Um wie viel Prozent dehnt sich Quecksilber aus, wenn es von 10 °C auf 40 °C erwärmt wird ($\gamma_{Quecksilber} = 0{,}000182\,\frac{1}{K}$)?

Lösung:

$$V_1 = V_0 \cdot (1 + \gamma_{Quecksilber} \cdot \Delta T) \quad \Rightarrow \quad \frac{V_1}{V_0} = 1 + 0{,}000183\,\frac{1}{K} \cdot 30\,K \approx 1{,}0055$$

Das Volumen steigt also um 0,55 %.

Aufgaben

100. Warum wird beim Bau „Stahlbeton“ verwendet, nicht aber „Aluminiumbeton“?

101. a) Welche Längenausdehnung einer bei 0 °C gerade 100 m langen Brücke aus Stahlbeton ist im Sommer zu berücksichtigen, wenn die Temperatur zwischen –30 °C und +40 °C schwanken darf?
($\alpha_{\text{Eisen}} = \alpha_{\text{Beton}} = 0{,}000012\,\frac{1}{\text{K}}$)

b) Welche bauliche Maßnahme trägt diesem Umstand Rechnung?

102. Wie werden lange Stahlrohre verlegt, um Dehnungsschäden zu vermeiden?

103. Zeige, dass auch für ideale Gase ein Volumenausdehnungskoeffizient analog zu Flüssigkeiten und Festkörpern angegeben werden kann, wenn das Gas isobar erwärmt wird. Wie groß ist dieser Koeffizient bezogen auf die Normaltemperatur 0 °C?

* **104.** Eine Stahlkugel wird erhitzt.

a) Ändern sich dabei die Dichte, die Masse, die Gewichtskraft, das Volumen der Kugel? Wenn ja, wie?

b) Die Kugel passt nach dem Erhitzen gerade nicht mehr durch einen Stahlring. Würde das Erhitzen des Stahlrings dessen Öffnung vergrößern, sodass die Kugel möglicherweise wieder durchpasst?

105. Der Eiffelturm in Paris ist eine Stahlkonstruktion. Biegt er sich bei einseitiger Sonnenbestrahlung zur Sonne hin, von der Sonne weg, anders oder gar nicht?

106. Aluminium dehnt sich bei Erwärmung stärker aus als Eisen. In welche Richtung biegt sich bei Erwärmung ein Bimetallstreifen, dessen obere Schicht aus Eisen und dessen untere Schicht aus Aluminium besteht?

107. Welche Längenausdehnung erfährt ein durchgehendes Gleisstück auf der Bahnstrecke von München nach Salzburg (Länge 150 km) in der Zeit zwischen einem Wintertag (–20 °C) und einem Sommertag (30 °C)? Der Längenausdehnungskoeffizient von Stahl ist $\alpha = 0{,}000012\,\frac{1}{\text{K}}$.

3.4 Wärmestrahlung

Wir haben in Abschnitt 3.1 gesehen, dass Substanzen verschiedener Temperatur Wärmeenergie austauschen, sobald sie in Kontakt miteinander treten. Die Übertragung geschieht dabei durch Stöße der Atome des heißeren auf die Atome des kälteren Materials. Auch innerhalb eines Körpers wird auf diese Weise Wärme übertragen, Temperaturunterschiede werden ausgeglichen (z. B. bei einem zunächst kalten Löffel, der sich von unten nach oben erwärmt, wenn man ihn in heißes Wasser hält). Man nennt diese Form der Wärmeübertragung **Wärmeleitung**. Wärme kann auch durch eine strömende (gasförmige oder flüssige) Substanz übertragen werden; dies ist z. B. beim Golfstrom der Fall, der warmes Meerwasser aus den Tropen in die nördliche Erdhalbkugel transportiert, oder bei der Warmluft, die aus einem Haartrockner strömt. Man spricht hier von **Wärmekonvektion**. Schließlich kann Energie auch durch **Wärmestrahlung** übertragen werden, wie wir es täglich an der Sonne oder auch bei Heizstrahlern spüren können. Für die regenerative, d. h. immer wieder erneuerbare Energieversorgung ist die Strahlung der Sonne die wichtigste Quelle. Die Stärke der Sonnenstrahlung, die auf der Erdoberfläche eintrifft, liegt bei rund $S = 1\,000\,\frac{W}{m^2}$. S gibt die Strahlungsleistung pro Fläche an, also die pro Sekunde und Quadratmeter einfallende Strahlungsenergie.

Beispiel

Ein Solarkocher besteht im Wesentlichen aus einer im Querschnitt parabelförmig gewölbten Spiegelfläche aus Metall. Das einfallende Sonnenlicht besteht wegen des großen Abstandes zur Sonne aus praktisch parallelen Strahlen, die bei dieser Oberflächenform recht präzise in den so genannten Brennpunkt reflektiert werden. Bringt man dort einen schwarzen Kochtopf an (der idealerweise die gesamte Strahlungsenergie „schluckt" und in Wärme umsetzt), kann man damit beispielsweise Wasser zum Sieden bringen, um später vielleicht Würstchen darin zu erhitzen.
Wie lange dauert dieser Erwärmungsvorgang für 1 kg Wasser mit einer Temperatur von 15 °C (spezifische Wärmekapazität $c_W = 4{,}2\,\frac{J}{g \cdot K}$), wenn die eintreffende Strahlungsleistung der Sonne $1\,000\,\frac{W}{m^2}$ beträgt und der Solarkocher das gesamte Licht einer Eintrefffläche von 3,5 m^2 in Wärme umwandelt?

Lösung:
Um 1 kg Wasser von 15 °C auf 100 °C zu erwärmen, ist eine Energie von

$$E = m \cdot c_W \cdot \Delta T = 1000\,g \cdot 4{,}2\,\frac{J}{g \cdot K} \cdot 85\,K = 357\,000\,J$$

notwendig. Bei einer Strahlungsleistung der Sonne von $1\,000\,\frac{W}{m^2}$ und einer bestrahlten Fläche von 3,5 m^2 nimmt der Solarkocher eine Leistung von

$$P = 1\,000\,\frac{W}{m^2} \cdot 3{,}5\,m^2 = 3\,500\,W$$

auf. Wegen $P = \frac{E}{t}$ dauert der Erwärmungsvorgang daher:

$$t = \frac{E}{P} = \frac{336\,000\,J}{3\,500\,W} = 102\,s$$

Aufgaben

108. Mithilfe eines Solarkochers soll Tee gekocht werden.

a) Wie lange dauert es, bis 3,0 ℓ Teewasser von anfangs 20 °C in dem Topf zum Sieden gebracht werden, wenn die freie Einstrahlfläche des Spiegels 4,0 m^2 und die von der Sonne eingestrahlte Leistung etwa 1 000 W je m^2 betragen und Energieverluste nicht berücksichtigt werden?

b) Tatsächlich dauert es etwa 7,0 Minuten, bis das Wasser kocht. Welchen Wirkungsgrad hat die Anlage und wo liegen die Ursachen des Verlusts?

109. Die Sonne strahlt in unserer Gegend mit etwa 1 000 W Leistung je m^2 auf die Erdoberfläche. Photovoltaikanlagen verwandeln diese Strahlungsleistung bei einem Wirkungsgrad von etwa 12 % in elektrische Leistung.

a) Welche Fläche müsste man mit solchen Solarzellen bedecken, um die Leistung des Walchensee-Wasserkraftwerkes (120 MW) zu erreichen?

b) Welche Vor- und Nachteile hat diese Form der Energieumwandlung?

110. Solarthermie 1

Sonnenkollektoren nutzen Energie des Sonnenlichtes zur Erwärmung einer Flüssigkeit. Diese wird entweder direkt genutzt (als Heißwasser) oder zum Erzeugen elektrischer Energie verwendet. Zu diesem Zweck werden verspiegelte Rinnen mit parabolischem Querschnitt aufgestellt, die von der Sonne beschienen werden. Wegen der Form des Spiegels wird alles Licht auf eine Linie reflektiert (die so genannte Brennlinie), entlang der ein schwarzes, flüssigkeitsgefülltes Rohr verläuft (siehe Abbildung).

Diese Flüssigkeit wird durch das Rohr gepumpt und erhitzt sich dabei durch die Sonnenenergie so stark, dass in einem Dampferzeuger mit dieser Wärme Wasser verdampft wird. Der Dampf treibt – wie bei üblichen Wärmekraftwerken – Turbinen an, die angeschlossenen Generatoren erzeugen elektrischen Strom. Nach Sonnenuntergang versorgt ein Wärmespeicher die Anlage bis in die Nacht hinein weiter.
Bei einem solchen Solarkraftwerk sollen auf 1 000 000 m^2 Kollektorfläche etwa 100 MW elektrische Leistung erzeugt werden.

a) Schätze den Gesamtwirkungsgrad der Anlage ab (Bestrahlungsstärke der Sonne etwa 1 000 W je m^2)!
b) Welche Ursachen für Leistungsverluste gibt es?

111. Solarthermie 2

Bei Turmkraftwerken reflektieren bewegliche Spiegel, so genannte Heliostaten, das Sonnenlicht unabhängig von der Änderung der Sonnenposition am Himmel immer auf den gleichen, ortsfesten Punkt, nämlich auf einen Absorber im Turm. Dort wird die konzentrierte Energie an eine Flüssigkeit weitergegeben, die wiederum in einem Wärmetauscher Wasser verdampft, welches dann über Turbinen den Generator betreibt.
Das „Solar One" in Barstow (Kalifornien) war lange Zeit als weltgrößtes Turmkraftwerk im Einsatz. Es besaß 1 818 Heliostaten mit einer Spiegelfläche von je 39,3 m^2. Das Kraftwerk lieferte in der Sommerzeit 10 MW elektrische Leistung.

Turmkraftwerk „Solar One", Barstow, Kalifornien

Berechne den Wirkungsgrad der Anlage bei einer angenommenen Bestrahlungsstärke der Sonne von 800 W je m^2!

112. Solarthermie 3

Parabolspiegel-Anlagen mit einer Querschnittsfläche von etwa 200 m^2 je Modul erzeugen jeweils 50 kW.
Welcher Wirkungsgrad ergibt sich bei einer Strahlungsleistung von 1 000 W je m^2?

113. Eine Rettungsfolie ist in jedem Erste-Hilfe-Koffer vorhanden und soll Verletzte vor dem Auskühlen bewahren. Sie besteht aus einer verspiegelten Kunststoffschicht.

a) Wenn man sich den einen Arm mit einer Rettungsfolie und den anderen mit einer durchsichtigen Folie (etwa einem Müllbeutel) überzieht, dann wird es auf beiden Seiten wärmer. Auf welcher Seite ist der Effekt stärker und warum?

b) Nun werden ein Arm in Rettungsfolie und der andere in Alufolie (die ebenfalls spiegelt) gewickelt. Welche Schicht wärmt stärker und warum?

114. Im Keller eines Hauses wird in der Heizungsanlage Wasser erwärmt und in einem Rohrsystem durchs Haus gepumpt. Die Heizkörper befinden sich meist unter einem Fenster. Beschreibe alle Vorgänge der Wärmeübertragung, die an einer derartigen Heizungsanlage auftreten, und gib jeweils an, ob es sich um Konvektion, Strahlung oder Leitung handelt.

115. Welche Wärmeübertragungsart überwiegt beim Heizlüfter, welche beim Heizstrahler?

4 Elektrik

4.1 Grundlegende Größen der Elektrik

Ausgangspunkt für sämtliche Vorgänge, die in diesem Abschnitt besprochen werden, ist der Begriff der **elektrischen Ladung**.

Regel

> Alle elektrischen Wirkungen und Vorgänge sind auf die Eigenschaften und das Verhalten von **elektrischen Ladungen** zurückzuführen. Es gibt positive (+) und negative (–) elektrische Ladungen, die aufeinander wechselseitig unterschiedliche Kräfte ausüben: Gleichnamige Ladungen (+|+ oder –|–) stoßen einander ab, ungleichnamige Ladungen (+|– oder –|+) ziehen sich an.

Elektrische Ladungen treten stets in (immer gleich) winzig kleinen Portionen auf, den so genannten **Elementarladungen**. Auf einem neutralen Körper sitzen ebenso viele negative wie positive Ladungen und diese heben sich paarweise in ihrer Wirkung jeweils auf. Ein negativ geladener Körper trägt einen Überschuss an negativen Ladungen, diese stoßen sich gegenseitig ab und versuchen größtmöglichen Abstand voneinander einzunehmen. Verbindet man diesen Körper leitend mit einer neutralen Metallkugel, dann werden die Ladungen sich auch gleichmäßig über die Kugel verteilen. Es entsteht ein **elektrischer Strom**, der von dem negativ geladenen Körper zur Kugel fließt. Wir halten fest:

Regel

> **Elektrischer Strom** entsteht durch die Bewegung elektrischer Ladungen in einem Stromkreis. Die Bewegung dient dem Ladungsausgleich zwischen leitend verbundenen, elektrisch geladenen Körpern.

Für die Erarbeitung der Grundgesetze im Stromkreis hat sich ein anschauliches Modell bewährt, das wir im Folgenden genauer untersuchen wollen.

Das Wasserstromkreis-Modell für den elektrischen Stromkreis

Eine Schwierigkeit beim Verständnis der Elektrizitätslehre liegt darin, dass wir für diesen Bereich der Physik keine geeigneten Sinnesorgane besitzen, denn elektrischer Strom selbst ist unsichtbar, riecht und knistert nicht. Zwar leuchten Strom durchflossene Lampen, es riechen verschmorte Leitungen und unter einem Hochspannungsmasten hört man schon mal ein sonderbares Knistern, das wohl mit der Elektrizität zusammenhängt – aber dies sind eben alles nur einige **Wirkungen des elektrischen Stromes** (und nicht er selbst), die wir wahrnehmen können.
Um dem entgegenzuwirken und den elektrischen Stromkreis sowie die Abläufe darin besser zu verstehen, ist das Wasserstrommodell sehr hilfreich. Es wird zunächst vorgestellt, später wird dann an geeigneter Stelle immer wieder darauf Bezug genommen. Für jeden Vorgang und auch für jeden Bestandteil im elektrischen Stromkreis gibt es einen entsprechenden im Wasserstromkreis.
Als erstes und wichtigstes Bauteil ist hier die **Pumpe** zu nennen, die das Wasser zunächst zum Fließen bringt und anschließend in Bewegung hält. Wie sie genau funktioniert, überlegen wir uns später.
Als „Schaltsymbol“ wählen wir das in Bild A gezeigte Zeichen.
Als Gerät, welches wir mit dem Wasserstrom betreiben wollen, verwenden wir hier ein Schaufelrad (Bild B).
Der **Wasserhahn** dient als „Schalter“; wir stellen uns einen Glaskörper mit einer Querbohrung (Bild C rechts) vor, der passgenau in einem anderen Glasteil (Bild C Mitte) steckt und je nach Drehstellung das Wasser durchfließen lässt (oben) oder nicht (unten).

A

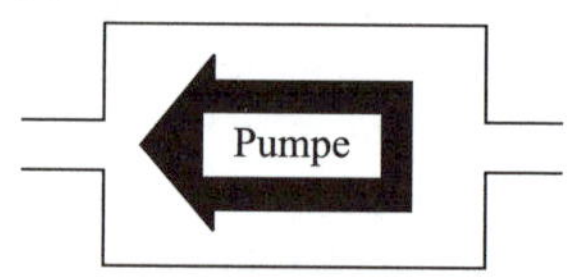

B

C

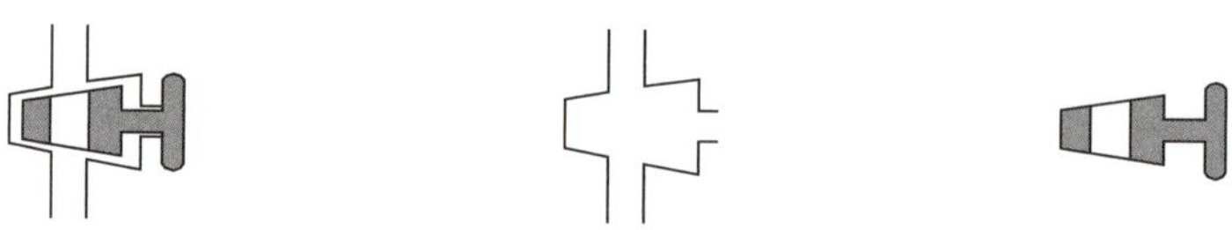

Hahn in Durchlass-Stellung (Schalter geöffnet)

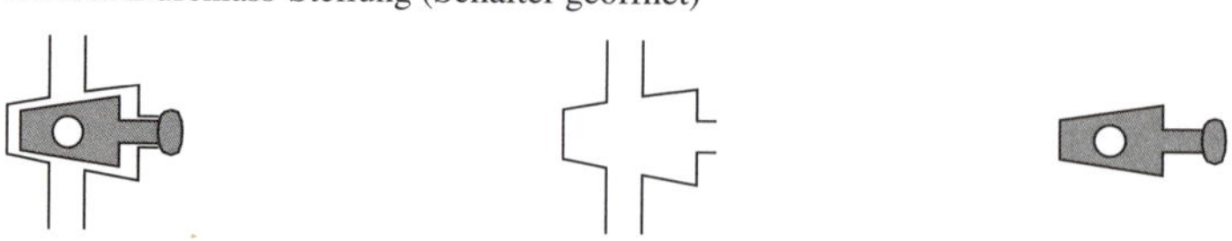

Hahn in Absperr-Stellung (Schalter geschlossen)

Das Wasser wird in **Rohrleitungen** geführt, der Wasserstromkreis hat dann das in der Abbildung gezeigte Aussehen. Ist der Hahn geschlossen (A), kann das Wasser (trotz des von der Pumpe aufgebauten Wasserdruckes) nicht durch den Wasserstromkreis fließen. Nach Öffnen des Hahnes durch Drehen um 90 Grad (B) beginnt es sich zu bewegen, das Schaufelrad als „Stromstärke-Anzeiger" beginnt sich entsprechend schnell zu drehen (vgl. auch Zapfsäule an der Tankstelle!).

A B C

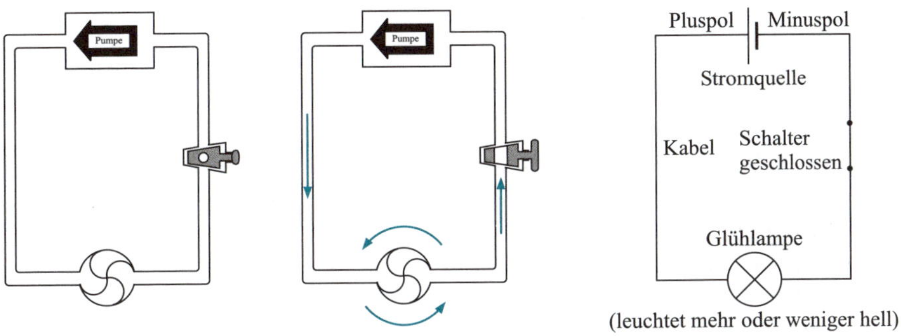

Im **elektrischen Stromkreis** entspricht nun der Pumpe die **Stromquelle**, dem Schaufelrad ein **Verbraucher**, z. B. eine Glühlampe, und dem Absperrhahn ein **Schalter**; verbunden sind diese Teile mit **Kabeln** (statt Rohren); der entsprechende elektrische Schaltplan ist in (C) dargestellt. Dem Wasser entspricht die **elektrische Ladung**, die durch den Stromkreis fließt.

Regel

> Die Ladungsmenge, die pro Sekunde durch einen elektrischen Stromkreis fließt, heißt **elektrische Stromstärke I**.
> Die Einheit der elektrischen Stromstärke ist 1 Ampere: $[I] = 1\,A$

Den Druckunterschied, den die Pumpe erzeugt, erklärt ein Blick auf das „Innenleben" der Pumpe, das in der folgenden Abbildung skizziert ist: Zwei unterschiedlich hoch mit Wasser gefüllte Behälter werden durch Rohrleitungen (unten) miteinander verbunden, wegen des Druckunterschiedes beginnt das Wasser aus dem linken in den rechten Behälter zu fließen, bis beide Wasserstände gleich hoch sind („kommunizierende Röhre", Bild A).
Dieser Stromfluss ist jedoch nur von kurzer Dauer: Der Höhenunterschied kann nicht gehalten werden, er bricht umgehend zusammen. In unserem Modell können wir uns mit einer weiteren Pumpe behelfen, die (je nach Leistungsfähigkeit) den Höhenunterschied in den Behältern aufrecht erhält (Bild B).

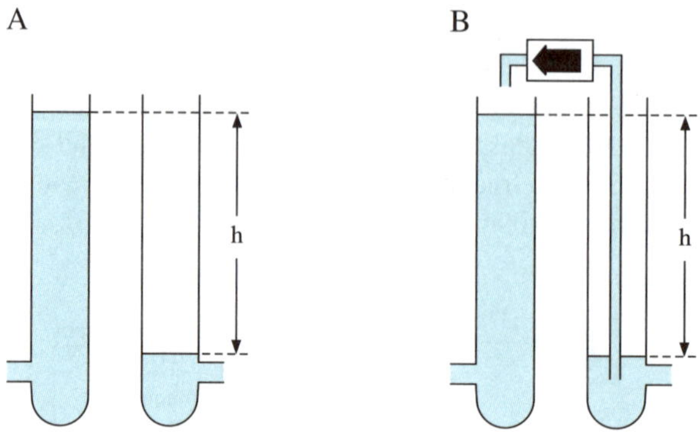

Im elektrischen Stromkreis löst den Stromfluss die **elektrische Spannung U** aus.

Regel

> Die **elektrische Spannung U** zwischen zwei Raumpunkten ist ein Maß für das Bestreben der elektrischen Ladungen zum Stromfluss zwischen diesen Punkten. Die Einheit der elektrischen Spannung ist 1 Volt: $[U] = 1\ V$

Als **technische Stromrichtung** in einem Stromkreis ist die Richtung vom Plus- zum Minuspol einer Spannungsquelle festgelegt. Diese Festlegung ist historisch bedingt. Demgegenüber berücksichtigt die **physikalische Stromrichtung** die tatsächliche Fließrichtung der Ladungsträger. In einem gewöhnlichen Stromkreis sind das Elektronen, die vom Minus- zum Pluspol und somit entgegengesetzt zur technischen Stromrichtung fließen.

Grundsätzlich ist jede Stromquelle auch eine Spannungsquelle und umgekehrt. Als typische Stromquelle bezeichnet man aber meist eine solche, bei der das Zulassen einer großen Stromstärke die Spannung nur geringfügig absinken lässt.

- Eine **typische Stromquelle** ist ein großes Kraftwerk: Auch wenn viele Geräte angeschlossen werden und insgesamt eine hohe Stromstärke zu messen ist, muss doch die Netzspannung von etwa 230 Volt gewährleistet bleiben.
- Dagegen ist der Bandgenerator eine **typische Spannungsquelle**, weil er zwar eine hohe Spannung erzeugen kann, diese aber bei geringstem Stromfluss bereits wieder „verliert“.

Die Begriffe Stromstärke und Spannung sind grundlegend für das Verständnis aller weiteren Größen und Gesetzmäßigkeiten der Elektrizitätslehre, denen wir uns nun zuwenden wollen.

Der **elektrische Widerstand R** ist ein Maß für die Fähigkeit von Leitern, den Strom durch sich fließen zu lassen. Man könnte genauso gut die Leitfähigkeit als („optimistisches“) Maß verwenden mit größeren Werten bei besseren Leitern, stattdessen hat sich der Widerstand als deren Kehrbruch durchgesetzt.

Regel

> Der **elektrische Widerstand R** ist definiert als Quotient aus elektrischer Spannung U und elektrischer Stromstärke I:
>
> $R = \frac{U}{I}$
>
> Die Einheit des Widerstands ist 1 Ohm: $[R] = 1\ \Omega$

Der Widerstand gibt also anschaulich an, wie viel Volt Spannung angelegt werden müssen, um 1 A durch den Leiter zu „pressen". Ein guter Leiter benötigt dazu nur eine geringe Spannung, ein schlechter dagegen eine hohe. Man bezeichnet diesen wichtigen Zusammenhang als **Ohm'sches Gesetz**; es drückt den – in der Praxis nur annähernd erfüllten – Idealfall einer perfekten Proportionalität zwischen Strom und Spannung in einem Stromkreis aus.
Im Wasserstrom-Modell verwendet man für einen großen bzw. kleinen Widerstand eine mehr bzw. weniger starke Verengung im Rohr, an der das Wasser beim Fließen unterschiedlich stark behindert wird.

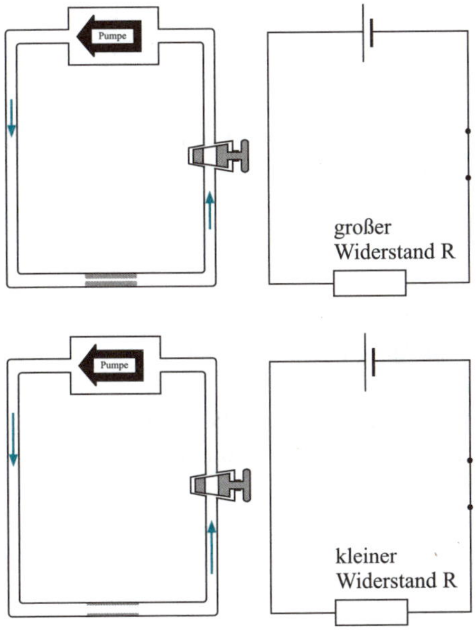

Serien- und Parallelschaltung von Widerständen

Bei der Parallelschaltung liegt die volle Spannung an allen Zweigen an (vergleiche Wasserhähne auf einem Stockwerk eines Hauses), die Stromstärke teilt sich auf die verschiedenen Zweige auf.
In dem Ast mit dem kleineren Widerstand fließt dabei mehr Strom als in dem anderen, insgesamt fließt aber mehr als durch den kleinsten Widerstand.

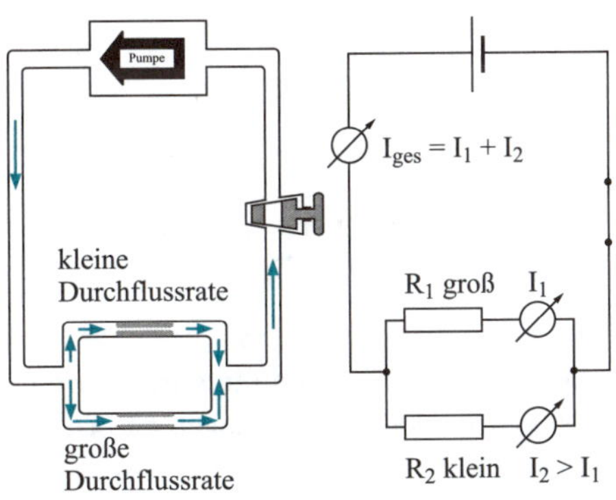

Bei zwei Widerständen R_1 und R_2 gilt für den Gesamtwiderstand R_{ges}:

$$\left.\begin{aligned} R_{ges} &= \frac{U_{ges}}{I_{ges}} \\ I_{ges} &= I_1 + I_2 \\ U_{ges} &= U_1 = U_2 \end{aligned}\right\} \Rightarrow \frac{1}{R_{ges}} = \frac{I_{ges}}{U_{ges}} = \frac{I_1 + I_2}{U_{ges}} = \frac{I_1}{U_1} + \frac{I_2}{U_1} = \frac{1}{R_1} + \frac{1}{R_2}$$

Diese Beziehung lässt sich auf beliebig viele parallel geschaltete Widerstände verallgemeinern:

Regel

> Der **Gesamtwiderstand in einer Parallelschaltung** ist stets kleiner als der kleinste der Einzelwiderstände. Liegen n Einzelwiderstände $R_1, R_2, \ldots, R_n$ vor, so gilt:
> $\frac{1}{R_{ges}} = \frac{1}{R_1} + \frac{1}{R_2} + \cdots + \frac{1}{R_n}$

Bei der **Serien-** oder **Reihenschaltung** muss die volle Stromstärke durch alle Serienwiderstände fließen, die Spannung fällt dabei portionsweise ab.

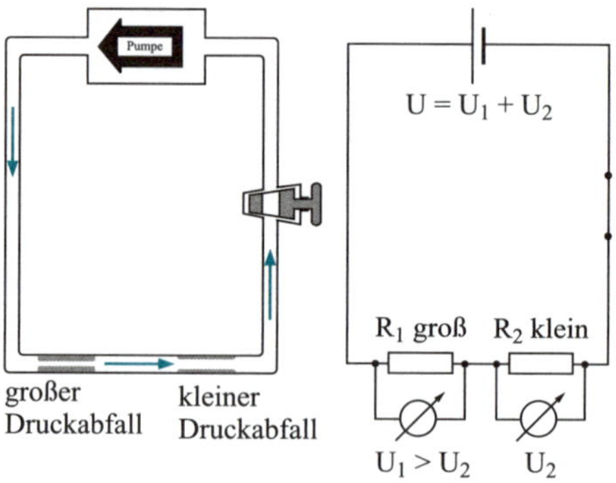

Für den Gesamtwiderstand gilt:

$$\left.\begin{aligned} R_{ges} &= \frac{U_{ges}}{I_{ges}} \\ I_{ges} &= I_1 = I_2 \\ U_{ges} &= U_1 + U_2 \end{aligned}\right\} \Rightarrow R_{ges} = \frac{U_1 + U_2}{I_{ges}} = \frac{U_1}{I_1} + \frac{U_2}{I_2} = R_1 + R_2$$

Dieser Zusammenhang lässt sich wiederum auf beliebig viele in Reihe geschaltete Widerstände verallgemeinern:

Regel

> Der **Gesamtwiderstand in einer Serienschaltung** ist stets größer als der größte der Einzelwiderstände. Liegen n Einzelwiderstände $R_1, R_2, \ldots, R_n$ vor, so gilt:
> $R_{ges} = R_1 + R_2 + \cdots + R_n$

Beispiele

1. In einer Parallelschaltung zweier Widerstände R_1 und R_2 ist $R_1 = 200\ \Omega$, die gesamte Schaltung lässt bei einer anliegenden Spannung von $U = 4,0$ V eine Stromstärke von $I = 0,100$ A zu.

   a) Berechne R_2!

   Lösung:
   Wir zeichnen zunächst einen Schaltplan. Aus der Gesamtstromstärke von I = 0,100 A und der anliegenden Spannung von U = 4,00 V kann man sofort den Gesamtwiderstand der Parallelschaltung berechnen:

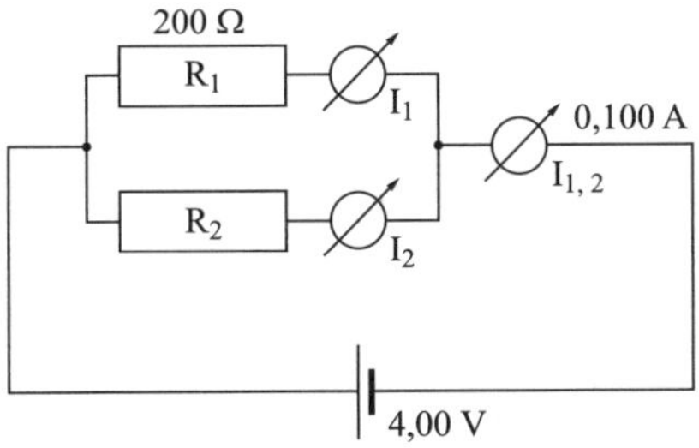

   $$R_{1,2} = \frac{U}{I_{ges}} = \frac{4,00\ \text{V}}{0,100\ \text{A}} = 40,0\ \Omega$$

   Bei der Parallelschaltung addieren sich die Kehrwerte der Einzelwiderstände zum Kehrwert des Gesamtwiderstandes, also gilt:

   $$\frac{1}{R_{1,2}} = \frac{1}{R_1} + \frac{1}{R_2}$$
   $$\frac{1}{40\ \Omega} = \frac{1}{200\ \Omega} + \frac{1}{R_2}$$
   $$\frac{5}{200\ \Omega} = \frac{1}{200\ \Omega} + \frac{1}{R_2}$$
   $$\frac{4}{200\ \Omega} = \frac{1}{R_2}$$
   $$R_2 = 50\ \Omega$$

   b) Berechne die Teilströme I_1 und I_2!

   Lösung:
   Bei der Parallelschaltung liegt an beiden Zweigen die Spannung $U = 4,00$ V an, insbesondere auch am oberen Zweig mit $R_1 = 200\ \Omega$. Wegen $R_1 = \frac{U}{I_1}$ ist auch

   $$I_1 = \frac{U}{R_1} = \frac{4,00\ \text{V}}{200\ \Omega} = \frac{1}{50}\ \text{A} = 0,0200\ \text{A}.$$

   Bei einer Gesamtstromstärke von 0,100 A bleiben dann für den unteren Zweig die restlichen

   $$I_2 = I_{gesamt} - I_1 = 0,100\ \text{A} - 0,0200\ \text{A} = 0,0800\ \text{A}.$$

   Die Teilströme haben also $I_1 = 0,0200\ \text{A}$ und $I_2 = 0,0800\ \text{A}$.

2. Berechne in folgender Schaltung
   a) den Widerstand R_x,
   b) die Stromstärke I_2 durch R_2 sowie
   c) die Spannung U_1 an R_1!

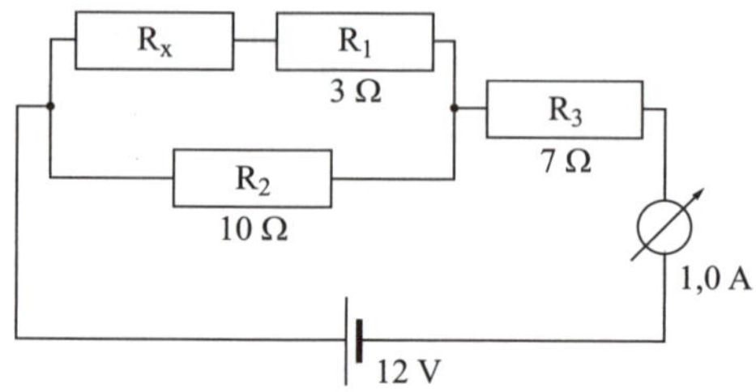

Lösung:

Bei verschachtelten Kombinationen aus Serien- und Parallelschaltungen gibt es prinzipiell zwei Arten von Aufgaben: Bei dem einen Aufgabentyp muss man sich „von außen nach innen" vorkämpfen in der Schaltung, um das Ziel zu erreichen, bei dem anderen Typ führt der Weg von innen nach außen. Hier liegt eine Aufgabe vom ersten Typ vor.

a) Zunächst kann man aus der Gesamtspannung von $U = 12$ V und der Gesamtstromstärke von $I = 1{,}0$ A sofort den Gesamtwiderstand der Schaltung berechnen, nennen wir ihn R_{123x} (als Ersatzwiderstand für R_1, R_2, R_3 und R_x; er ersetzt den hellgrün markierten Bereich der Schaltung). Er hat den Wert:

$$R_{123x} = \frac{12\ \text{V}}{1{,}0\ \text{A}} = 12\ \Omega$$

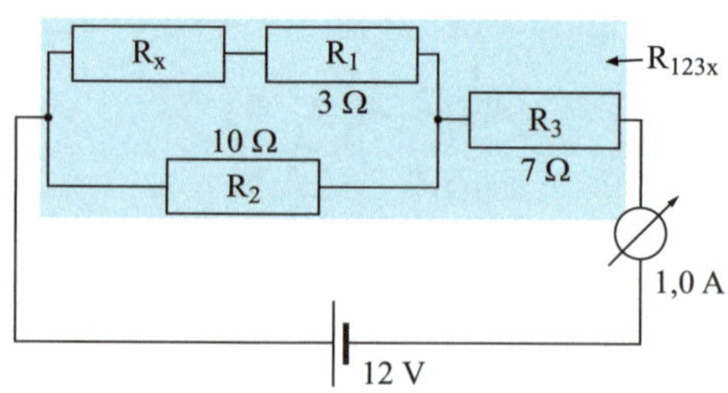

Dieser Gesamtwiderstand $R_{123x} = 12\ \Omega$ resultiert wiederum aus einer Serienschaltung aus dem Ersatzwiderstand R_{12x} und $R_3 = 7\ \Omega$, folglich gilt:

$$R_{12x} = 12\ \Omega - 7\ \Omega = 5\ \Omega$$

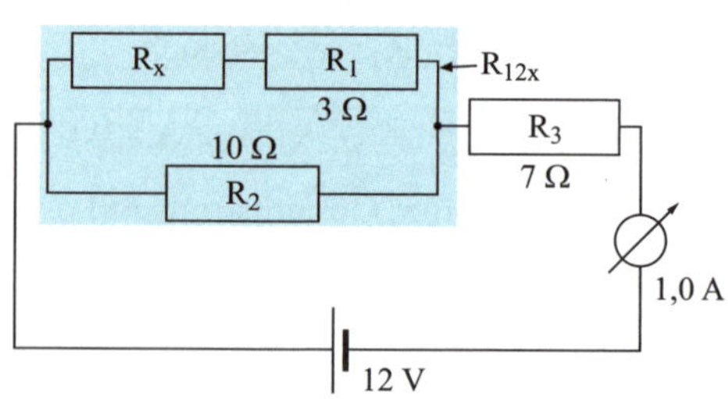

Bei $R_{12x} = 5\ \Omega$ handelt es sich wiederum um eine Parallelschaltung aus R_{1x} (oberer Zweig) und $R_2 = 10\ \Omega$ (unterer Zweig), für R_{1x} ergibt sich:

$$\frac{1}{R_{1x}} + \frac{1}{10\,\Omega} = \frac{1}{5\,\Omega}$$
$$\frac{1}{R_{1x}} = \frac{1}{5\,\Omega} - \frac{1}{10\,\Omega} = \frac{1}{10\,\Omega}$$
$$R_{1x} = 10\,\Omega$$

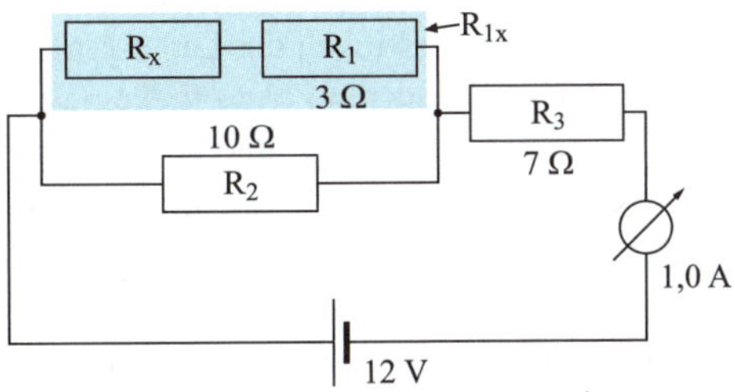

$R_{1x} = 10\ \Omega$ ist wiederum eine Serienschaltung aus dem gesuchten R_x und $R_1 = 3\ \Omega$, also ist schließlich $R_x = 7\ \Omega$.

b) Um die Stromstärke I_2 durch $R_2 = 10\ \Omega$ berechnen zu können, benötigt man die anliegende Spannung U_2. Sie ist (wegen der Parallelschaltung zu R_{1x}) ebenso groß wie U_{1x}, die Spannung am oberen Zweig; es ist also $U_2 = U_{1x} = U_{12x}$.
Weil die Teilschaltung $R_{12x} = 5\ \Omega$ in Reihe geschaltet ist zu $R_3 = 7\ \Omega$, fällt die Gesamtspannung von $U = 12$ V anteilig ab, also gilt:

$$\left.\begin{array}{l} \frac{U_{12x}}{U_3} = \frac{R_{12x}}{R_3} = \frac{5}{7} \\ U_{12x} + U_3 = 12\text{ V} \end{array}\right\} \Rightarrow U_{12x} = 5\text{ V}$$

Es ist also auch U2 = 5 V, sodass der Strom durch R_2 die Stärke

$$I_2 = \frac{5\text{ V}}{10\,\Omega} = 0{,}5\text{ A}$$

besitzt.

c) Wenn wir die Spannung U_1 an $R_1 = 3\ \Omega$ berechnen wollen, müssen wir die Stromstärke I_1 kennen, die diesen Widerstand durchfließt. Weil wir aus den Teilaufgaben a und b wissen, dass die beiden Parallelzweige mit jeweils $R_{1x} = R_2 = 10\ \Omega$ bei gleichem Widerstand auch gleiche Stromstärken durchlassen werden, die zusammen laut Angabe 1 A ausmachen, muss diese Stromstärke gerade $I_1 = 0{,}5$ A sein.

Zusammenfassung

- In einem elektrischen Stromkreis fließt **elektrische Ladung**. Die in jeder Sekunde fließende Ladungsmenge an einer Kontrollstelle bildet die elektrische **Stromstärke**. Das Bestreben der Ladungsträger an den beiden Polen der Stromquelle, zum jeweils anderen Pol zu fließen, ist mit einem Druckunterschied in der Mechanik vergleichbar und heißt **elektrische Spannung**.
- Die Stromstärke beschreibt einen physikalischen **Vorgang**, nämlich die Durchflussmenge pro Zeit. Es kann kein Strom fließen, wenn kein Bestreben der Ladungsträger zum Stromfluss vorhanden ist, also keine Spannung anliegt. Die Spannung beschreibt einen physikalischen **Zustand**, d. h. eine Spannung kann anliegen, auch wenn kein Strom fließt, also keine Vorgänge ablaufen.
- Das **Ohm'sche Gesetz** besagt, dass im elektrischen Stromkreis Spannung und Stromstärke zueinander direkt proportional sind. Die Proportionalitätskonstante heißt **elektrischer Widerstand** und ist ein Maß für die Güte eines Leiters.
- Schaltet man mehrere Widerstände **parallel**, so ist der Gesamtwiderstand der Kehrwert der Kehrwertsumme der Einzelwiderstände; schaltet man die Widerstände **in Serie**, so ist der Gesamtwiderstand die Summe der Einzelwiderstände.

Aufgaben

116. In München wird ein Elektroherd eingeschaltet.
Wie ändert sich dadurch der Gesamtwiderstand des Münchener Stromnetzes? (Begründung!)

117. Wie sind die einzelnen Steckdosen einer Dreifachsteckdose geschaltet? (Begründung!)

118. Für eine elektrische Christbaumbeleuchtung werden 23 baugleiche Glühlämpchen in Reihe geschaltet.
a) Welche Betriebsspannung haben die Lämpchen, wenn die ganze Lichterkette an 230 V Netzspannung angeschlossen wird?
b) Was geschieht, wenn bei einem Lämpchen der Glühdraht reißt und der Stromkreis in diesem Lämpchen dadurch unterbrochen wird?

119. An einen Widerstand von 5,0 Ω wird eine Spannung von 2,0 V angelegt. Welche Stromstärke wird erreicht?

120. Welchen Widerstand hat ein Gerät, das bei einer anliegenden Spannung von 12,0 V eine Stromstärke von 6,0 A zulässt?

121. Ein 100 Ω-Widerstand wird von einem Strom der Stärke 2,0 A durchflossen. Welche Spannung liegt an?

122. Aus vier gleichartigen Widerständen (je R_0) soll durch geeignete Schaltung
a) ein möglichst großer Gesamtwiderstand bzw.
b) ein möglichst kleiner Gesamtwiderstand zusammengebaut werden.

Zeichne jeweils einen Schaltplan und berechne den zugehörigen Gesamtwiderstand!

123. Aus drei gleichen Widerständen zu je 8,0 Ω sollen durch verschiedene Schaltungen möglichst viele verschiedene Widerstände gebaut werden. Wie viele und welche Varianten gibt es, wenn dabei stets alle Einzelwiderstände verwendet werden sollen? Zeichne die Schaltpläne und berechne die zugehörigen Gesamtwiderstände!

124. Folgende Werte sind für die gezeigte Schaltung gegeben:
$U = 80{,}0$ V,
$I = 4{,}00$ A,
$R_1 = 3{,}00$ Ω,
$R_2 = 30{,}0$ Ω,
$R_3 = 12{,}5$ Ω.

Berechne R_x!

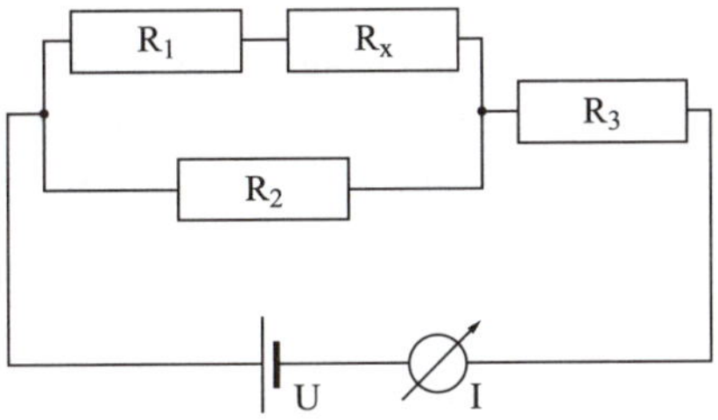

125. Bestimme R_x!

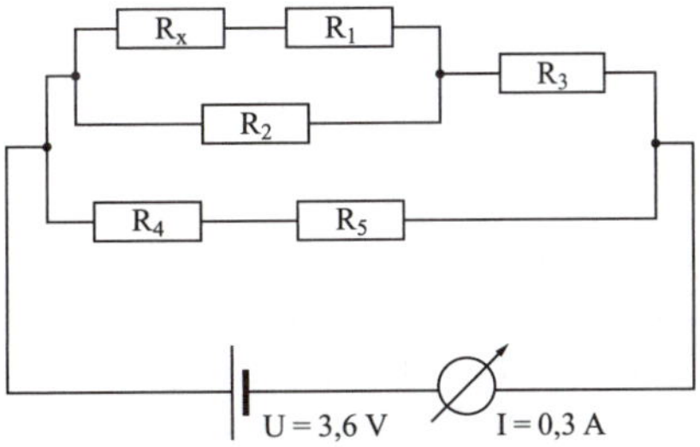

$R_1 = 6$ Ω
$R_2 = 30$ Ω
$R_3 = 12{,}5$ Ω
$R_4 = 22$ Ω
$R_5 = 8$ Ω

126. Zwei Widerstände ergeben in Parallelschaltung 2,4 Ω, in Reihenschaltung 10 Ω. Welche Werte haben die Einzelwiderstände?

127. Von zwei Widerständen hat einer den doppelten Wert des anderen:
a) In Reihe geschaltet,
b) in Parallelschaltung

haben sie insgesamt 6 Ω. Berechne jeweils die Einzelwiderstände!

128. Ein unbekannter Widerstand R_0 wird mit zwei Widerständen von je 3 Ω und einem Widerstand von 4 Ω parallel geschaltet, der Gesamtwiderstand beträgt 1 Ω. Berechne R_0!

129. Berechne R_x in folgender Schaltung (Gesamtwiderstand 3 Ω)!

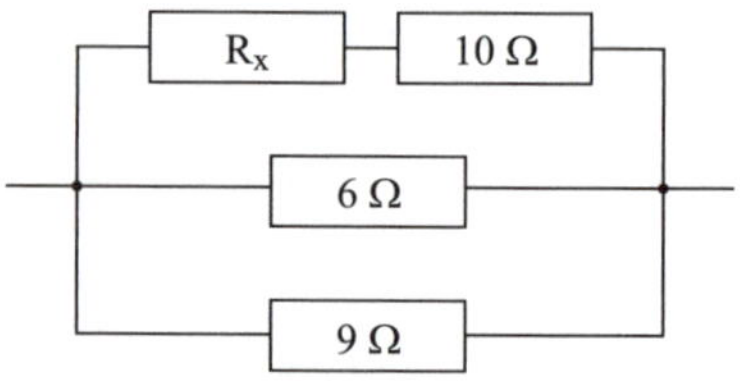

* **130.** Ein Drehspulinstrument, das zur Messung der Stromstärke verwendet wird, hat einen Innenwiderstand von 0,81 Ω und einen Messbereich bis maximal 1,00 A. Wie lässt sich der Messbereich auf 10,0 A vergrößern? Schaltskizze und Rechnung!

131. Für eine Lagerhallenbeleuchtung (eine Lampe L, betrieben von einer Stromquelle B) soll eine Schaltung gebaut werden, die von jedem der drei Schalter S_1, S_2 und S_3 an den drei Eingangstüren ein unabhängiges Ein- und Ausschalten ermöglicht. Zeichne einen Schaltplan!

132. a) Welche Gesamtstromstärke ist in folgender Schaltung zu erwarten?

b) Berechne die Teilspannungen an allen Einzelwiderständen!

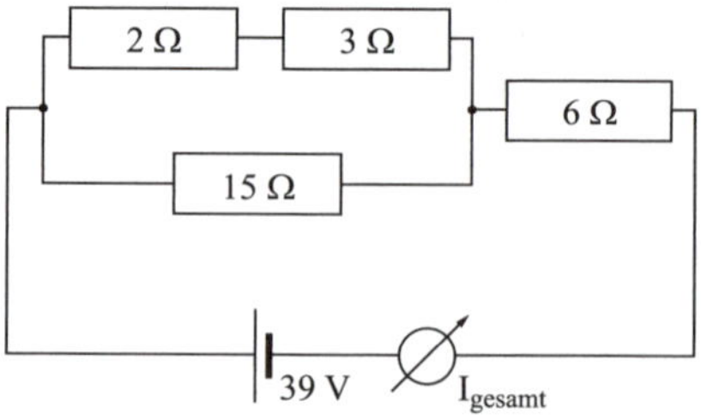

133. Bei der Sitzheizung eines Autos (dargestellt durch einen Widerstand R) muss nicht nur der Schalter S_1 am Armaturenbrett geschlossen werden, sondern zusätzlich ein zweiter Schalter S_2 dadurch geschlossen werden, dass sich eine Person auf dem betreffenden Sitz niederlässt (ein Druckschalter). Zeichne einen Schaltplan!

134. Die Alarmanlage eines Hauses (dargestellt durch eine Glühlampe L) soll nach Schließen des Hauptschalters S_1 „scharf" sein, d. h., wenn an einer der gesicherten Stellen die Schalter S_2, S_3 oder S_4 geschlossen werden, muss die Lampe leuchten, unabhängig vom Zustand der anderen Schalter (außer S_1 natürlich). Zeichne einen Schaltplan!

135. Ein so genannter **FI-Schalter** (oder Fehlerstrom-Schutzschalter) vergleicht Stromzufluss und Stromabfluss in den beiden Leitungen, die an einer Stromquelle angeschlossen werden. Wenn ein Teil des zugeflossenen Stromes den Stromkreis auf „falschem" Weg verlässt (weil der Stromkreis schadhaft ist), wird weniger abfließender Strom gemessen. Unterscheiden sich die Zufluss- und die Abflussstromstärke, unterbricht der FI-Schalter den ganzen Stromkreis.

a) An welcher Stelle im häuslichen Stromnetz ist der FI-Schalter am sinnvollsten?

b) Erläutere kurz, was passiert, wenn in einem FI-Schalter geschützten Haushalt ein Föhn in die (gefüllte) Badewanne fällt.

136. Eine Schaltung mit der Lampe L und den drei Schaltern S_1, S_2, S_3 (sowie einer Stromquelle B) liefert die folgende Schalt-Tabelle (0 = Schalter offen bzw. Lampe leuchtet nicht; 1 = Schalter geschlossen bzw. Lampe leuchtet). Zeichne den Schaltplan!

S_1	0	0	0	0	1	1	1	1
S_2	0	1	0	1	0	1	0	1
S_3	0	0	1	1	0	0	1	1
L	0	0	0	0	0	1	1	1

137. Ergänze die Leuchtzustände der Lampen in der Tabelle!

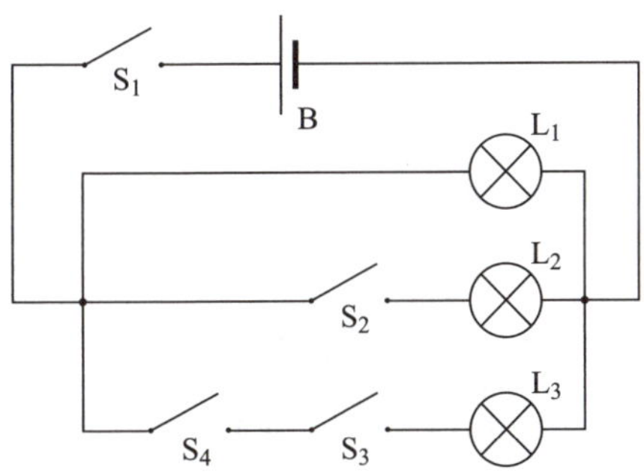

S_1	0	0	0	0	0	0	0	0	1	1	1	1	1	1	1	1
S_2	0	1	0	0	1	0	1	1	0	1	0	0	1	0	1	1
S_3	0	0	1	0	1	1	0	1	0	0	1	0	1	1	0	1
S_4	0	0	0	1	0	1	1	1	0	0	0	1	0	1	1	1
L_1																
L_2																
L_3																

138. Berechne den Ersatzwiderstand R der folgenden Schaltung!
Hinweis: Der Schaltplan ist etwas verwirrend; ändere zuerst die Kabelführung so ab, dass sich zwar physikalisch nichts ändert, die Schaltung aber übersichtlicher wird.

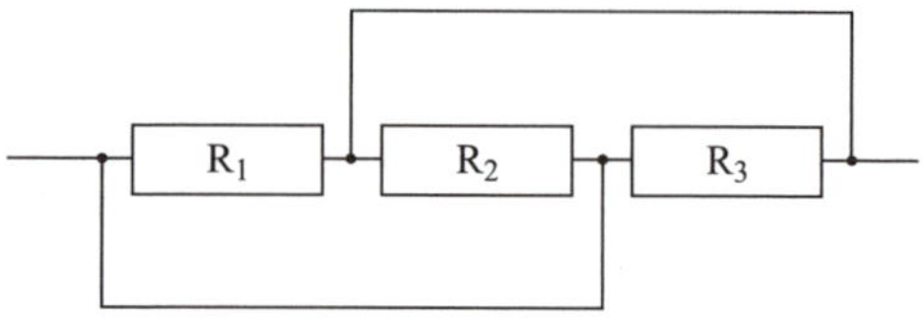

139. Vier baugleiche Glühlampen A, B, C und D (jede der Lampen hat den Widerstand R) werden wie abgebildet geschaltet.

a) Zunächst wird Lampe A aus ihrer Fassung geschraubt. Wie ändert sich das Leuchtverhalten der übrigen Lampen (unter der Annahme, dass alle Lampen alle vorkommenden Stromstärken ohne Schaden aushalten)?
b) Nun wird zusätzlich Lampe D entfernt. Wie leuchten daraufhin die Lampen B und C?

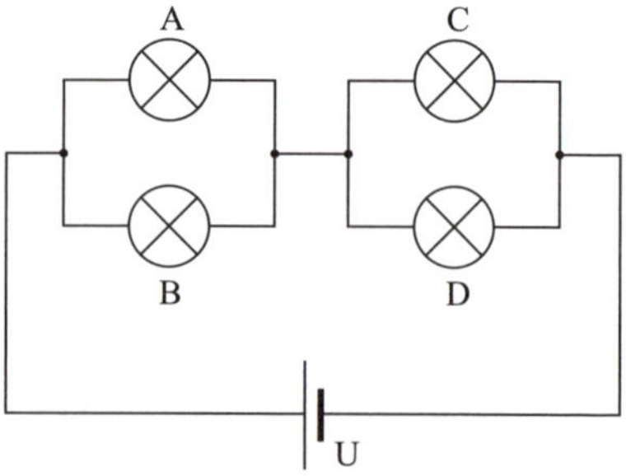

140. a) Bestimme in der gezeichneten Schaltung die Spannung U_2!
b) Der Schalter S wird nun geschlossen. Welcher Wert für U_2 stellt sich jetzt ein?
c) Wird Lampe L_2 das Experiment ohne Schaden überstehen (von anderen Einflüssen abgesehen)?

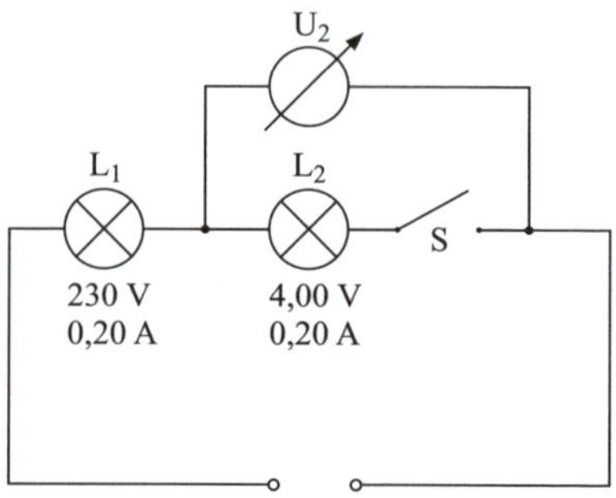

141. Gleichzeitige Stromstärke- und Spannungsmessung an einem unbekannten Widerstand R_x mithilfe der Schaltung A führen zu den Ergebnissen $U = 6{,}0\,\text{V}$ und $I = 10\,\mu\text{A}$. Die Innenwiderstände der Messgeräte betragen $R_I = 1{,}0\,\Omega$ und $R_U = 1{,}0\,\text{M}\Omega$.

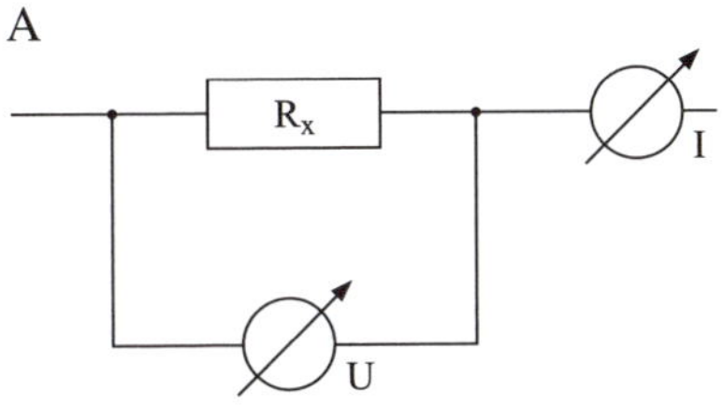

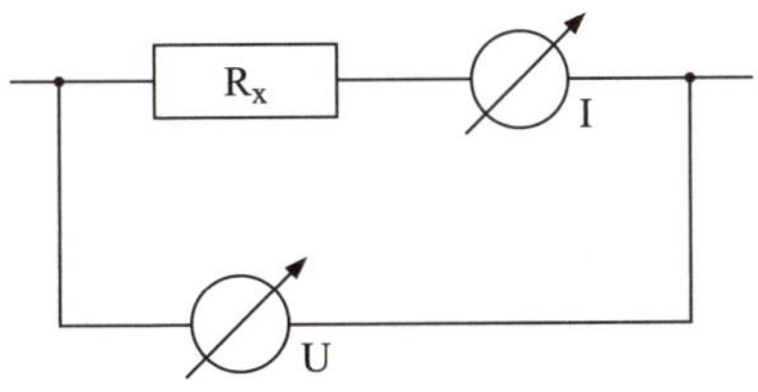

a) Welcher Wert für den Widerstand R_x ergibt sich, wenn man nur die beiden Messwerte verwendet?
b) Welcher Wert ergibt sich, wenn man die Innenwiderstände berücksichtigt? Welchen Fehler weist das Ergebnis in Teilaufgabe a auf?
c) Die Schaltung B dient ebenfalls der gleichzeitigen Stromstärke- und Spannungsmessung. Welche Messwerte würde diese Schaltung für den Widerstand R_x ergeben und welchen Fehler würde die Berechnung wie in Teilaufgabe a ergeben?
d) Vergleiche die Fehler für beide Schaltungen, die die einfache Berechnung wie in a bei einem Widerstand R_x liefern würde, der tatsächlich 1,0 Ω klein ist.
e) Worin besteht jeweils der prinzipielle Messfehler in der oberen und in der unteren Schaltung?
f) Formuliere eine Regel, die besagt, für welche zu messenden Widerstände R_x die obere und für welche die untere Schaltung die besseren Ergebnisse liefert, wenn man wie in a einfach

$$R_x = \frac{U_{\text{gemessen}}}{I_{\text{gemessen}}}$$

berechnet.

142. Ein Drehspulinstrument hat Vollausschlag bei $I_0 = 1{,}0$ mA, sein Innenwiderstand beträgt 10 Ω.

a) Was muss an dem Gerät geändert werden, um den Messbereich auf 250 mA zu erweitern?
b) Was muss man an dem Gerät ändern, um es als Voltmeter mit Messbereich 20 V zu verwenden?
c) Welche kleinste Spannung könnte man mit dem Messwerk messen? Ist es ratsam, diesen Messbereich zu verwenden? Kurze Begründung!

4.2 Spezifischer Widerstand

Im vorherigen Abschnitt haben wir den elektrischen Widerstand R als Maß für die Fähigkeit von Leitern, den Strom durch sich fließen zu lassen, kennen gelernt. Von welchen Faktoren hängt aber diese Fähigkeit im Einzelnen ab? Um dies zu klären, stellen wir folgende Überlegung an:
Stelle dir ein Leiterstück in Form eines Quaders vor mit Querschnittsfläche A und Länge ℓ. Seinen elektrischen Widerstand nennen wir R_0.

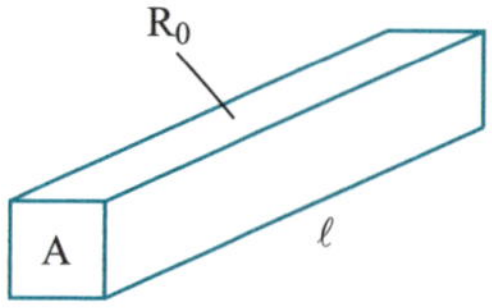

Denke dir nun ein Leiterstück mit dreifacher Länge bei gleichem Querschnitt; es entsteht durch **Serienschaltung** von drei der Ausgangs-Leiterstücke:

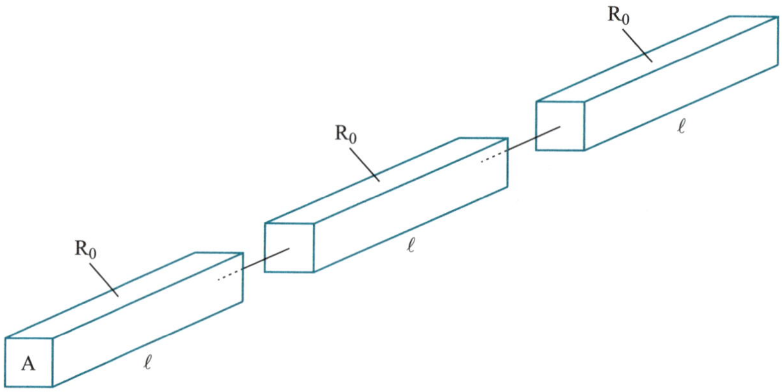

Der Gesamtwiderstand der drei Leiterstücke ist dann die Summe der Einzelwiderstände:
$R_{ges} = R_0 + R_0 + R_0 = 3 \cdot R_0$

Ein Leiter dreifacher Länge hat also den dreifachen Widerstand. Entsprechend besitzt ein Leiter der vierfachen Länge den vierfachen, Widerstand, bei der fünffachen Länge ergibt sich der fünffache Widerstand usw. Die Querschnittsfläche A bleibt dabei unverändert. Ganz allgemein gilt: Der Widerstand eines Leiters ist bei konstantem Querschnitt **direkt proportional** zu seiner Länge, $R \sim \ell$.

Wir führen unsere Überlegung fort und lassen nun die Länge des Leiters konstant, vergrößern aber die Querschnittsfläche: Legen wir vier der Ausgangsleiterstücke wie in der Abbildung gezeigt aneinander, entsteht ein Leiter gleicher Länge ℓ, aber doppelter Breite und doppelter Höhe, also vierfacher Querschnittsfläche:

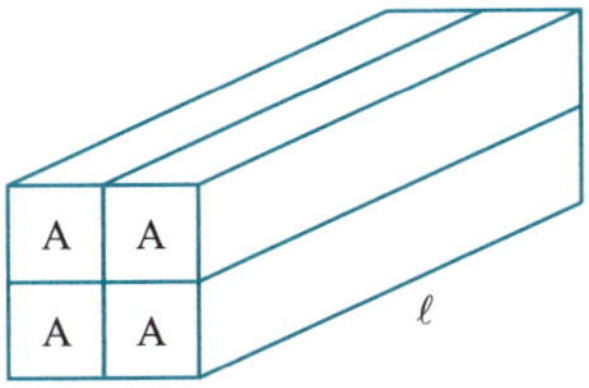

Der Strom durch diesen Leiter fließt wie in einer **Parallelschaltung** von vier der Ausgangsleiterstücke:

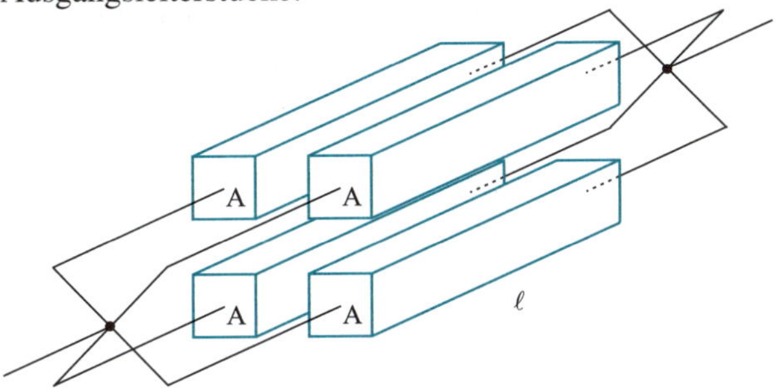

Für den Gesamtwiderstand gilt also:

$$\frac{1}{R_{ges}} = \frac{1}{R_0} + \frac{1}{R_0} + \frac{1}{R_0} + \frac{1}{R_0} = \frac{4}{R_0} \quad \Leftrightarrow \quad R_{ges} = \frac{R_0}{4}$$

Der Widerstand des Leiters sinkt also bei Vervierfachung der Querschnittsfläche auf ein Viertel des ursprünglichen Wertes ab. Entsprechend verringert er sich bei Verfünffachung, Versechsfachung, usw. auf ein Fünftel, Sechstel, usw.
Wir halten fest: Der Widerstand eines Leiters ist bei konstanter Länge **umgekehrt proportional** zu seiner Querschnittsfläche, $R \sim \frac{1}{A}$.
Die Abhängigkeit des Widerstands von Länge ℓ und der Querschnittsfläche A können wir zu einer Beziehung zusammenfassen: Mit $R \sim \ell$ und $R \sim \frac{1}{A}$ ist R auch proportional zum Produkt der beiden Größen, $R \sim \frac{\ell}{A}$.

Regel

> Der elektrische Widerstand R eines Leiters ist direkt proportional zu seiner Länge ℓ und umgekehrt proportional zu seiner Querschnittsfläche A:
>
> $R = \rho \cdot \frac{\ell}{A}$
>
> Der Proportionalitätsfaktor heißt **spezifischer Widerstand** ρ und ist charakteristisch für das Leitermaterial.
> Die Einheit der spezifischen Widerstands ist $1\,\frac{\Omega mm^2}{m}$.

Der spezifische Widerstand ρ bestimmt also, ob ein Material ein guter oder schlechter Leiter ist. Ein sehr guter Leiter ist z. B. Kupfer, Eisen besitzt bereits einen fast sechsmal so großen spezifischen Widerstand ($\rho_{Cu} = 0{,}017\,\frac{\Omega mm^2}{m}$, $\rho_{Fe} = 0{,}10\,\frac{\Omega mm^2}{m}$).

Der spezifische Widerstand ρ und damit der ohmsche Widerstand R ist **temperaturabhängig** (die Zahlenangaben oben gelten bei Zimmertemperatur). So wird bei Metallen der spezifische Widerstand für hohe Temperaturen größer. Bei Glühlampen ist daher die Einschaltstromstärke bei kalter Glühwendel gemäß $I = \frac{U}{R}$ wesentlich höher als später bei Betriebstemperatur.

Beispiel

Welchen elektrischen Widerstand hat ein 800 m langer Aluminiumdraht ($\rho_{Al} = 0{,}0260\,\frac{\Omega mm^2}{m}$) mit einer Querschnittsfläche $A = 2{,}50\ mm^2$?

Lösung:

Einsetzen in die Formel liefert:

$$R = \rho \cdot \frac{\ell}{A} = 0{,}0260\,\frac{\Omega mm^2}{m} \cdot \frac{800\ m}{2{,}50\ mm^2} = 8{,}32\ \Omega$$

Aufgaben

143. Welchen elektrischen Widerstand hat ein 400 m langer Aluminiumdraht ($\rho_{Al} = 0{,}0260\,\frac{\Omega mm^2}{m}$) mit einer Querschnittsfläche $A = 1{,}25\ mm^2$?

144. Welche Querschnittsfläche muss ein 400 m langer Aluminiumdraht ($\rho_{Al} = 0{,}0260\,\frac{\Omega mm^2}{m}$) mit einem Widerstand von 10 Ω haben?

145. Welche Spannung fällt an einem Kupferkabel ($\rho_{Cu} = 0{,}017\,\frac{\Omega mm^2}{m}$) mit einer Länge von 980 m und einer Querschnittsfläche von 2,00 mm² ab, wenn es von 24 A durchflossen wird?

146. Man spricht oft davon, dass Spannungen an einem Widerstand „abfallen". Um diese Sprechweise zu verstehen, ist folgende Überlegung hilfreich. Wir stellen einen Stromkreis in Schrägbildansicht dar:

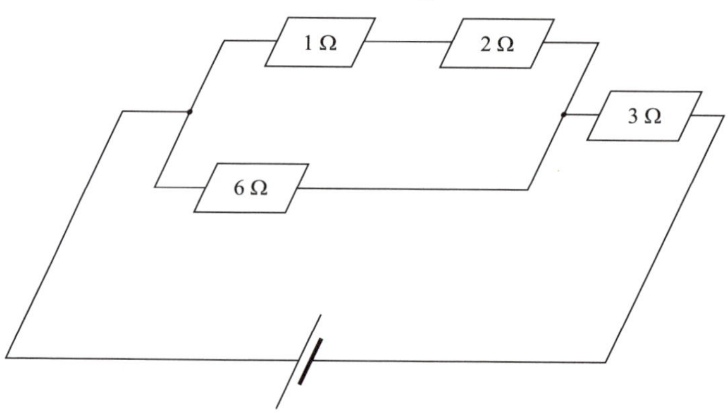

Zeichne diese Darstellung zunächst auf kariertes Papier ab.
Die Spannungsquelle liefere gerade 5 V. Wir können die Spannungen, die in dem Stromkreis auftreten, veranschaulichen, indem wir sie als „Mauer“ entlang des Stromkreises darstellen. Überlege dir für alle Bereiche des Stromkreises die dort (gemessen gegenüber dem Minuspol) anliegende Restspannung und zeichne sie als Mauer geeigneter Höhe (1 V für 1 Kästchen) ein!

147. Ein Geier ($R_{Geier} = 10\,000\ \Omega$) sitzt auf einer Hochspannungsleitung, durch die ein Strom der Stärke 10,00 A fließt.
Berechne den Strom, der durch den Geier fließt, wenn der Abstand seiner Füße 0,300 m, der Leitungsquerschnitt 300 mm^2 und der spezifische Widerstand der Leitung $\rho = 0{,}0260\,\frac{\Omega mm^2}{m}$ betragen.
Wird der Geier den Aufenthalt auf der Fernleitung überleben?

148. In einer unterirdisch verlegten Telefonleitung von Traunstein nach Salzburg (Länge 40 km) ist irgendwo zwischen den beiden Kupfer-Litzen ein Kurzschluss entstanden. Für beide Litzen ist $\rho_{Cu} = 0{,}017\,\frac{\Omega mm^2}{m}$ und der Querschnitt 1,00 mm^2. (Unter einer Litze versteht man in der Elektrotechnik einen aus dünnen Einzeldrähten bestehenden, leicht zu biegenden elektrischen Leiter.)
Ein Techniker schließt eine 24,0 V-Batterie und ein Amperemeter in Traunstein an die beiden Drähte an und misst 19,0 mA.
a) Wie weit ist der Kurzschluss von Traunstein entfernt?
b) Inwiefern ist dieses Ergebnis möglicherweise unzuverlässig?

4.3 Energie und Leistung elektrischer Ströme

Fließt elektrischer Strom, werden Ladungen unter der Wirkung einer elektrischen Spannung bewegt. Für diesen Ladungstransport muss ebenso, wie wir es bei mechanischen Bewegungen kennen gelernt haben, **physikalische Arbeit** verrichtet werden. Hierzu muss von der Stromquelle **elektrische Energie** aufgewendet werden, um diese physikalische Arbeit zu leisten. Wie groß ist die elektrische Energie?

Betrachten wir hierzu ein Glühlämpchen. Es besitzt die Betriebsspannung U_0 und die Betriebsstromstärke I_0, das bedeutet: Um das Lämpchen für eine bestimmte Zeit t zum Leuchten zu bringen, muss eine Stromquelle angeschlossen werden, die bei einer Spannung U_0 einen Strom der Stärke I_0 liefert und somit eine bestimmte elektrische Arbeit W_0 während der Leuchtdauer t verrichtet.

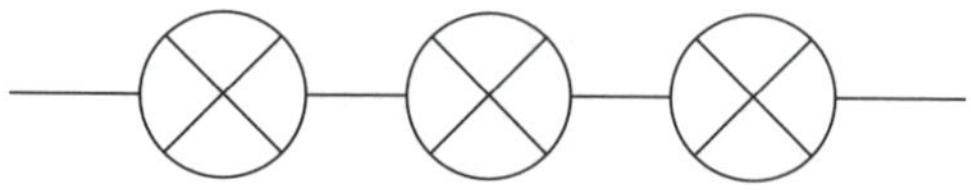

Wir schalten jetzt drei baugleiche Glühlämpchen **in Reihe**. Um zu erreichen, dass alle drei Lämpchen in der gleichen Zeit genauso hell wie bei Anschluss eines einzelnen Lämpchens leuchten, muss die dreifache elektrische Arbeit verrichtet werden, $W = 3 \cdot W_0$. Weil in jeder der drei Lämpchen die Betriebsstromstärke I_0 fließen soll, muss an jeder der drei Lampen die Betriebsspannung U_0 abfallen können. Insgesamt müssen daher $3 \cdot U_0$ angelegt werden. Zur Erzeugung der dreifachen Arbeit ist also die dreifache Spannung nötig.
Wir können allgemein folgern: Die **elektrische Arbeit** ist bei gleicher Stromstärke und gleicher Leuchtdauer t **proportional zur** anliegenden **Spannung**:

$W_{elektrisch} \sim U$

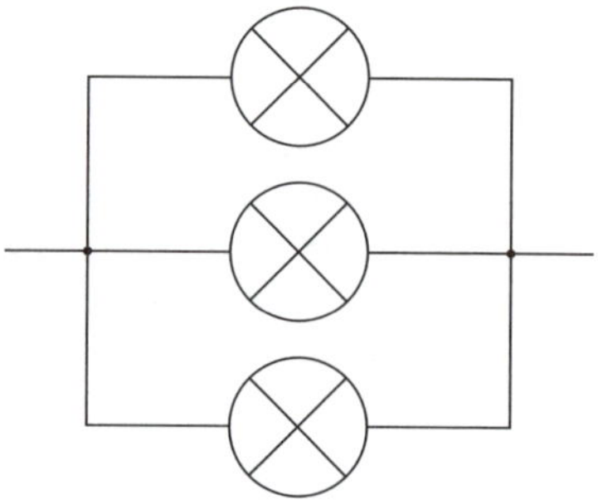

Jetzt schalten wir die drei Birnchen **parallel**. Wieder sollen die Lämpchen unverändert hell leuchten, auch hier muss also die Stromquelle die Arbeit $W = 3 \cdot W_0$ verrichten. Durch jede der drei Lämpchen muss ein Strom der Betriebsstromstärke I_0 fließen. Weil sich der Strom an der Verzweigungsstelle gleichmäßig aufteilt, muss die Stromstärke $3 \cdot I_0$ erreicht werden; die Spannung bleibt dagegen konstant U_0. Zur Erzeugung der dreifachen Arbeit ist also die dreifache Stromstärke nötig. Wir können allgemein festhalten: Die **elektrische Arbeit** ist bei gleicher Spannung und gleicher Leuchtdauer t **proportional zur Stromstärke**:

$W_{elektrisch} \sim I$

Betrachten wir schließlich den Einfluss der Leuchtdauer. Wenn man die Lämpchen bei sonst unveränderten Bedingungen drei Stunden lang statt eine Stunde lang leuchten lässt, dann ist ebenfalls die dreifache Arbeit notwendig.
Es gilt allgemein: Die **elektrische Arbeit** ist bei gleicher Spannung und gleicher Stromstärke **proportional zur Zeit**, während der die Arbeit verrichtet wird.

$W_{elektrisch} \sim t$

Wir fassen die drei Proportionalitäten zusammen und erhalten:

$W_{elektrisch} \sim U \cdot I \cdot t$

Die physikalischen Einheiten sind so gewählt, dass sich der Proportionalitätsfaktor 1 ergibt.

Regel

> Die **elektrische Arbeit W**, die nötig ist, um bei einer elektrischen Spannung U einen elektrischen Strom der Stärke I für eine Zeitdauer t zu erzeugen, beträgt:
>
> $W = U \cdot I \cdot t$
>
> Die Einheit der elektrischen Arbeit ist 1 Joule: $[W] = 1\,V \cdot 1\,A \cdot 1\,s = 1\,VAs = 1\,J$

Aus der Formel für die elektrische Arbeit können wir sofort die elektrische Leistung bestimmen, denn es gilt ganz allgemein $P = \frac{W}{t}$ und daher für einen elektrischen Strom:

$$P_{elektrisch} = \frac{W_{elektrisch}}{t} = \frac{U \cdot I \cdot t}{t} = U \cdot I$$

Regel

> Für die **elektrische Leistung P** eines elektrischen Stroms der Spannung U und der Stromstärke I gilt:
>
> $P = U \cdot I$
>
> Die Einheit der elektrischen Leistung ist 1 Watt: $[P] = 1\,V \cdot 1\,A = 1\,VA = 1\,W$

In der Elektrotechnik wird die Größe der elektrische Arbeit bzw. Energie häufig auch statt in Joule in Kilowattstunden (kWh) angegeben. Die Umrechnung beider Einheiten folgt unmittelbar aus der Leistungsdefinition:

$$1\,J = 1\,VAs = 1\,VA \cdot 1\,s = 1\,W \cdot 1s = 1\,Ws$$

$$\Leftrightarrow\ 1\,kWh = 1000\,W \cdot 1\,h = 1000\,W \cdot 3600\,s = 3600000\,Ws = 3600000\,J = 3{,}6\,MJ$$

Beispiele

1. Welche elektrische Arbeit verrichtet eine Stromquelle, die eine Glühlampe (Betriebsspannung 6 V, Stromstärke 5 A) eine Stunde lang mit Strom versorgt?

   Lösung:

   $W_{elektrisch} = U \cdot I \cdot t = 6\,V \cdot 5\,A \cdot 3\,600\,s = 10\,800\,VAs = 10\,800\,J = 10{,}8\,kJ$

2. Ein Haartrockner wird bei 230 V betrieben und hat einen Widerstand von 46 Ω. Welche elektrische Leistung nimmt er auf?

   Lösung:

   Bei bekannter Versorgungsspannung $U = 230\,V$ und dem Widerstand $R = 0{,}10\,\Omega$ lässt sich zunächst über $I = \frac{U}{R}$ die Stromstärke berechnen und anschließend in die Gleichung für die Leistung einsetzen:

   $$P = U \cdot I = U \cdot \frac{U}{R} = \frac{U^2}{R} = \frac{(230\,V)^2}{46\,\Omega} = 1\,150\,W$$

Wie bei allen physikalischen Vorgängen gilt auch bei elektrischen Vorgängen der **Energieerhaltungssatz** (vgl. Abschnitt 2.2): Elektrische Energie wird nicht „aus dem Nichts“ erzeugt und kann auch nicht verschwinden. Sie entsteht vielmehr durch Umwandlung aus anderen Energieformen bzw. wird selbst in eine andere Energieform transformiert. Neben der Umwandlung von elektrischer Energie in mechanische (z. B. Elektromotor), magnetische (z. B. Elektromagnet) oder chemische (z. B. Elektrolyse) Energie spielt die Transformation in Wärmeenergie eine große Rolle. Sie findet bei jedem Stromfluss durch einen ohmschen Widerstand statt und ist in manchen Fällen durchaus erwünscht (z. B. elektrischer Heizstrahler, Kochplatte). In vielen Fällen bedeutet sie aber einen Energieverlust, dieser Anteil der zugeführten Energie kann also nicht mehr genutzt werden. So liegt z. B. der (gewünschte) Lichtanteil einer Glühlampe bei nur 5–15 %, die restliche Energie wird als (unerwünschte) Wärmestrahlung abgegeben. Die an einem ohmschen Widerstand erbrachte, unerwünschte Wärmeleistung bezeichnet man als **Verlustleistung**. In vielen elektrotechnischen Anwendungen gilt es, diese Verlustleistung möglichst gering zu halten (vgl. Abschnitt 4.6).

Beispiele

1. Der Strom kommt aus der Steckdose. Aber wie kommt der Strom in die Steckdose?
   Beschreibe die Energieumwandlungen, die notwendig sind, dass uns überall elektrische Energie aus Steckdosen zur Verfügung steht!

   Lösung:
   Für die elektrische Energie aus der Steckdose gibt es viele mögliche Quellen. Zum Beispiel ist die Energie der Sonne in Erdöl, Erdgas und Kohle gespeichert, die aus abgestorbenen Pflanzen im Laufe von Jahrmillionen entstanden ist. Im Dampfkraftwerk werden diese so genannten **fossilen Brennstoffe** verbrannt, d. h. seine chemische Energie wird umgewandelt in zunächst Wärme- und dann Bewegungsenergie von Wasserdampf. Der Dampf treibt die Turbinen eines Generators, wodurch elektrischer Strom erzeugt wird, der über Hochspannungsleitungen und Transformatoren an die Steckdosen der Endverbraucher verteilt wird.
   Andere wichtige Energiequellen sind
   - die **Kernenergie**: Sie ist die Bindungsenergie der Atomkerne und wird im Kernkraftwerk in Wärmeenergie umgewandelt (weitere Umwandlungen wie beim Dampfkraftwerk);
   - die **Wasserkraft**: Die Lageenergie von (angestautem) Wasser wird in kinetische Energie von Turbinen umgewandelt, die wiederum einen Generator antreiben;
   - **Photovoltaikanlagen**, die Sonnenlicht direkt in elektrische Energie umwandeln können.

2. Ein Kran (Elektromotor mit 660 W) hebt in 2 Minuten eine Last von 600 kg um 12 m an. Berechne die Nutz- und die Verlustleistung!

Lösung:
Die Nutzleistung besteht in der Hubarbeit, die der Kran innerhalb der 2 Minuten verrichtet:

$$P_{nutz} = P_{Hub} = \frac{W_{Hub}}{t} = \frac{m \cdot g \cdot h}{t} = \frac{600\,kg \cdot 9{,}81\,\frac{N}{kg} \cdot 12\,m}{2 \cdot 60\,s} \approx 589\,W$$

Die Verlustleistung ist die Differenz aus der elektrischen Leistung, die der Kranmotor aufnimmt, und der Nutzleistung:

$$P_{Verlust} = P_{el} - P_{nutz} = 660\,W - 589\,W = 71\,W$$

Die Verlustleistung kommt durch Kabelerwärmung und Reibungseffekte zustande.

Aufgaben

149. Eine Waschmaschine wird bei 230 V Netzspannung von einem Strom der durchschnittlichen Stärke 11 A durchflossen. Ein Waschgang dauert etwa 50 Minuten. Berechne die elektrischen Energiekosten für einen Trommel Wäsche bei 13 Cent Energiekosten pro kWh.

150. Bei der Anhebung der Netzspannung von 220 V auf 230 V schimpften zahlreiche Leserbriefautoren: „Damit werden bei gleicher Einschaltdauer aller Geräte doch nur die elektrischen Energiekosten höher!"
Beurteile diese Aussage (unter der vereinfachenden Annahme, dass alle Geräte als ohmsche Widerstände anzusehen sind) und stütze dein Urteil durch überzeugende Berechnungen!

151. Ein Tauchsieder wird bei 110 V betrieben und hat einen Widerstand von 10 Ω. Welche elektrische Leistung nimmt er auf?

152. Ein Verlängerungskabel ist 500 m lang und hat zwei Kupferlitzen mit einer Querschnittsfläche von je 1,00 m^2.
a) Welchen Widerstand hat das Kabel ($\rho_{Cu} = 0{,}017\,\frac{\Omega mm^2}{m}$)?
b) Welche prozentuale Anteil fällt von 230 V Versorgungsspannung am Kabel insgesamt ab, wenn man ein leistungsschwaches Gerät mit $P_1 = 0{,}230$ W Betriebsleistung anschließt?
c) Welche prozentuale Anteil fällt von 230 V Versorgungsspannung am Kabel insgesamt ab, wenn man ein leistungsstarkes Gerät mit $P_2 = 2300$ W Betriebsleistung anschließt?
d) Welcher prozentuale Spannungsabfall ergäbe sich im Fall der Teilaufgabe c bei einer Versorgungsspannung von 23 000 V?

153. Als Reaktion auf eine Sicherheitsinitiative im Straßenverkehr, bei der auch tagsüber das Autofahren mit Licht empfohlen wurde, war ein erzürnter Leserbrief zu finden mit der Kernaussage, dass dies nur den Treibstoffverbrauch und damit die Kosten erhöhen würde.

a) Nimm kritisch Stellung zu dieser Aussage und überprüfe ihre physikalische Richtigkeit!

b) Schätze den Anteil der dadurch zusätzlich entstehenden, jährlichen Kosten für ein durchschnittliches Fahrzeug ab und beurteile damit die Überzeugungskraft des obigen Argumentes!

154. Ein auf 230 V ausgelegter elektrischer Haartrockner enthält drei Heizspiralen von je 90 Ω Widerstand.

a) Zwei Heizspiralen sind parallel zur dritten geschaltet. Welche Leistung hat das Gerät?

b) Was kostet der Betrieb in 15 Minuten, wenn die kWh 13 Cent kostet?

155. Eine 60 W-Glühlampe, die für 110 V Spannung vorgesehen ist, soll bei 230 V betrieben werden. Durch Serienschaltung eines geeigneten Vorwiderstandes gelingt dies auch. Warum ist dieses Verfahren aber nicht sinnvoll?

156. Ein elektrischer Nachtspeicher-Ofen für 230 V enthält fünf parallel geschaltete Heizspiralen von je 50 Ω.

a) Was kostet eine vierstündige Aufheizphase bei einem kWh-Preis von 8,5 Cent?

b) Zwischen 5 und 23 Uhr gibt der Ofen die gesamte Energie gleichmäßig ab. Welche Abstrahlleistung hat er?

157. Zähle jeweils drei im Haushalt übliche Elektrogeräte auf, die große bzw. geringe Betriebskosten verursachen.

158. In einer Zeitungsnachricht stand zu lesen:
„Umweltverbände weisen immer wieder darauf hin, dass ein ganz wesentlicher Teil des deutschen Stromverbrauchs von ausgeschalteten Geräten verursacht wird. Die meistgenannten Beispiele sind Fernseher im Standby-Betrieb, die sich jederzeit per Fernbedienung wieder einschalten lassen. Im Schnitt lässt sich jeder Haushalt diesen Komfort 70 € im Jahr kosten. Das kostet jedes Jahr in Deutschland 2 Milliarden € und lastet rechnerisch zwei Kernkraftwerke aus.“

a) Welche mittlere Leistung nehmen alle Standby-Schaltungen eines Haushaltes im Ruhezustand durchschnittlich auf, wenn der Preis einer Kilowattstunde bei 13 Cent liegt?

b) Vergleiche den Energieverbrauch dieser Standby-Schaltungen mit dem jährlichen Energiebedarf von Berlin (14 Milliarden kWh)!

159. Ein Kühlschrank der Effizienzklasse A ist um 80 € teuerer als ein Gerät, das täglich um 0,3 kWh mehr Energie aufnimmt.
Welches Gerät ist bei einer Lebenserwartung von 15 Jahren und einem elektrischen Energiepreis von 13 Cent je kWh günstiger?

4.4 Elektrisches und magnetisches Feld

Elektrisches Feld

Ein elektrischer Strom fließt, wenn zwischen zwei Punkten eine elektrische Spannung herrscht und eine leitende Verbindung besteht. Die elektrische Spannung entsteht infolge der elektrischen Kräfte zwischen den unterschiedlich geladenen Polen der Spannungsquelle. Betrachten wir die elektrische Kraft genauer:

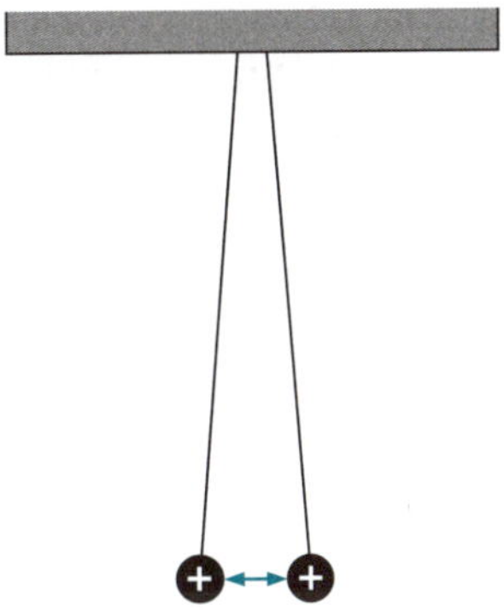

Lädt man zwei Metallkugeln, die nahe beieinander an langen Schnüren hängen, gleichnamig auf (indem man sie etwa beide mit dem gleichen Pol einer Hochspannungsquelle verbindet), dann vergrößert sich ihr Abstand wegen der Abstoßungskräfte. Die Kraft auf die eine Kugel geht von der anderen aus und wird ohne eine Stange oder ähnliches übertragen; auch im Vakuum würden sie sich abstoßen. Man sagt: Eine Kugel befindet sich im **elektrischen Feld** der anderen Kugel (und umgekehrt natürlich auch); eine geladene Kugel umgibt sich also mit einem solchen elektrischen Feld.
Die Wirkung der Kraft lässt sich sehr gut mithilfe der **elektrischen Feldlinien** veranschaulichen: Ihre **Richtung** ist festgelegt von der positiven zur negativen Ladung hin und gibt die Richtung der Kraft an, die an der jeweiligen Stelle auf eine positive Ladung wirken würde. Die **Dichte** der Feldlinien zeigt die Stärke des elektrischen Feldes an: Enger beieinander liegende Feldlinien bedeuten ein stärkeres Feld, Feldlinien in größerem gegenseitigen Abstand zeigen ein schwächeres Feld an.

Die Abbildung zeigt das Feldlinienbild einer einzelnen, positiv geladenen Kugel, das aussieht wie eine strahlende Sonne. Eine positive Probeladung wird radial nach außen abgestoßen, die elektrische Kraft nimmt nach außen ab.

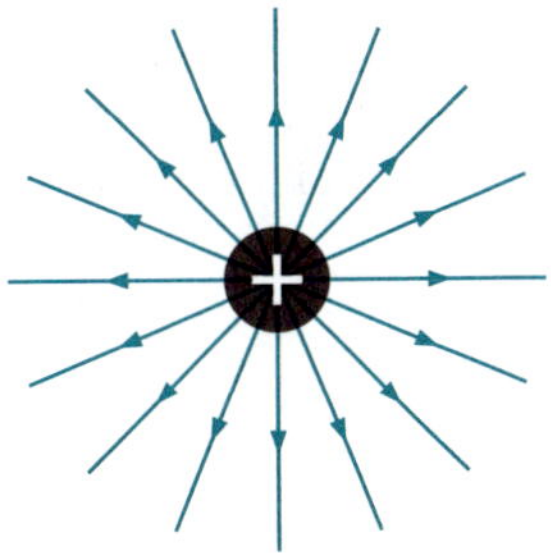

Sitzen auf dem Pol einer Spannungsquelle gleichnamige Ladungsträger sehr dicht, dann stoßen sie sich gegenseitig sehr stark ab, verteilen sich (wenn dies über eine leitende Verbindung möglich ist) auf bis dahin ungeladene Körper oder streben zum anderen Pol der Spannungsquelle, um sich dort mit den ungleichnamigen Ladungen gegenseitig zu neutralisieren.
Obwohl **Isolatoren** elektrischen Strom nicht leiten können, enthalten sie doch Ladungsträger, auf die die Kräfte in einem elektrischen Feld wirken. So werden die positiven Ladungsträger auf der Oberfläche eines solchen Körpers im Feld der obigen Kugel abgestoßen, die negativen angezogen: Der Körper ist dann in dem der Kugel zugewandten Bereich negativ, im abgewandten Bereich positiv geladen. Diese Polarisierung ohne Berührung heißt **elektrische Influenz**.

Befinden sich **freie Ladungsträger** in einem elektrischen Feld, dann werden diese längs der Feldlinien beschleunigt. Freie, also ungebundene Ladungsträger können z. B. Elektronen sein, die sich aus einem sehr stark erhitzten Metalldraht herausgelöst haben. Damit sich diese Ladungsträger auch frei bewegen können, erzeugt man sie in einem evakuierten Gefäß; die Ladungsträger können dann weitgehend ungehindert beschleunigt werden, ohne dass sie durch Stöße mit anderen Teilchen abgelenkt werden. In einer **Elektronenröhre** – sie wird auch als Kathodenstrahlröhre oder Braun'sche Röhre bezeichnet – bewegen sich freie Elektronen auf diese Weise von der positiv geladenen Elektrode, der **Anode**, zur negativ geladenen Elektrode, der **Kathode**. Wird eine Elektrode in einen Stromkreis eingebaut, fließt ebenso Strom wie in einem „normalen“ Leiter. Der Elektronenstrahl zwischen den Elektroden lässt sich durch weitere elektrische Felder ablenken. Auf diesem Prinzip beruht z. B. die Bilderzeugung beim Fernsehgerät oder dem Oszilloskop.

Beispiele

1. Zeichne die Feldlinien der nebenstehenden Ladungsanordnung ein!

Lösung:
Die Feldlinien zeigen immer in Richtung der Kraft, die auf ein positiv geladenes Teilchen an der jeweiligen Stelle wirken würde. Auf der Mittelsenkrechten heben sich die waagerechten Anteile der Abstoßungskräfte gegenseitig auf, es bleibt (abgesehen vom Mittelpunkt selbst) eine Abstoßung in vertikaler Richtung. Am Mittelpunkt herrscht ein labiles Gleichgewicht, es wirkt keine Kraft.

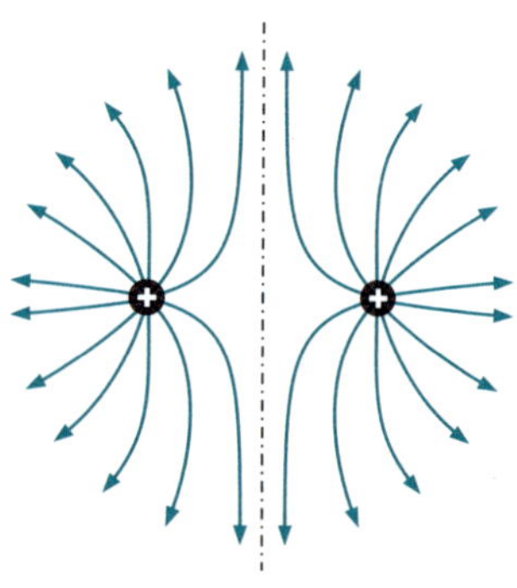

Rechts von der Mittelsenkrechten überwiegen wegen des geringeren Abstandes die Abstoßungskräfte der rechten Ladung; das Feld ähnelt mehr und mehr dem einer einzelnen Punktladung. Links findet man spiegelsymmetrisch das gleiche Bild.

2. Welches Schirmbild ergibt sich bei einem Oszilloskop, dessen Horizontal- und Vertikalablenkung den folgenden Verlauf haben?

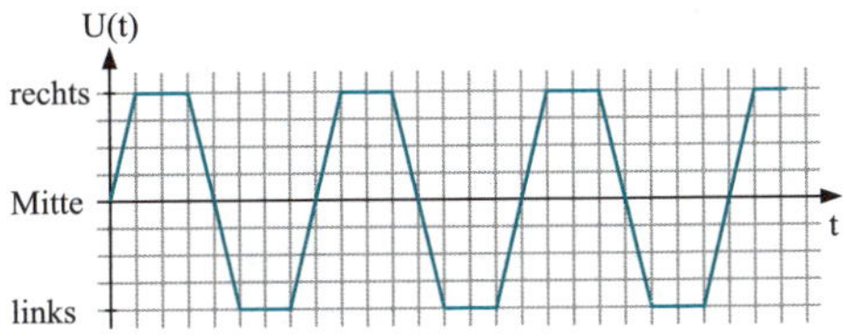

Horizontal-Position des Leuchtpunktes

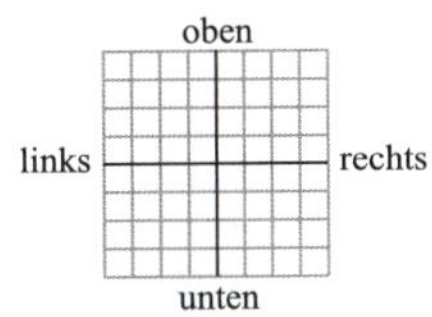

Schirmbild

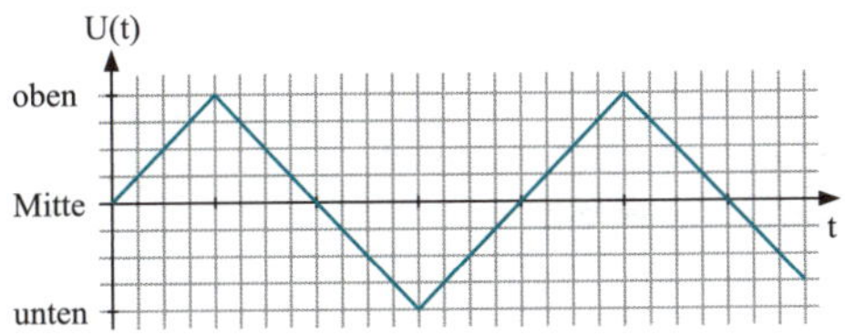

Vertikal-Position des Leuchtpunktes

Lösung:
Betrachte immer Horizontal- und Vertikal-Ablenkung zu **gleichen** Zeitpunkten. Hier wurden sieben charakteristische Zeitpunkte markiert:

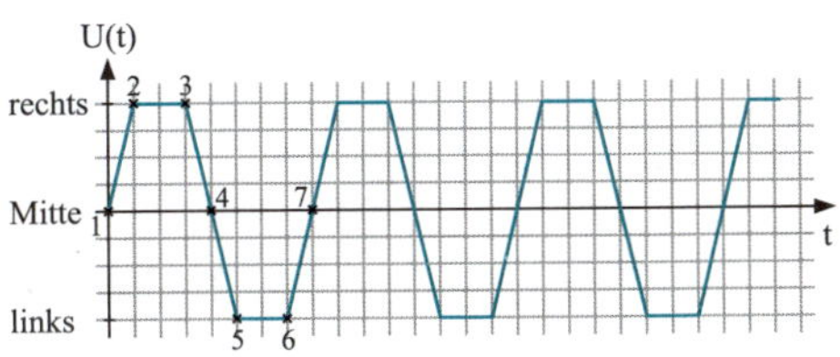

Horizontal-Position des Leuchtpunktes

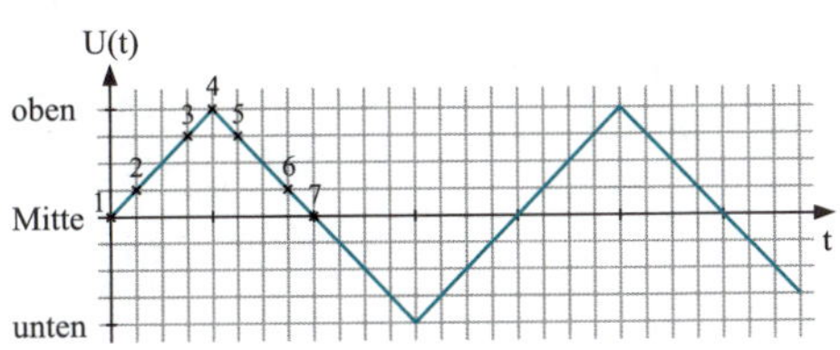

Vertikal-Position des Leuchtpunktes

Wir können dann schrittweise das Schirmbild konstruieren:
Zur Zeit (1) befindet sich der Leuchtpunkt horizontal wie auch vertikal in der Mitte.

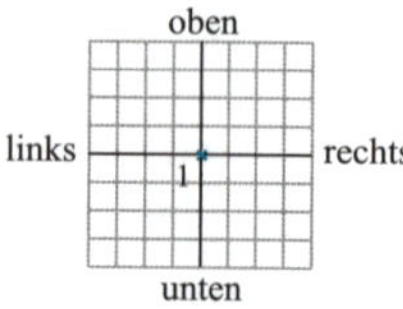

Zur Zeit (2) ist er bereits ganz nach rechts gewandert, aber nur ein Kästchen nach oben.

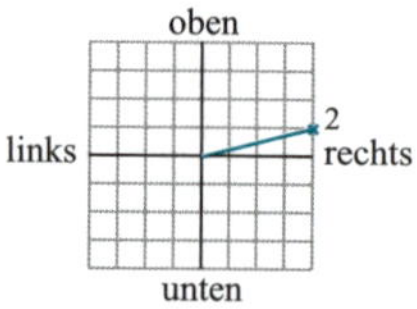

Bis zur Zeit (3) ist der Punkt weiterhin ganz rechts, wandert aber um zwei Kästchen nach oben.

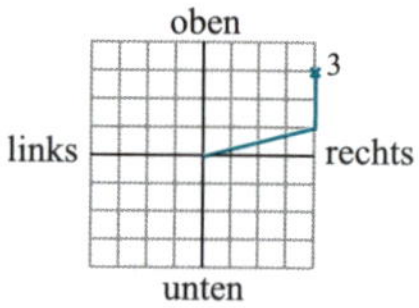

Ganz oben angelangt, zur Zeit (4), befindet sich der Leuchtpunkt in waagerechter Richtung gerade in der Mitte.

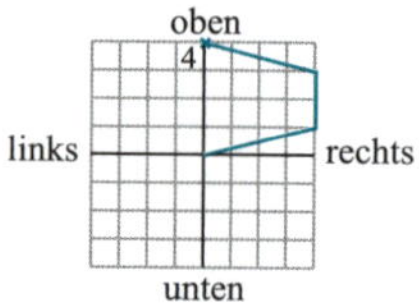

Bis zur Zeit (5) wandert er weiter nach links und verliert derweil ein Kästchen an Höhe.

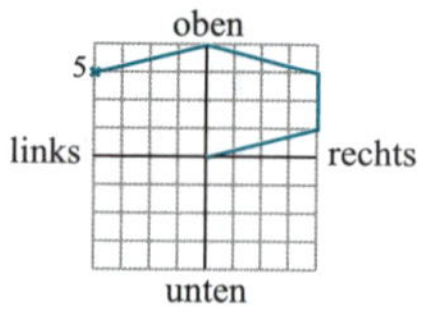

Immer noch ganz links sinkt er bis zur Zeit (6) weiter um zwei Kästchen ab.

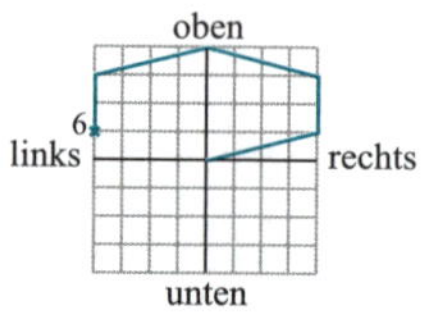

Von dort aus geht es wieder zurück zum Ausgangspunkt in der Mitte des Schirmes (zur Zeit (7)):

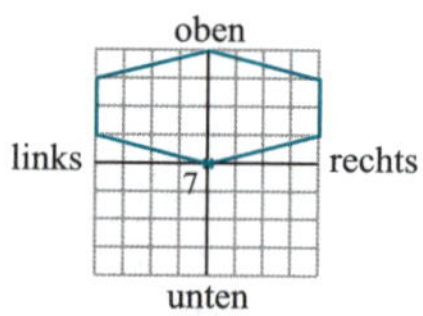

Die Abläufe in Horizontalrichtung wiederholen sich ab (7) wieder, in Vertikalrichtung ist erst eine halbe Periodenlänge durchlaufen. Während der nächsten halben Periodendauer „schreibt" der Leuchtpunkt die Bahn wie gezeigt fort.

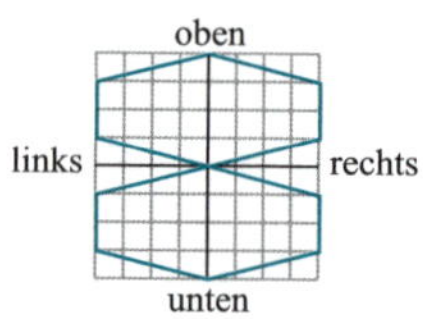

Dann wiederholt sich alles und das Bild des „eckigen Achters“ scheint auf dem Schirm zu stehen, weil der Leuchtpunkt diese “Achterbahn“ im allgemeinen sehr schnell und immer wieder „abfährt“.

Magnetisches Feld

Ebenso wie bei der elektrischen Kraft lasst sich auch die Wirkung der magnetischen Kraft durch Feldlinien längs eines **magnetischen Feldes** in der Umgebung eines Magneten beschreiben. Die **magnetischen Feldlinien** verlaufen vom Nordpol des Magneten zum Südpol. Setzt man einen kleinen Magneten auf eine solche Feldlinie, so zeigt diese die Richtung der magnetischen Kraft auf den kleinen Magneten an dieser Stelle an. Die Dichte der Feldlinien weist auch hier auf die Stärke des Feldes hin. Die Feldlinien macht man z. B. mit Eisenfeilspänen sichtbar. Die Abbildung zeigt das Feldlinienbild für einen Hufeisenmagneten.

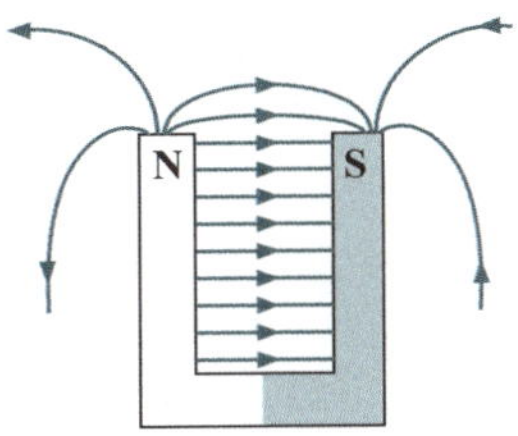

Beispiel

Wie verlaufen die magnetischen Feldlinien bei einem Stabmagneten?

Lösung:
Die Feldlinien verlaufen symmetrisch zur Längs- und Querachse vom Nord- zum Südpol.

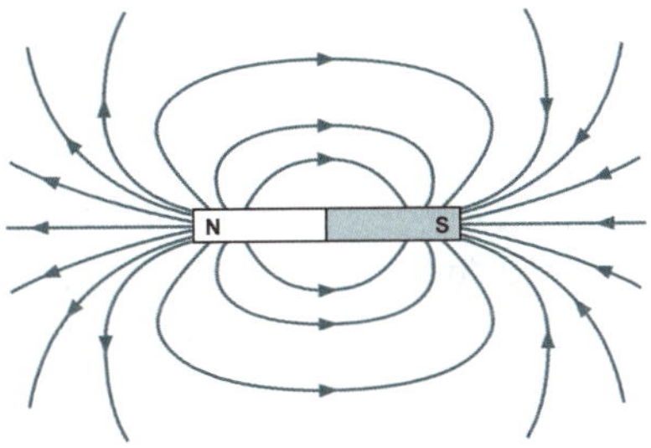

Bestimmte Materialien werden, obwohl sie normalerweise nicht magnetisch sind, in der Nähe eines Magneten selbst zu Magneten. Man nennt diese Stoffe **ferromagnetisch** und den Vorgang **Magnetisierung**. Dabei bildet sich auf der dem Nordpol des Magneten zugewandten Seite für die Dauer dieses Einflusses ein Südpol und gegenüber ein Nordpol. Diese Polarisierung ohne Berührung nennt man **magnetische Influenz**.
Hängt man beispielsweise einen Stahlnagel an einen Magneten, wird er selbst magnetisch, sodass man daran einen zweiten Nagel anhängen kann. Dieser wird wiederum magnetisiert (siehe Abbildung) usw.

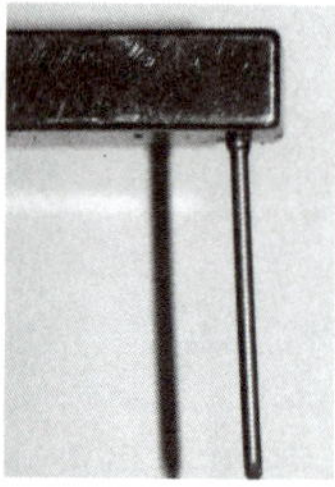

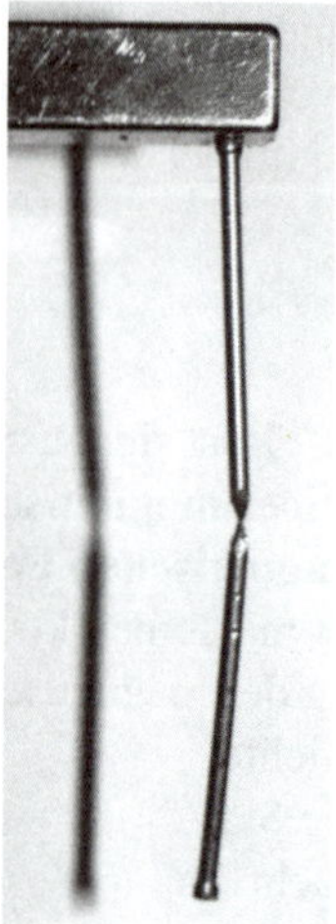

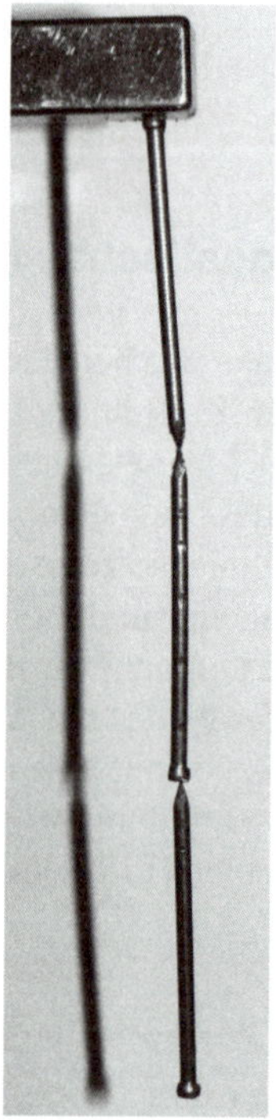

Trotz der Ähnlichkeit in der Beschreibung der elektrischen und magnetischen Kräfte durch das Feldlinienbild dürfen die Kräfte nicht miteinander verwechselt werden: Auf einen elektrisch geladenen ruhenden Körper wirkt im Feld eines Magneten keine Kraft; umgekehrt wirkt auf einen Magneten in der Nähe einer ruhenden geladenen (aber nicht magnetischen!) Kugel ebenso keine Kraft. Wichtig ist hierbei, dass die Körper *ruhen*. Erst wenn sie sich relativ zueinander bewegen, treten Kräfte zwischen beiden auf.

Magnetisches Feld um Strom durchflossene Leiter und Lorentzkraft

Die enge Verwandtschaft zwischen elektrischem und magnetischem Feld tritt zu Tage, wenn die elektrischen Ladungen (aufgrund eines elektrischen Feldes) sich bewegen, also Strom fließt. Strom durchflossene Leiter umgeben sich nämlich mit einem Magnetfeld: Eine Kompassnadel, die in die Nähe eines Strom durchflossenen Leiters gebracht wird, zeigt einen Ausschlag.

Regel

Um die **Richtung des Magnetfelds um einen Strom durchflossenen Leiter** zu bestimmen, benutzt man die **Rechte-Hand-Regel**:
Bildet man mit der rechten Hand eine Faust und streckt den Daumen in Richtung der technischen Stromrichtung ab, dann zeigen die gekrümmten Finger in Richtung der magnetischen Feldlinien.

Wickelt man den Leiter zu einer Spule, erhält man einen **Elektromagneten**. Das Magnetfeld einer Spule ähnelt dem eines Stabmagneten: Die Feldlinien sind geschlossen und laufen im Inneren der Spule vom Süd- zum Nordpol. Dort ist das Magnetfeld am stärksten, durch einen Eisenkern kann man es noch weiter verstärken.
Das Drehspulinstrument zur Messung der Stromstärke (Amperemeter) besteht im Wesentlichen aus einer derartigen Spule, die drehbar mit einer Rückstellfeder im Feld eines Dauermagneten aufgehängt wird. Je nach Stromstärke bekommt die Spule einen verschieden starken Nord- und Südpol an ihren Enden, sodass die variable magnetische Kraft zwischen dem Spulen- und dem Dauermagneten den Zeigerauschlag bestimmt.

Ebenso wie ein Magnet durch bewegte elektrische Ladungen eine Kraft erfährt, übt ein Magnet seinerseits auf bewegte Ladungen eine Kraft aus, die so genannte **Lorentzkraft**. Ihre Besonderheit ist, dass sie sowohl **senkrecht zur Bewegungsrichtung der Ladungsträger** als auch **senkrecht zur Richtung des magnetischen Feldes** gerichtet ist.

Regel

Um die Richtung der **Lorentzkraft** zu bestimmen, die auf eine bewegte **positive** Ladung in einem Magnetfeld wirkt, benutzt man die **Dreifinger-Regel der rechten Hand**:
Man spreizt Daumen, Zeige- und Mittelfinger der rechten Hand so ab, dass sie zueinander senkrecht stehen. Zeigt der Daumen in Bewegungsrichtung der positiven Ladungen (technische Stromrichtung) und der Zeigefinger in Magnetfeldrichtung, dann weist der Mittelfinger in Richtung der Lorentzkraft.
Eine bewegte **negative** Ladung erfährt eine Lorentzkraft in Gegenrichtung.

Beispiel

1. Das Feldlinienbild der Strom durchflossenen Spule kann man mit Eisenspänen sichtbar werden lassen. Vergleiche den Feldlinienverlauf beim Elektro- und Stabmagneten.

   Lösung:
   Bei Anwendung der Rechte-Hand-Regel auf die Spulenwindungen erkennt man, dass im Inneren sich die magnetischen Felder der einzelnen Windungen so überlagern, dass die Feldlinien parallel zur Spulenachse

verlaufen. Es bildet sich an den Spulenenden ein Nord- bzw. ein Südpol aus. Außerhalb der Spule zeigen die Feldlinien den gleichen Verlauf wie bei einem Stabmagneten.

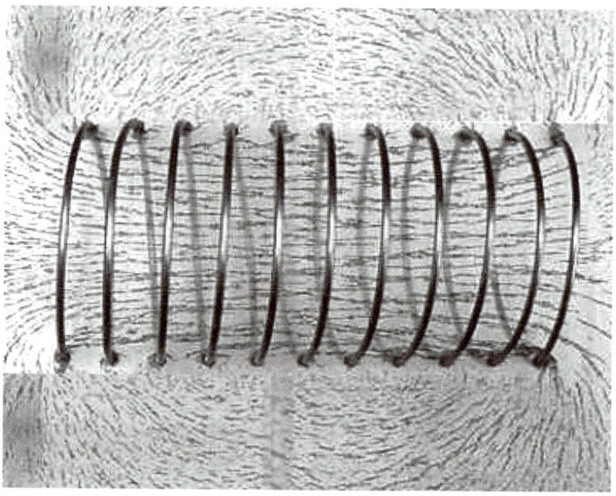

2. Durch zwei parallel verlaufende Kabel fließt in der gleichen Richtung elektrischer Strom. Ziehen sie sich an oder stoßen sie sich ab?

Lösung:

Betrachten wir zunächst die Kraftwirkung des oberen Stromes auf die im unteren Kabel bewegten Ladungen: Fließt der Strom (technische Richtung von Plus nach Minus!) von links nach rechts, dann umgibt sich das Kabel mit einem Magnetfeld gemäß Rechte-Hand-Regel, dessen Feldlinien im Bereich des unteren Kabels nach hinten zeigen.

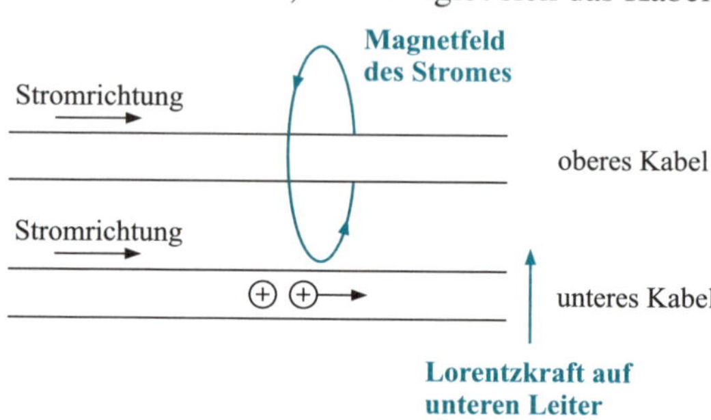

Nach der Drei-Finger-Regel ergibt sich also mit Bewegungsrichtung der Ladungsträger im unteren Leiter (Daumen) nach rechts und „äußerem" Magnetfeld nach hinten (Zeigefinger) die Richtung der Lorentzkraft (Mittelfinger) nach oben: Das untere Kabel wird also nach oben gezogen. Umgekehrt wird das obere nach unten gezogen, die beiden ziehen sich folglich an.

Das Wechselspiel von elektrischen und magnetischen Kräften bei bewegten Ladungsträgern in einem Magnetfeld ist von ganz wesentlicher Bedeutung für viele Anwendungen in der Elektrotechnik (siehe Abschnitt 4.5).

ufgaben

160. Zwei parallele Leiter werden in entgegengesetzter Richtung von Strom durchflossen. Ziehen sie sich an oder stoßen sie sich ab?

161. In der Röhre eines Fernsehgerätes fliegen Elektronen von hinten auf die Mattscheibe und bringen dort eine Beschichtung zum Leuchten. Dieser Elektronenstrahl (bewegte negative Ladungsträger) stellt also einen elektrischen Strom dar.
Wie wird das Fernsehbild verzerrt, wenn man oberhalb des Geräts den Südpol eines Stabmagneten platziert?

162. Wie kann man einen „echten" Stabmagneten von einem äußerlich identischen, nicht magnetisierten Eisenstab, der auch die Lackierung eines Stabmagneten trägt, ohne weiteres Hilfsmittel unterscheiden?

163. a) Welches Schirmbild ergibt sich bei einem Oszilloskop, dessen Horizontal- und Vertikalablenkung den folgenden Verlauf haben?

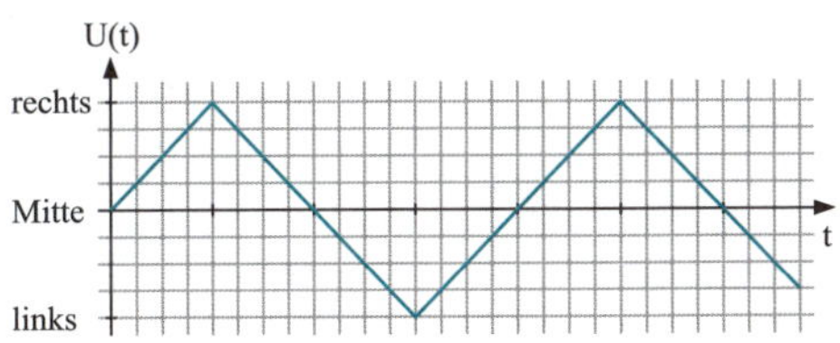

Horizontal-Position des Leuchtpunktes

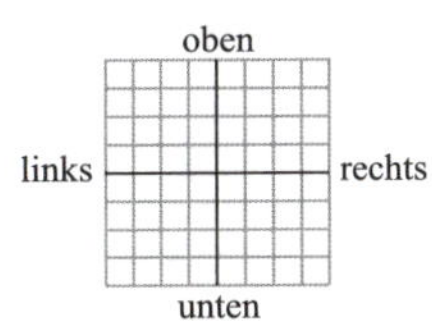

Schirmbild

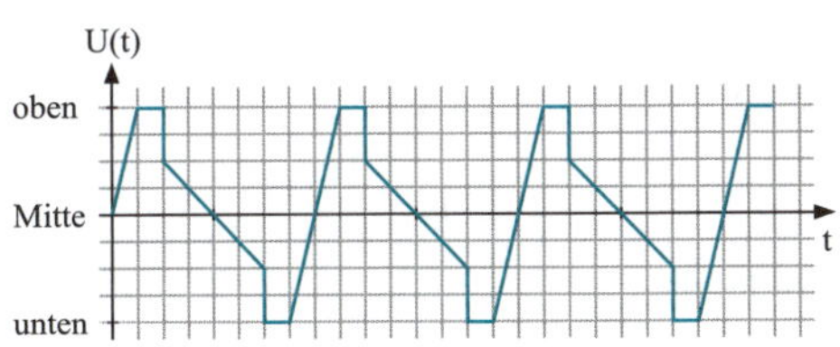

Vertikal-Position des Leuchtpunktes

b) Bei welchem Vertikalablenkungs-Verlauf ergibt sich das gezeichnete Schirmbild?

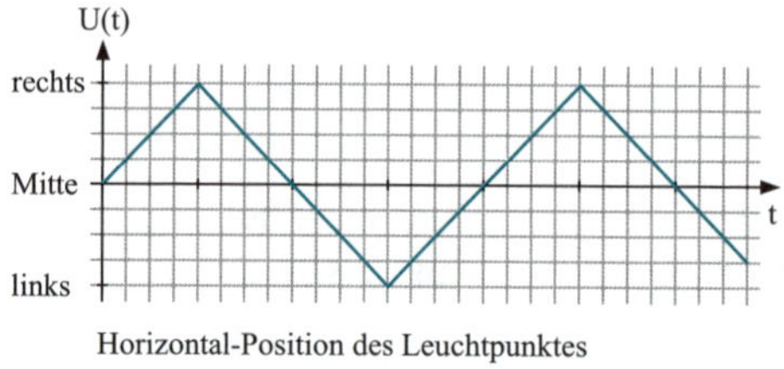

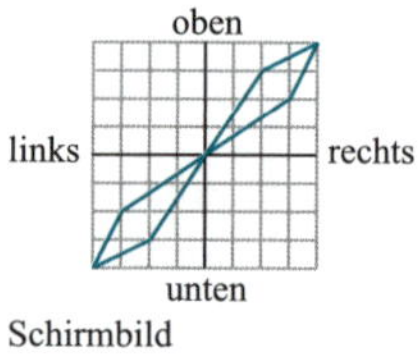

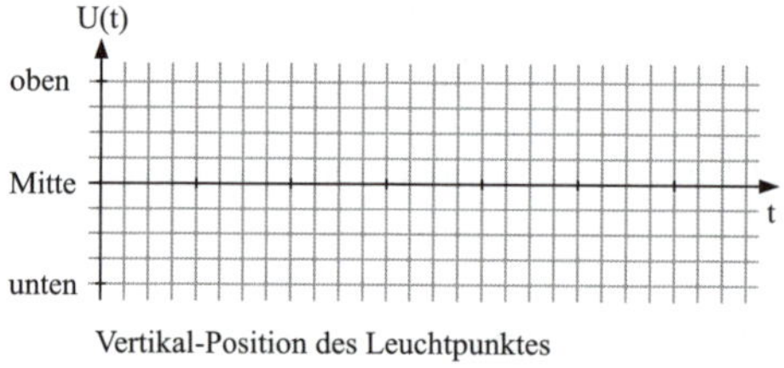

c) Bei welchem Vertikalablenkungs-Verlauf ergibt sich das gezeichnete Schirmbild?

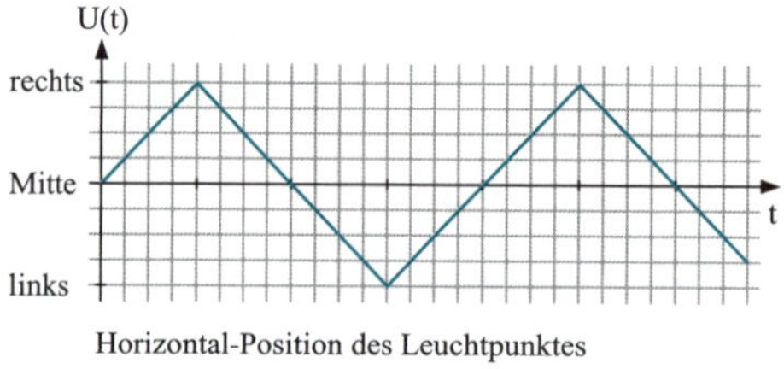

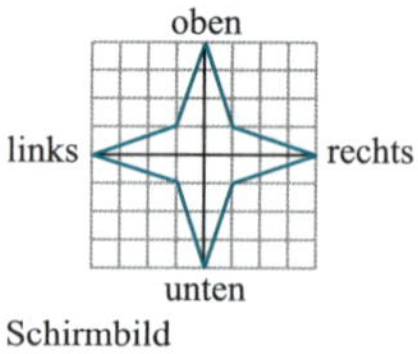

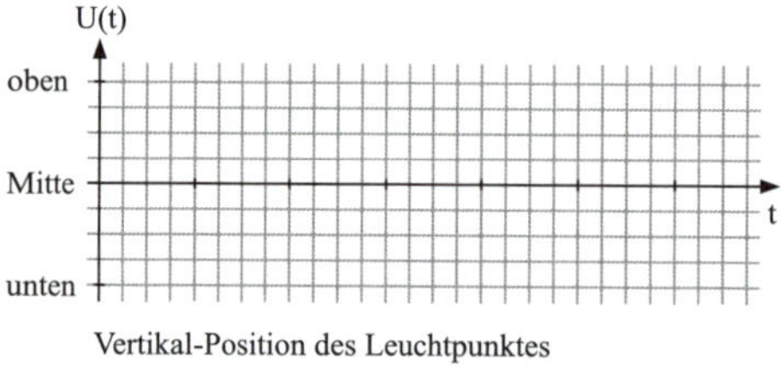

* 164. Braun'sche Röhre, Oszilloskop

Beschrifte und ergänze die folgende Zeichnung einer Braun'schen Röhre und erkläre kurz die Funktionsweise des Oszilloskops! Welche Vorteile besitzt das Oszilloskop bei der Spannungsmessung gegenüber einem herkömmlichen Voltmeter?

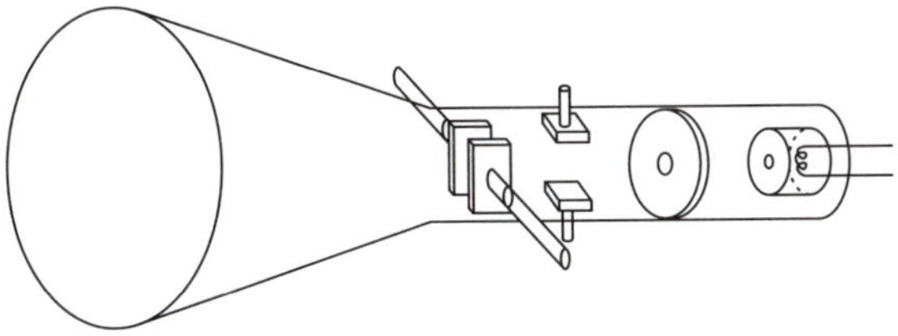

165. Ein Stabmagnet wird wie abgebildet von rechts einer Braun'schen Röhre genähert. Wie reagiert der Leuchtpunkt?

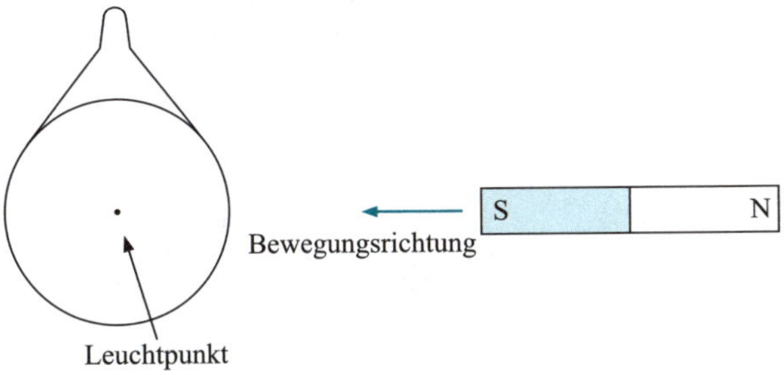

✱ **166.** a) Beschreibe knapp den Aufbau einer **Hochvakuum-Diode** und erläutere ihre Funktion als „elektrisches Ventil"!

b) In den folgenden sechs Schaltplänen ist neben einer Glimmlampe gelegentlich auch eine Diode zu finden. Ergänze in den Zeichnungen den Beleuchtungszustand der Glimmlampe (Glimmlampen leuchten immer auf der mit dem Minuspol verbundenen Seite)!

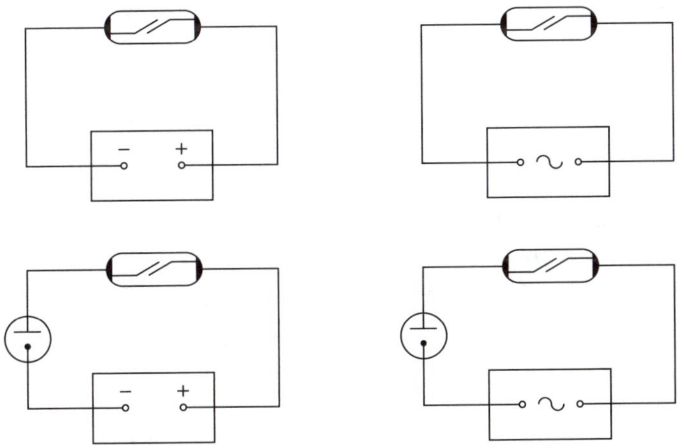

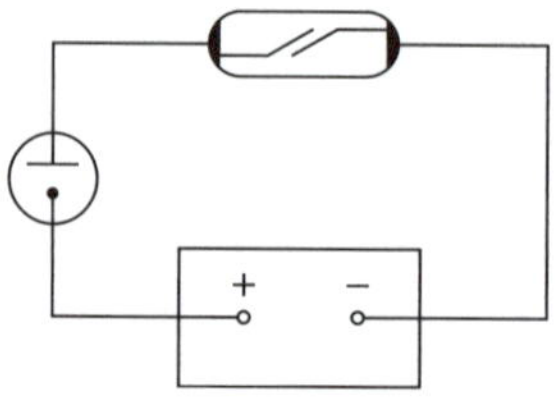

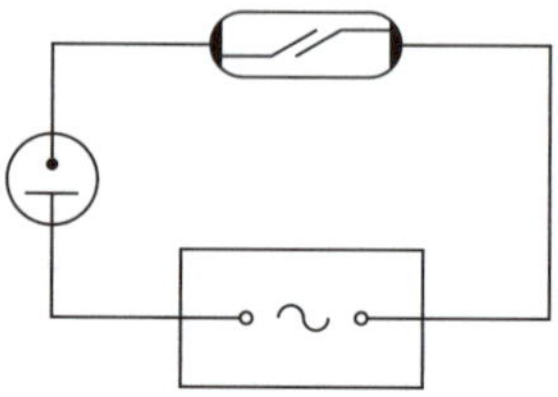

167. Bei einem **Lautsprecher** taucht eine Spule in das Feld eines Dauermagneten ein; an der Spule ist eine Membran befestigt, die durch ihre Schwingungen den Ton erzeugt. Durch die abwechselnde Stromrichtung in der Spule wird diese ständig magnetisch umgepolt und vom Dauermagneten entsprechend dem Wechselrhythmus hin- und herbewegt.
Die Membran bewegt sich ebenfalls mit und versetzt die Luft in Schallschwingungen. Bild A zeigt den zeitlichen Verlauf des elektrischen Stroms bei einem bestimmten Ton.

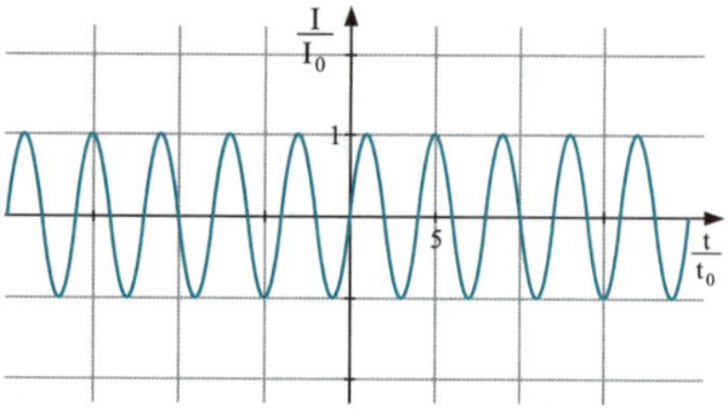

A

a) Wie ändert sich der Ton, wenn der zeitliche Verlauf wie in Bild B gezeigt aussieht?

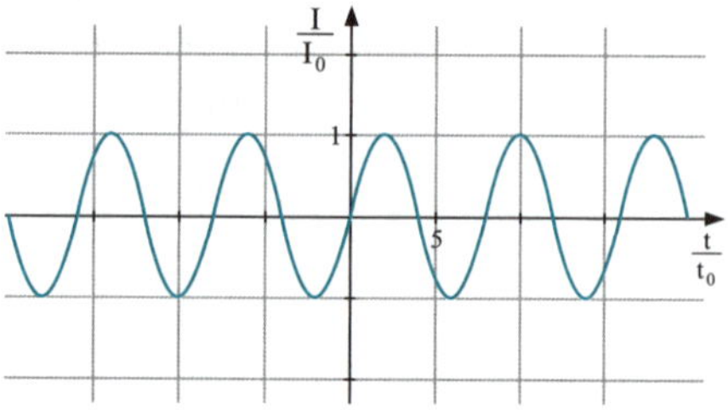

B

b) Wie ändert sich der Ton, wenn der zeitliche Verlauf so aussieht wie in Bild C?

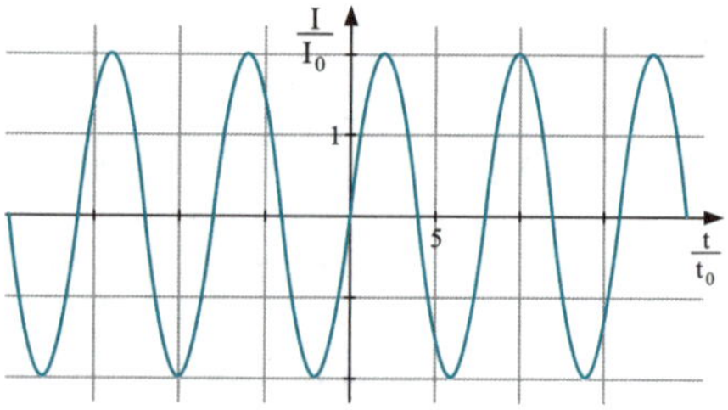

C

4.5 Elektromagnetische Induktion

Wir haben im letzten Abschnitt die Lorentzkraft kennen gelernt, die ein Strom durchflossener Leiter in einem äußeren Magnetfeld erfährt. Diesen Sachverhalt bezeichnet man auch als **elektromotorisches Prinzip**, weil auf ihm eine der wichtigsten elektrotechnischen Anwendungen, der **Elektromotor**, basiert.

Regel

> In einem **Elektromotor** wird durch Lorentzkräfte elektrische Energie in mechanische Energie umgewandelt.

Beispiel

Erläutere das Prinzip eines Gleichstromelektromotors!

Lösung:
Wir betrachten eine Leiterschleife im Magnetfeld. Zunächst liegt die Leiterschleife waagerecht und wird von vorne her waagerecht von dem Magnetfeld durchsetzt. Die Enden der Leiterschleife sind mit zwei Schleifringen verlötet, von denen der linke mit dem Minus- und der rechte mit dem Pluspol verbunden sind (Bild A; das Fähnchen dient nur zur räumlichen Orientierung).

A

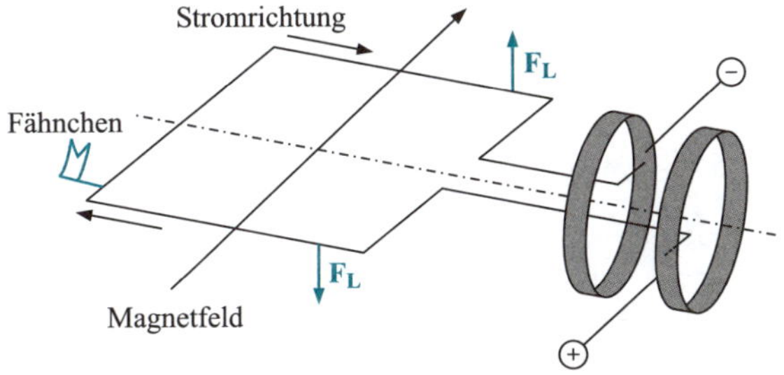

Fließt der Strom in der eingezeichneten Richtung durch die Vorrichtung, wirkt auf die hintere und auf die vordere Seite der Schleife die Lorentzkraft, bis die Schleife aufrecht steht (Bild B).

B

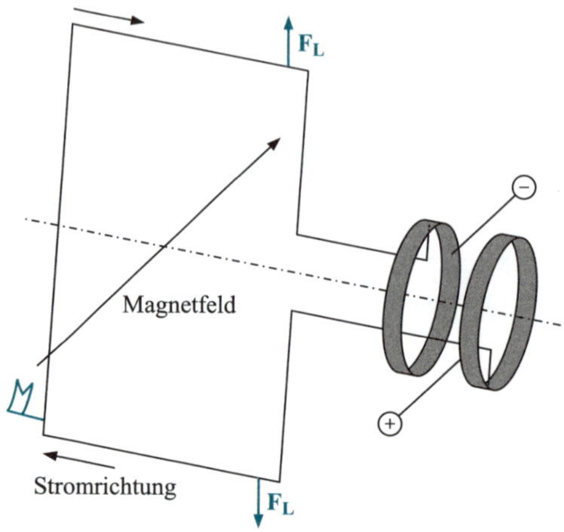

Jetzt zieht die Lorentzkraft den oberen Bügel nach oben und den unteren nach unten, trägt also nicht mehr zur Drehbewegung bei. Durch den Schwung, den die Leiterschleife noch hat, schwingt sie etwas über diesen Punkt hinaus (Bild C).

C

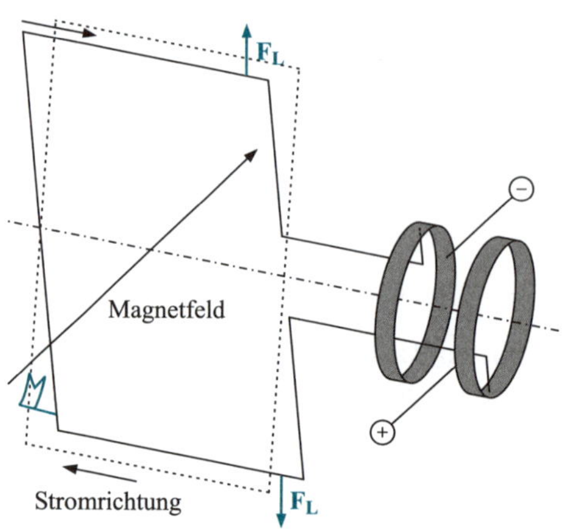

In diesem Augenblick wirkt die Lorentzkraft rücktreibend und bremst den Restschwung, statt ihn zu unterstützen. Genau in diesem Moment müsste folglich umgepolt werden, damit sich Strom- und auch Lorentzkraftrichtung ändern. Um dieses Umpolen automatisch zu gewährleisten, verwendet man statt der beiden Schleifringe zwei Halbringe (gemeinsam heißen sie der

Kommutator oder **Polwender**), die gegeneinander isoliert sind. Sie liegen in der gleichen Ebene und werden von hinten mit dem Minus- und von vorne mit dem Pluspol verbunden (über Schleifbürsten). Die Bilder D, E Und F zeigen die Lage der Leiterschleife zu den in den Bildern A, B und C dargestellten Zeitpunkten.

D

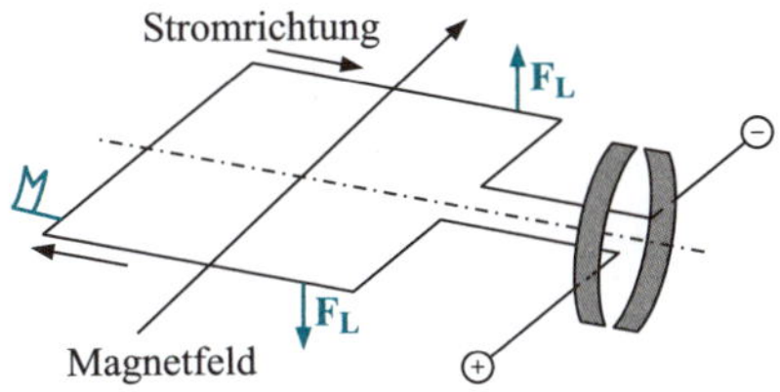

E

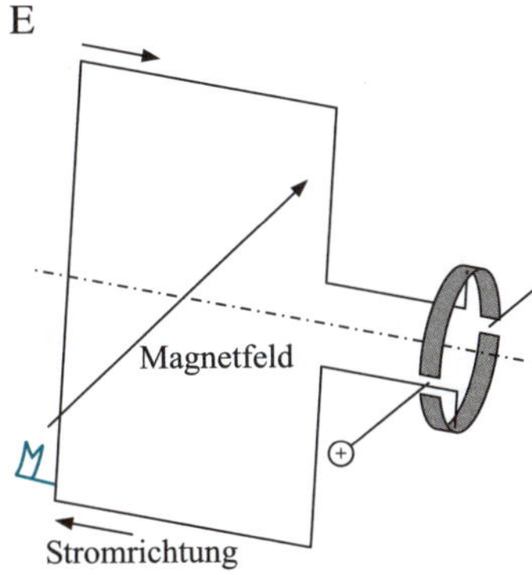

F

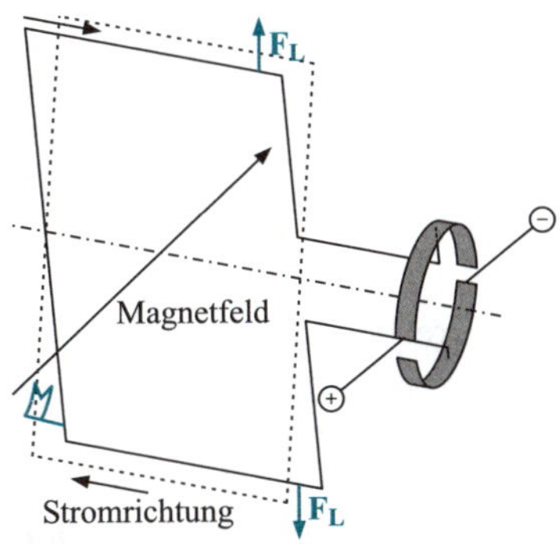

Mit ihrem Restschwung überwindet die Leiterschleife die stromlose Mittenstellung, bis der jeweils andere Halbring wieder vor den Schleifbürsten mit Strom versorgt wird. Die Stromrichtung ist jetzt entgegengesetzt, sodass die Lorentzkraft wieder in der „richtigen", nämlich in Drehrichtung wirkt. Die Schleife dreht sich jetzt mit dem oberen Bügel auf der Vorderseite nach unten und hinten nach oben (vergleiche das Fähnchen, Bilder G, H und J).

G

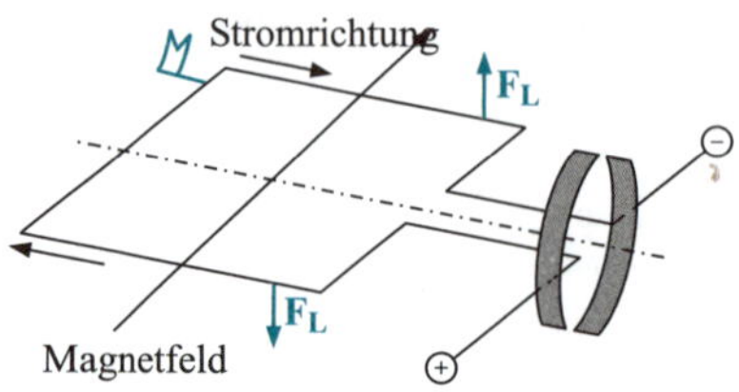

H

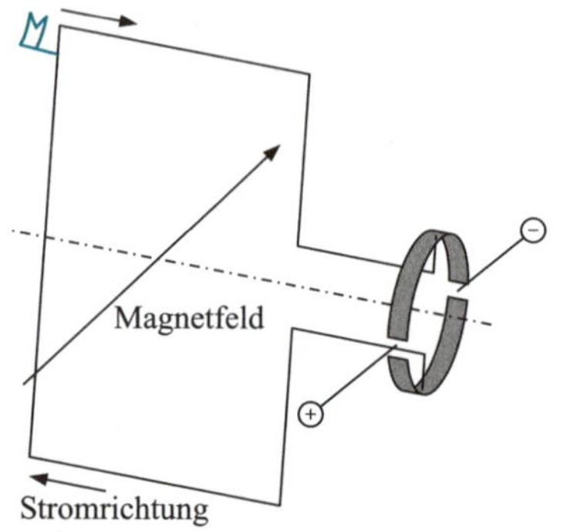

J

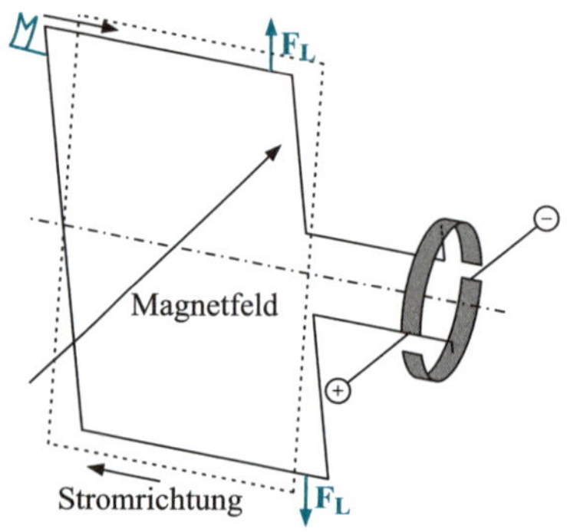

Nach der Lage in Bild J wird wieder die waagerechte Stellung in Bild D erreicht und alles beginnt von vorne. Auf diese Weise dreht sich die Schleife dank des Polwenders immer weiter, weil stets im rechten Augenblick die Stromrichtung geändert wird. Das äußere Magnetfeld kann dabei durch einen Dauermagneten oder (vor allem bei Wechselstrommotoren) auch durch Elektromagneten erzeugt werden.

Die Umkehrung der Vorgänge beim Elektromotor führt zu der zweiten grundlegenden Anwendung der Elektrotechnik, dem Generator.

Regel

> In einem **Generator** wird mechanische Energie in elektrische Energie umgewandelt.

Generatoren dienen also der Stromerzeugung in sind ein ganz wesentlicher Bestandteil unseres Alltags (z. B. Kraftwerk, Fahrraddynamo). Das zugrunde liegende **Generator-Prinzip** wollen wir im Folgenden genauer untersuchen.

Wird ein leitfähiges Material in einem Magnetfeld bewegt, dann kann man diesen Vorgang (in Gedanken) in zwei Schritte aufteilen.

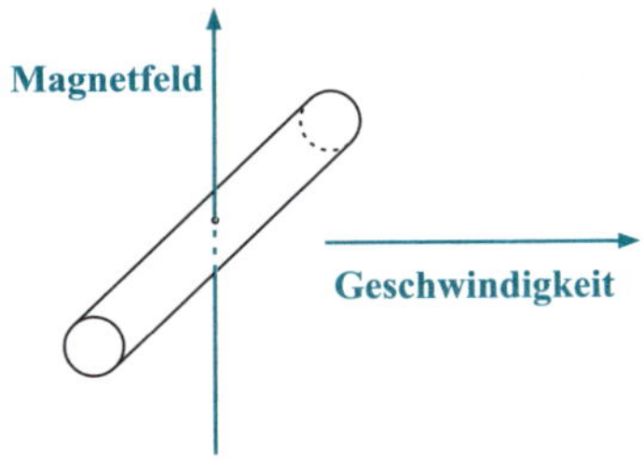

Das Material besteht aus positiven und negativen Ladungsträgern; man denke sich etwa eine Flüssigkeit mit positiven und negativen Ionen.

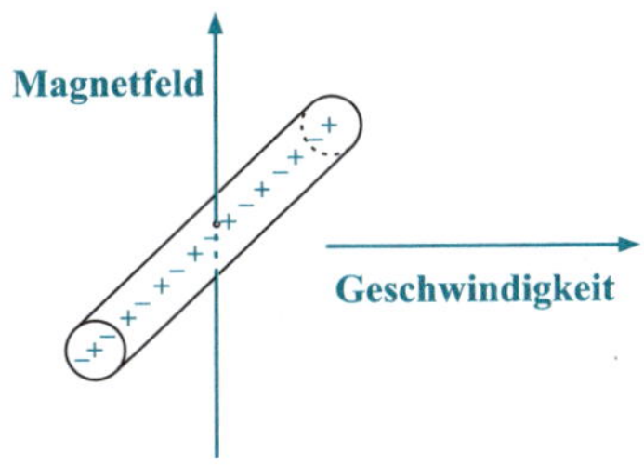

Zunächst bewegt man (in Gedanken) nur alle positiven Ladungsträger von links nach rechts (die negativen bleiben erst einmal noch links).

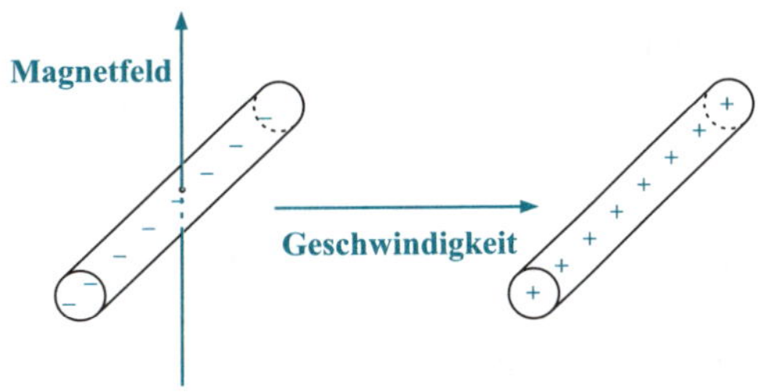

Die bewegten positiven Ladungsträger stellen aber einen elektrischen Strom mit technischer Richtung von links nach rechts dar, erfahren folglich nach dem elektromotorischen Prinzip eine Lorentzkraft und werden gemäß Drei-Finger-Regel nach vorne driften. Selbstverständlich stoßen sich die positiven Ladungsträger auch wegen des geringeren mittleren Abstandes untereinander stärker ab, in jedem Fall sammeln sich aber die Ladungsträger am vorderen Ende des Leiters an.

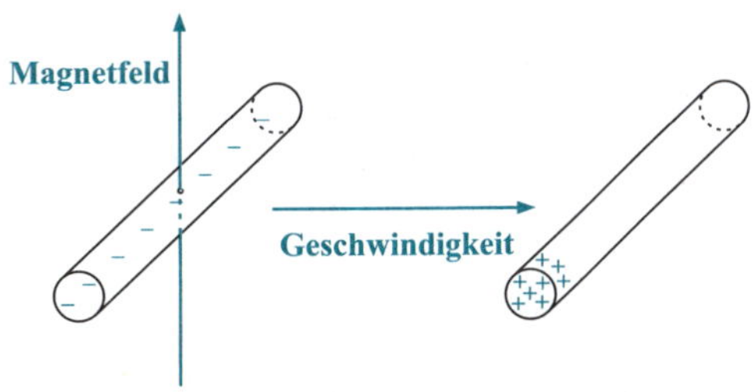

Holt man jetzt in Gedanken die Bewegung der negativen Ladungsträger nach, dann bewegen diese sich auch von links nach rechts, stellen aber (weil negativ geladen) einen Strom mit technischer Richtung von rechts nach links dar!

Wiederum nach Drei-Finger-Regel ergibt sich eine Lorentzkraft nach hinten, die negativen Ladungsträger sammeln sich also verstärkt am hinteren Ende des Leiters an.

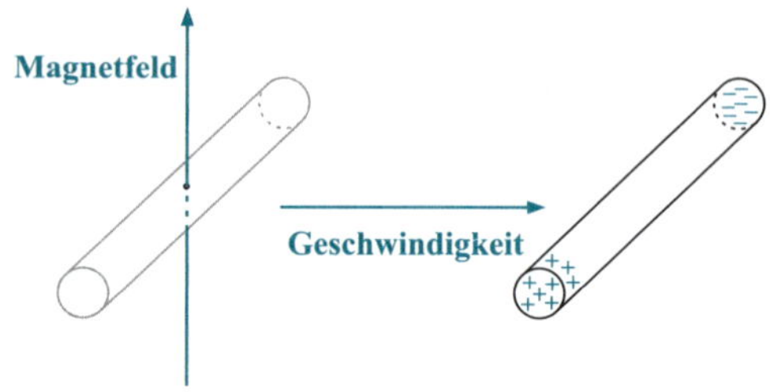

Durch die Bewegung des Leiters im Magnetfeld werden die Ladungen getrennt, es entsteht eine Spannungsquelle mit Pluspol vorne und Minuspol hinten. Schließt man an den Enden einen Stromkreis an, dann fließt auch ein Strom, den man **induzierten Strom** nennt.

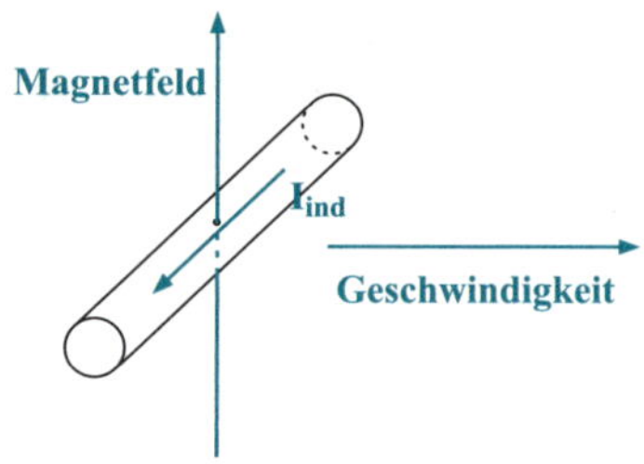

Weil der Strom vorne aus dem Leiter heraus fließt und (über den gedachten Stromkreis) hinten wieder hineinfließt, ist die technische Stromrichtung im Leiter von hinten nach vorne.

Elektromotorisches und Generatorprinzip sind eng verwandt und laufen stets **gleichzeitig** ab: Es gibt weder einen reinen Generator noch einen reinen Elektromotor; es überwiegt lediglich der eine oder der andere Effekt. Um die Untrennbarkeit der beiden elektromagnetischen Wirkprinzipien zu verdeutlichen, betrachten wir erst einmal einen Elektromotor:

Der Strom fließt im Leiterstück von vorne nach hinten, also in die Zeichenebene hinein (Symbol ⊗), folglich wirkt gemäß Drei-Finger-Regel die Lorentzkraft nach rechts.

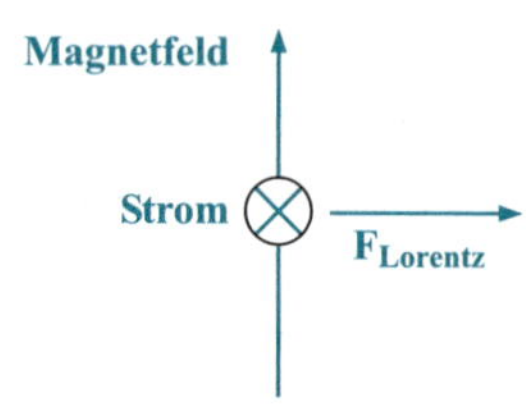

Diese Kraft auf den beweglich gelagerten Leiter führt dazu, dass sich der Leiter in dem äußeren Magnetfeld nach rechts bewegt. In ihm wird folglich ein Strom induziert, dessen technische Stromrichtung gemäß Drei-Finger-Regel aus der Zeichenebene heraus weist (Symbol ⊙). Dieser Induktionsstrom fließt dem ursprünglichen Strom, der für die Bewegung verantwortlich ist, entgegen.

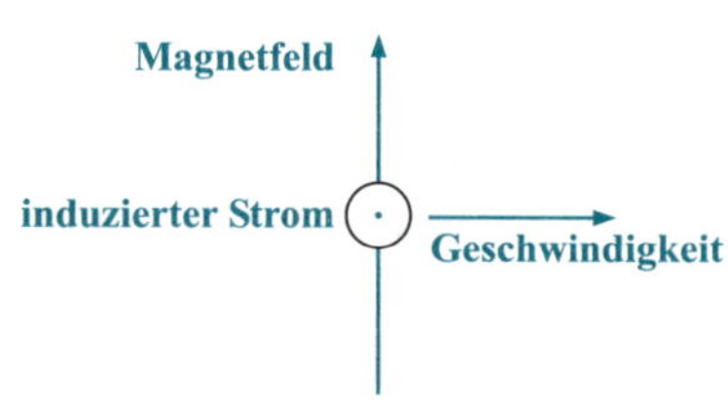

Dieses Verhalten gilt für alle Induktionsvorgänge:

Regel

> Die **Lenz'sche Regel** besagt: Elektromagnetische Induktionsvorgänge laufen stets so ab, dass sie ihrer eigenen Ursache entgegenwirken.

Der Elektromotor wirkt also auch als Generator; der induzierte Strom fließt dem antreibenden entgegen und senkt die Gesamtstromstärke.

Betrachten wir jetzt einen Generator: Ein Leiter wird in einem Magnetfeld wie in der Abbildung gezeigt bewegt. Gemäß Drei-Finger-Regel wird dadurch ein Strom aus der Zeichenebene heraus induziert.

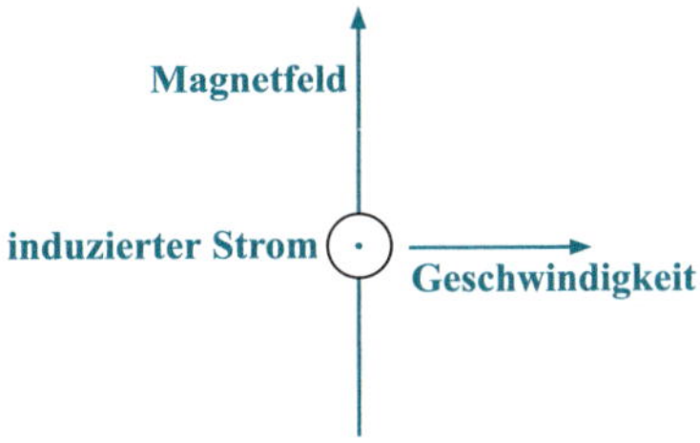

Dieser Induktionsstrom ruft (weil Strom durchflossener Leiter!) seinerseits eine Lorentzkraft hervor, und zwar gemäß Drei-Finger-Regel nach links. Auch hier wird durch die Induktionsvorgänge also die ursprüngliche Bewegung gehemmt, wie es die Lenz'sche Regel besagt.

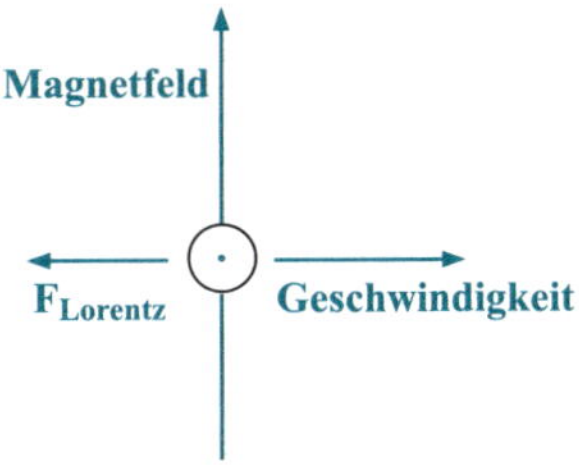

Der Generator ist daher auch zum Teil ein Motor, umso mehr, je mehr Strom ihm entnommen wird, je stärker er also belastet wird. Beim Fahrraddynamo spürt man dies direkt, wenn beim Durchbrennen eines Lämpchens weniger Strom fließt und es sich gleich viel leichter tritt – wenngleich gefährlicher!

In der Lenz'schen Regel drückt sich der **Energieerhaltungssatz** aus: Mechanische und elektrische Energie können ineinander umgewandelt, aber nicht erzeugt werden, wie es der Fall wäre, wenn der Induktionsvorgang unterstützend statt hemmend wirkte.

Beispiel

Schaltet man einen elektrischen Ventilator ein und misst die Stromstärke, stellt man fest, dass im ruhenden Motor die größte, im langsam drehenden Motor eine immer noch sehr große und erst im schnell drehenden Motor eine geringe Betriebsstromstärke erreicht wird. Erkläre dieses Phänomen!

Lösung:
Im ruhenden Motor des Ventilators fließt ein Strom, der durch den ohmschen Widerstand des Gerätes bestimmt wird. Beginnt er sich zu drehen, wirkt der Motor auch zunehmend als Generator; der erzeugte Induktionsstrom wirkt (d. h. fließt) aber gemäß der Lenz'schen Regel seiner Ursache, also dem An-

triebsstrom, entgegen. In Bilanz fließt dann bei konstantem Antriebsstrom und wachsendem Induktionsgegenstrom ein Strom abnehmender Stärke, bis die Betriebsdrehzahl erreicht ist.
Die hohe Einschaltstromstärke ist eine wesentliche Ursache für den Verschleiß der Geräte und sollte, wann immer es möglich ist, vermieden werden. Jedes unnötige Ein- und Ausschalten verringert die Lebensdauer.

Neben der Stromerzeugung durch Bewegung eines Leiters im Magnetfeld gibt es noch weitere Möglichkeiten für die elektromagnetische Induktion. Betrachten wir hierzu folgendes Experiment:
Auf zwei Wagen sind einmal ein Stabmagnet, einmal eine Spule montiert. Nach dem Generatorprinzip können wir einen Induktionsstrom in der Spule erzeugen, indem wir den Wagen mit der Spule von dem ruhenden Wagen mit dem Magneten wegbewegen:

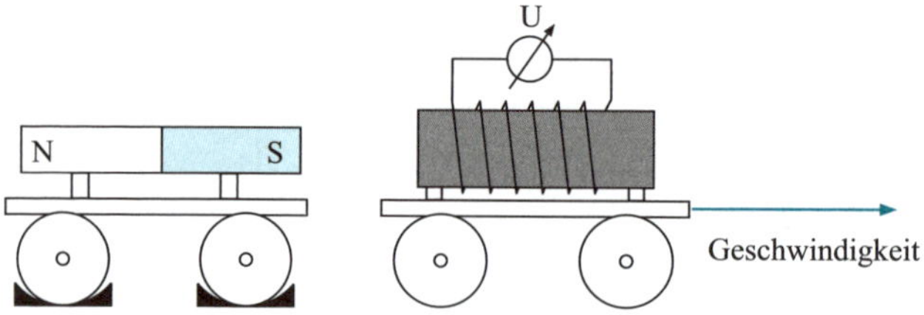

Stattdessen könnte sich aber auch nicht die Spule nach rechts, sondern der Magnet nach links bewegen – für einen Beobachter auf dem ruhenden Spulenwagen wäre dies ebenso ein „Sich-Entfernen" des Magneten von der Spule wie zuvor. Tatsächlich wird ebenso wie zuvor ein Strom induziert:

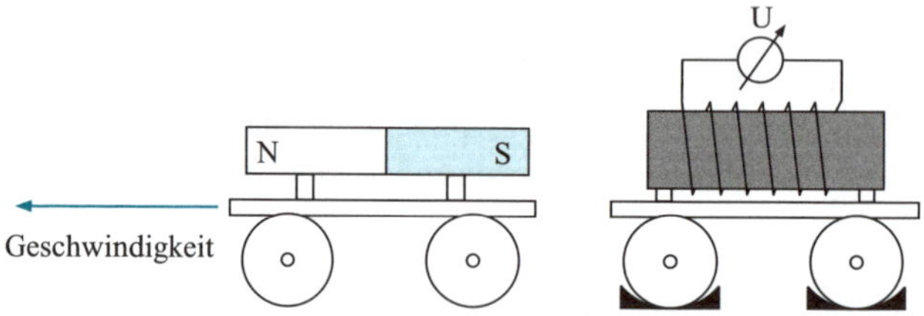

Der Leiter selbst muss sich als gar nicht bewegen, es reicht die Relativbewegung aus. Wir können aber noch einen Schritt weiter gehen und auf eine Bewegung der Wagen vollständig verzichten. Dazu ersetzen wir den Stabmagneten auf dem linken Wagen durch eine weitere Spule und legen an ihm zunächst eine Gleichspannung an, sodass die Spule zu einem Elektromagneten wird. Wie wir wissen, stimmen Stabmagnet und Spule in ihrem Magnetfeld überein, besitzen also das gleiche Feldlinienbild. Der Vorteil des Elektromagneten ist, dass wir durch Verändern der angelegten Spannung die Stärke des Magnetfelds ändern können.

Am Voltmeter des rechten Wagens können wir keinen Ausschlag feststellen, es wird kein Strom in der Spule induziert. Legen wir statt einer Gleichspannung nun eine Wechselspannung an, ändert sich die Stärke des Magnetfelds im Rhythmus der Spannungsschwankungen. Jetzt ist auch am Voltmeter rechts eine Spannung abzulesen, deren Größe im gleichen Rhythmus wie die Wechselspannung links schwankt:

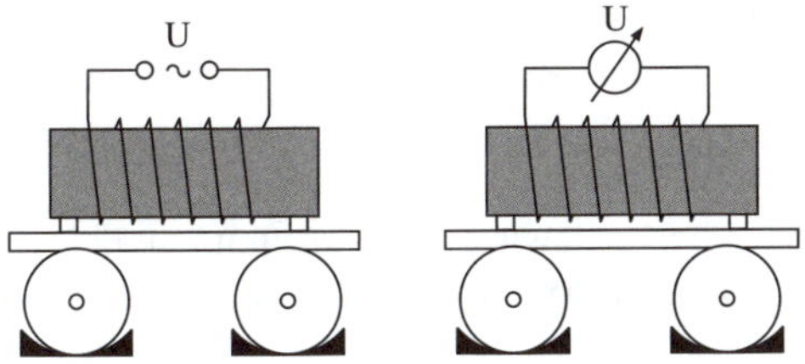

Offenbar ist also **entscheidend für die elektromagnetische Induktion**, dass ein Leiter einem **veränderlichen Magnetfeld** ausgesetzt ist. Auf welche Weise diese Veränderung zustande kommt – ob durch Relativbewegung des Leiters oder Verändern der Magnetfeldstärke – ist hierbei egal.

Regel

> In einem Leiter, der sich in einem zeitlich ändernden magnetischen Feld befindet, wird eine **Induktionsspannung** hervorgerufen **(Induktionsgesetz)**.
> Bei einer geschlossenen Leiterschleife fließt ein **Induktionsstrom**.

Beispiel

Ein Stabmagnet wird aus einem Aluminiumring, der an einem langen Faden aufgehängt ist, ohne Berührung herausgezogen (vergleiche Zeichnung). Was geschieht und weshalb?

Lösung:
Der Aluminiumring bewegt sich in Richtung des Stabmagneten.

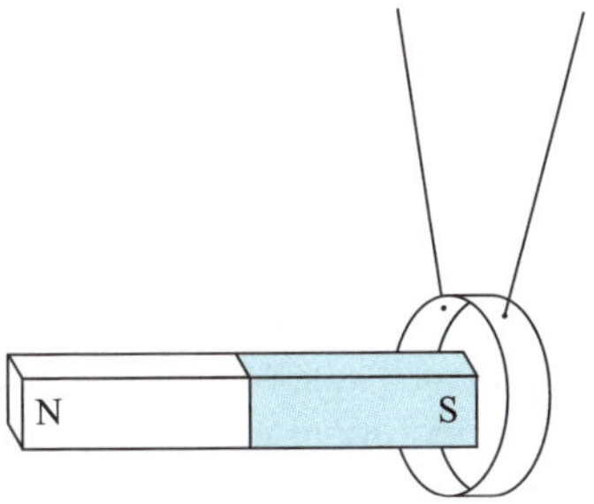

Begründung:
Zunächst ist festzustellen, dass Aluminium nicht magnetisch ist und deshalb nicht von dem Magneten angezogen wird. Außerdem ist es auch nicht der Luftzug, der (von der Magnetbewegung verursacht) den Ring mitzieht; der Aluring würde auch dem Magneten folgen, wenn er etwa durch eine Papprolle von der Luftströmung abgeschirmt wäre.
Ursache der Bewegung sind vielmehr induzierte Ströme, so genannte **Wirbelströme**. Der Aluminiumring ist ein Leiter, dessen umgebendes Magnetfeld sich durch die Bewegung des Stabmagneten ändert. Dadurch wird ein Strom

in ihm induziert: Nach der Drei-Finger-Regel fließt dieser Induktionsstrom auf der Ringvorderseite nach oben (technische Stromrichtung). Er führt seinerseits dazu, dass der Ring magnetisch wird (Spule mit einer Windung). Die magnetischen Feldlinien laufen dabei von rechts durch das Ringinnere nach links und schließen sich außen von links nach rechts, d. h. der Nordpol des Rings sitzt links, der Südpol rechts. Ring und Stabmagnet ziehen sich daher an. Auch hier versucht der Ring, der Änderung des ursprünglichen Zustands – der Trennung von Ring und Magnet – entgegenzuwirken (Lenz'sche Regel).

Das Prinzip der Induktion im ruhenden Leiter, wie wir es beim dritten Fall des Wagenexperiments gesehen haben, heißt auch **Transformator-Prinzip**:

Regel

> In einem **Transformator** wird eine Wechselspannung über eine Spule in ein magnetisches Wechselfeld und anschließend in einer zweiten Spule wieder in eine Wechselspannung umgewandelt.

Der Transformator stellt eine weitere, sehr wichtige Anwendung des Induktionsgesetzes dar. Schauen wir uns das Funktionsprinzip im Folgenden genauer an.

Zwei Spulen mit den Windungszahlen N_1 und N_2 sind ohne leitende Verbindung auf einem gemeinsamen Eisenkern gewickelt. Das Magnetfeld, das die Spule 1 **(Primärspule)** durch die Wechselspannung U_1 erzeugt, wird durch den Eisenkern stark gebündelt und durchsetzt die Spule 2 **(Sekundärspule)** praktisch verlustfrei.

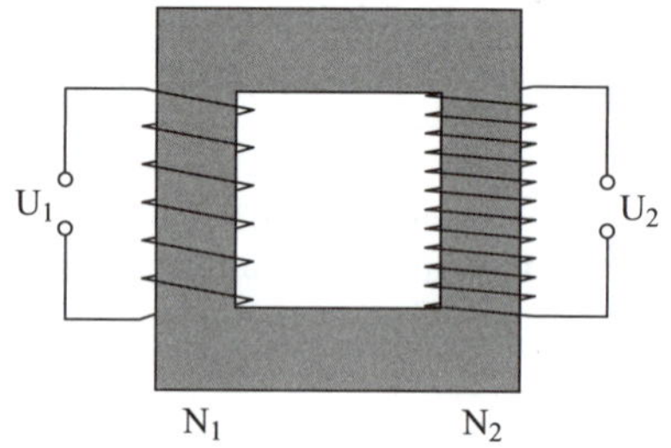

Durch das veränderliche Magnetfeld wird in der Sekundärspule eine Spannung U_2 induziert. Mit ihren N_2 Wicklungen lässt sie sich als „Serienschaltung" von N_2 Spulen mit je einer Wicklung interpretieren, bei denen in jeder einzelnen eine (kleine) Spannung induziert wird. Durch die Serienschaltung dieser einzelnen „Spannungsquellen" ergibt sich eine Gesamtspannung U_2, die zur Windungszahl N_2 proportional ist. Auch primärseitig wächst die Stärke des Magnetfeldes mit der Windungszahl N_1, sodass insgesamt die Verhältnisse der Spannungen und der Windungszahlen gleich sind:

$$\frac{U_1}{U_2} = \frac{N_1}{N_2}$$

Die **Größe der Sekundärspannung lässt sich** also ganz einfach durch geeignete Wahl der Windungszahlen verändern oder **transformieren**. Zudem arbeiten Transformatoren sehr verlustarm mit über 90 % Wirkungsgrad. Bewegliche Teile gibt es nicht, damit ist auch der Verschleiß gering und die Lebenserwartung sehr hoch. Ein besonders wichtiges Einsatzgebiet für Transformatoren ist die Hochspannungstechnik (siehe Abschnitt 4.6).

Zusammenfassung

- Elektrische und magnetische Felder können gegenseitig wechselwirken, wenn sie sich **zeitlich verändern**:
  - Auf bewegte Ladungen in einem Magnetfeld wirkt die **Lorentzkraft**.
  - Befindet sich ein Leiter in einem zeitlich veränderlichen Magnetfeld, wird in ihm eine elektrische Spannung induziert **(elektromagnetische Induktion)**.
- Diese Gesetzmäßigkeiten lassen sich zur Umwandlung von mechanischer Energie in elektrische Energie **(Generator-Prinzip)** oder umgekehrt nutzen **(elektromotorisches Prinzip)**. Auf ihnen beruhen wichtige Anwendungen wie der Elektromotor, der Generator und der Transformator, der zur Umwandlung von Spannungen dient.
- Die Wechselwirkungen treten immer gleichzeitig in Erscheinung und unterliegen dabei aufgrund der Energieerhaltung der **Lenz'schen Regel**.

Aufgaben

168. Bei der Wirbelstrombremse des ICE wird im Prinzip ein Magnet in die Nähe der (metallischen) Schienen gebracht. Erkläre die Bremswirkung und überlege, ob dies nur bei Stahl- oder auch bei nicht ferromagnetischen Metallen wie Aluminium oder Kupfer so ablaufen würde!

169. Wenn beim Betrieb eines klassischen Fahrraddynamos zur Stromerzeugung der Fahrbeleuchtung der Glühdraht einer Lampe reißt und diese erlischt, dann muss man plötzlich weniger schwer treten. Erkläre das Phänomen!

170. Lässt man einen starken Magneten durch ein Kupferrohr fallen, dann fällt dieser sehr viel langsamer als ohne Rohr. Erkläre diese Erscheinung!

171. Zwei baugleiche Elektromotoren werden wie in der oberen Abbildung gezeigt geschaltet und drehen sich in der angegebenen Richtung.

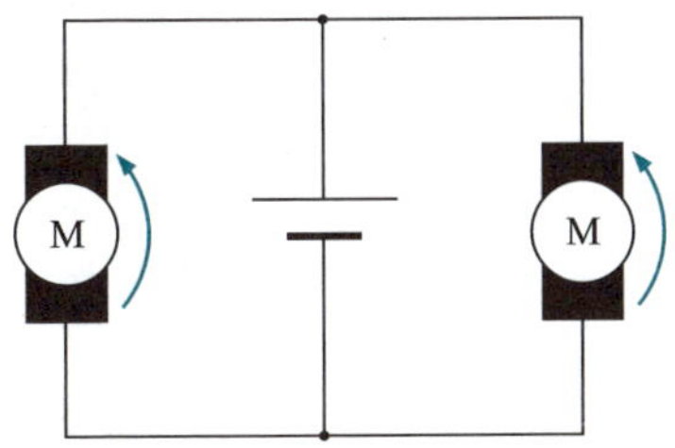

Nach Heraustrennen der Spannungsquelle wird der rechte Elektromotor als Generator verwendet, der (etwa über eine Kurbel) in der gleichen Richtung gedreht wird wie zuvor:
In welcher Richtung dreht sich dann der linke Motor in Folge des induzierten Stromes?

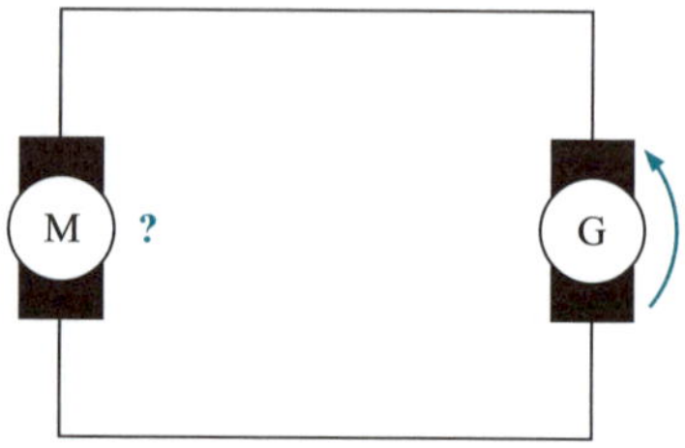

172. Du blickst von vorne auf eine Braun'sche Röhre, in der Mitte des Schirmes befindet sich der Leuchtpunkt. Beschreibe und begründe die Beobachtungen nach dem Schließen vom Schalter S!

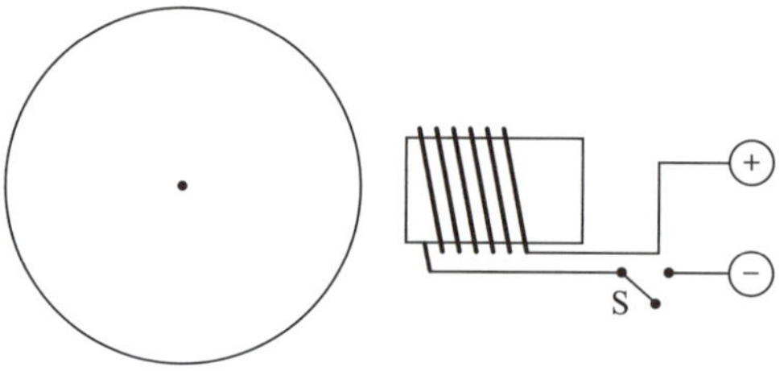

173. a) Überlege dir anhand der folgenden Zeichnung zunächst, warum (bei unterbrochenem Sekundärstromkreis) auf der Primärseite **kein** Strom fließt, obwohl die Primärspule aufgrund ihres ohmschen Widerstandes einen solchen zulassen würde.

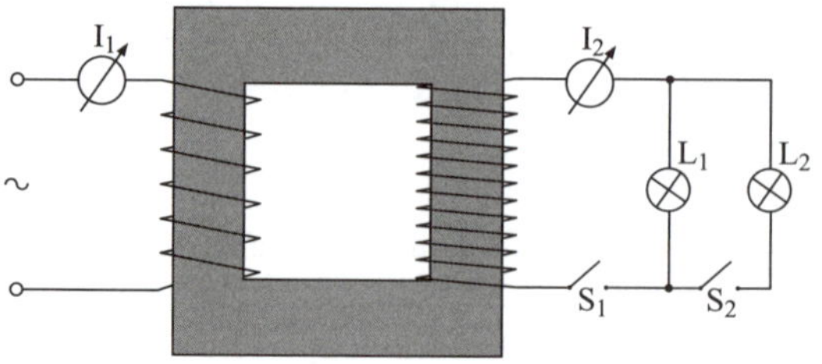

b) Wird dann durch Schließen des Schalters S_1 die Lampe L_1 eingeschaltet, fließt plötzlich ein (noch kleiner) Strom I_2.
Wie beeinflusst dieser Strom das Magnetfeld im Eisenkern?
Wie wirkt sich das wiederum in der Primärspule aus?

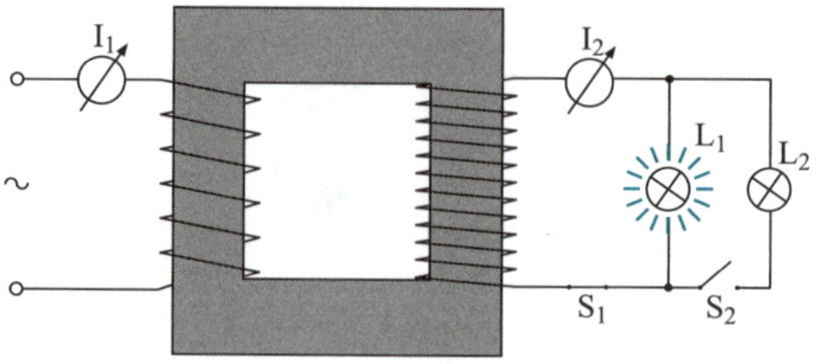

c) Schließlich wird auch die zweite Lampe L_2 durch Schließen von S_2 zugeschaltet. Die Sekundärstromstärke I_2 wächst dadurch an.
Wie wirkt sich diese Vergrößerung der Sekundärstromstärke auf das Magnetfeld im Eisenkern aus?
Welche Auswirkungen zeigen sich infolgedessen beim Primärstromkreis?

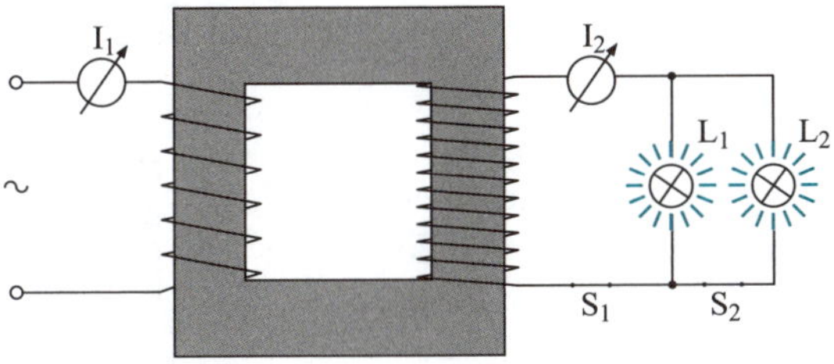

d) Fasse zusammen, wie die Sekundärstromstärke beim Transformator die Primärstromstärke steuert! Wie „weiß" der Primärkreis, was im Sekundärkreis geschieht?

174. Ein elektrischer Staubsauger wird zum Zeitpunkt t_1 eingeschaltet. Zum Zeitpunkt t_2 (kurz danach) hat der Elektromotor seine „Leerlaufdrehzahl" erreicht. Zum Zeitpunkt t_3 wird der Ansaugstutzen des Saugers zugehalten, zum Zeitpunkt t_4 wieder freigegeben.
In dem folgenden Diagramm ist der zeitliche Verlauf der Stromstärke dargestellt.

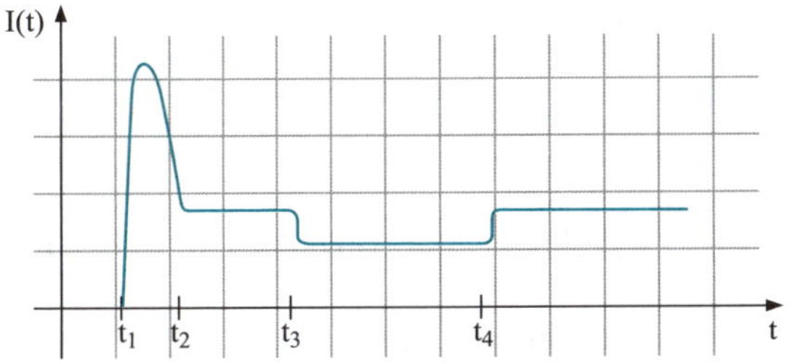

a) Begründe kurz den skizzierten Kurvenverlauf! Berücksichtige dabei auch den Drehzahlverlauf!

b) Zwischen t_3 und t_4 sorgt sich manche(r) Hausfrau(mann) um den Staubsauger, weil das Motorengeräusch auf eine erhöhte Belastung des Gerätes hindeutet und ein frühzeitiges Durchbrennen der Spule befürchten lässt.
Nimm Stellung zu dieser Befürchtung und begründe deine Aussagen!

175. Bei welcher Stellung von Schalter S leuchtet die Glühlampe heller (1 = Gleichstrom, 2 = Wechselstrom)? Begründung!

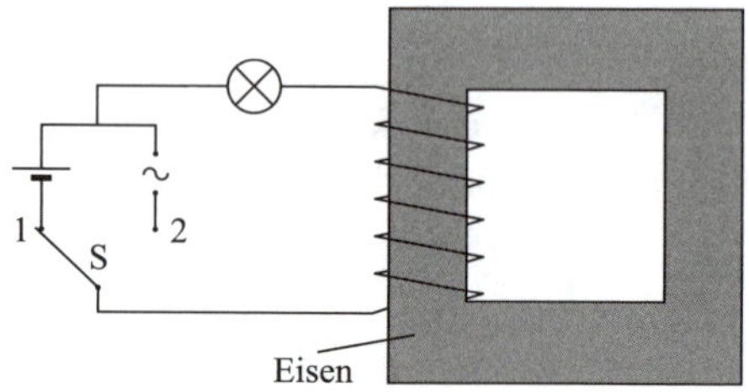

176. Flache, keramische Magneten werden in abwechselnder Polung an zwei Halteschienen für Magneten (etwa Eisenstab mit quadratischem Querschnitt) gehaftet und diese anschließend wie in der Abbildung gezeigt in geringem Abstand voneinander gegenüber befestigt.
Lässt man eine Aluminiumscheibe in dem Zwischenraum los, so beobachtet man ein interessantes Fallverhalten.
Was fällt auf und warum ist dies so?

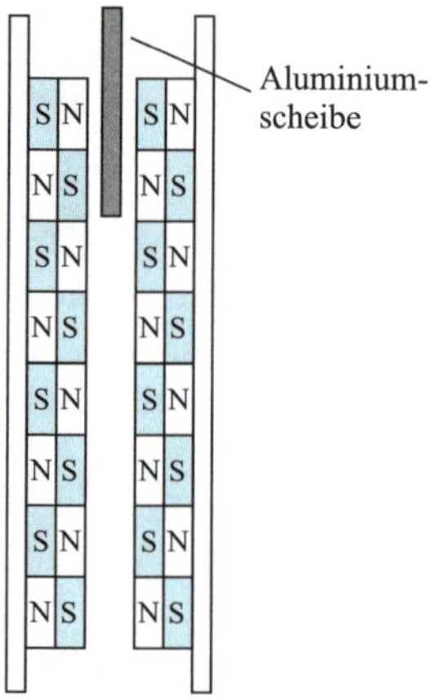

177. Die folgenden Zeichnungen stellen Momentaufnahmen eines Elektromotors mit Doppel-T-Anker dar. Der Name „Doppel-T-Anker" rührt von der Form des Ankers her, die zwei mit dem senkrechten Strich verbundenen Buchstaben „T" ähnelt. Wegen seiner sehr ungleichmäßigen Laufeigenschaften wird dieser einfache Typ außer zur Demonstration der Funktionsweise von Elektromotoren nur selten verwendet.

a) Überlege dir die magnetische Polung der Ankerspule in Bild A und zeichne sie ein!
b) Der Motor soll sich im Gegenuhrzeigersinn drehen. Zeichne die richtige Polung des äußeren Feldmagneten ein, damit dies der Fall ist!
c) Übertrage die Polung des Dauermagneten in die Bilder B bis F und überlege dir für diese Bilder jeweils die Polung der Rotor-Spule im Augenblick der „Aufnahme". Trage sie ebenfalls ein!

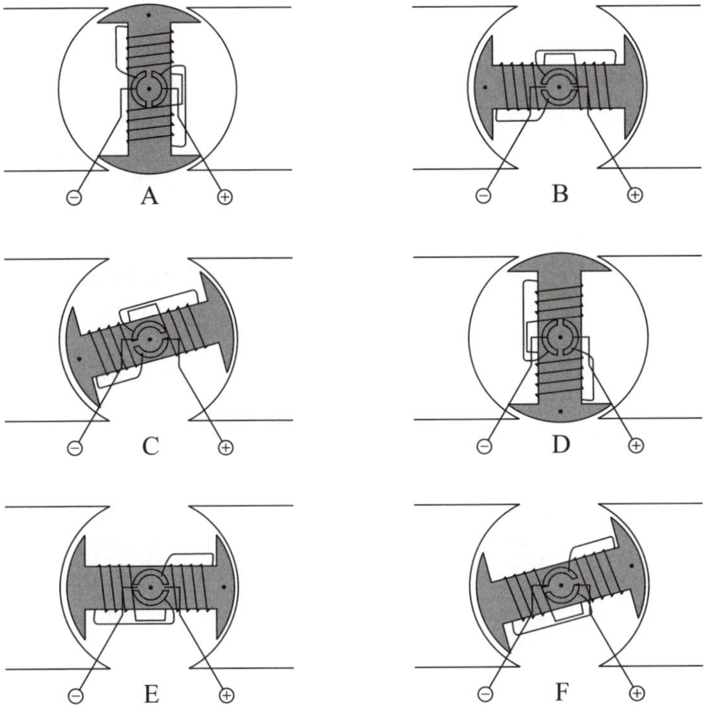

178. Bestimme die Drehrichtung des in der Abbildung gezeigten Elektromotors!

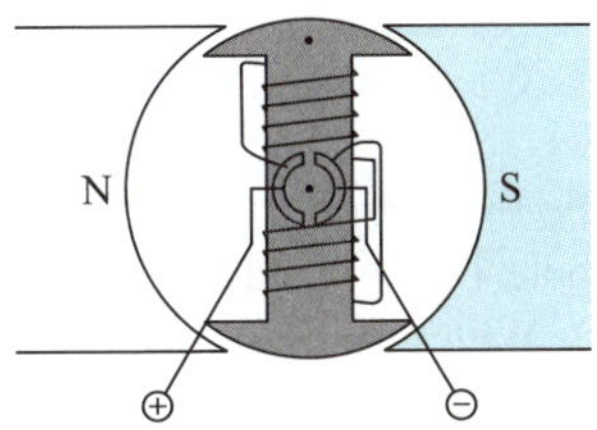

179. Beim Betrieb eines Elektromotors kann man folgendes beobachten:

a) Bei Erhöhen der Spannung erhöht sich die Drehzahl, die Stromstärke ändert sich aber kaum.

b) Bei gleichbleibender Versorgungsspannung und Belastung des Motors sinkt die Drehgeschwindigkeit, die Stromstärke in der Spule steigt aber.

Erkläre beide Beobachtungen!

* **180. Allstrommotoren**

Elektromotoren mit einem **Dauermagneten** für das äußere Magnetfeld haben den Nachteil, dass sie praktisch nur mit **Gleichstrom** betrieben werden können: Wechselstrom einer geeigneten Frequenz könnte zwar bei einer ganz bestimmten Drehzahl gerade im richtigen Moment umpolen, sodass der Motor prinzipiell funktionieren würde, aber geringste Drehzahlschwankungen etwa bei Belastung würden ihn „aus dem Rhythmus“ bringen. Verwendet man aber als Feldmagneten einen **Elektromagneten**, dessen Versorgungsstrom aus der gleichen Stromquelle stammt wie der Strom im Anker, dann polen diese Ströme im selben Augenblick um und der Motor läuft auch mit **Wechselstrom** beliebiger Frequenz. Solche Motoren nennt man **Allstrommotoren**; hierbei gibt es zwei Möglichkeiten der Schaltung: Schließt man Feldspule und Ankerspule in Serie, erhält man einen Hauptschlussmotor; bei Parallelschaltung von Feld- und Ankerspule spricht man von einem Nebenschlussmotor.

a) Vervollständige die Schaltpläne (das Rechteck mit den beiden Anschlüssen stellt eine Stromquelle dar)!

Hauptschlussmotor

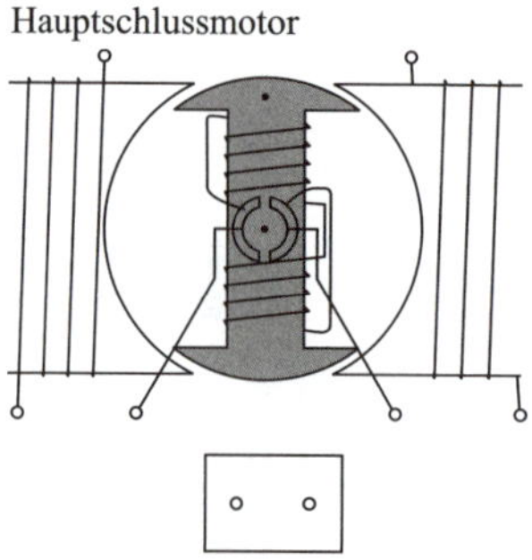

Nebenschlussmotor

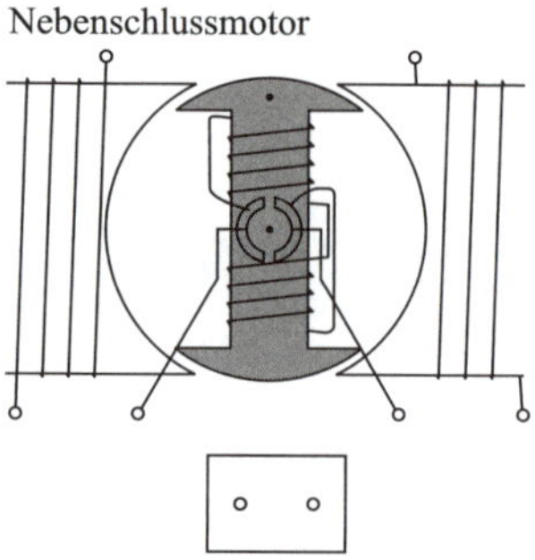

b) Wie lässt sich die Drehrichtung eines solchen Allstrommotors ändern?

181. Die Primärspule eines Transformators hat 600 Windungen, die Sekundärspule 1 800 Windungen.

a) Welche Sekundärspannung lässt sich feststellen, wenn auf der Primärseite 10 V anliegen?

b) Auf der Sekundärseite wird ein Widerstand von 300 Ω angeschlossen. Welche Stromstärke lässt sich sekundärseitig messen?

c) Welche Primärstromstärke kann man erwarten, wenn ein idealer Wirkungsgrad von 100 % vorausgesetzt wird?

182. Ein Transformator mit primär 500 Windungen soll eine Spannung von 25 V auf 5 V transformieren. Wie viele Sekundärwindungen sind notwendig?

183. Ein Aluminiumring pendelt an einem langen Faden zwischen den Polen eines starken Hufeisendauermagneten hin und her (Bild A). Beim Durchdringen des Magnetfeldes wird das Pendel jedesmal deutlich gebremst. Erkläre diese Beobachtung in mehreren Schritten:

a) Wenn der Ring von rechts kommend in das Magnetfeld eindringt, wirkt auf die positiv geladenen Atomrümpfe und auf die negativ geladenen äußeren Elektronen die Lorentzkraft. Wohin würden sie sich zunächst bewegen, wenn man nicht nur den Elektronen, sondern auch den positiven Ladungsträgern genügend Beweglichkeit unterstellen würde?

b) Durch die in Teilaufgabe a beschriebenen Vorgänge kommt es zur Ausbildung einer Stromquelle. Zeichne die technische Stromrichtung ein und erkläre die Bremswirkung!

c) Jetzt wird ein geschlitzter Ring am Pendel befestigt (Bild B).
Wie wird seine Schwingung durch den Magneten beeinflusst und warum?

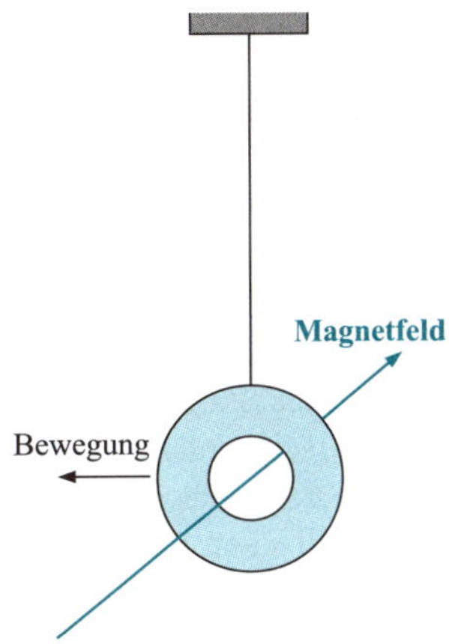

A

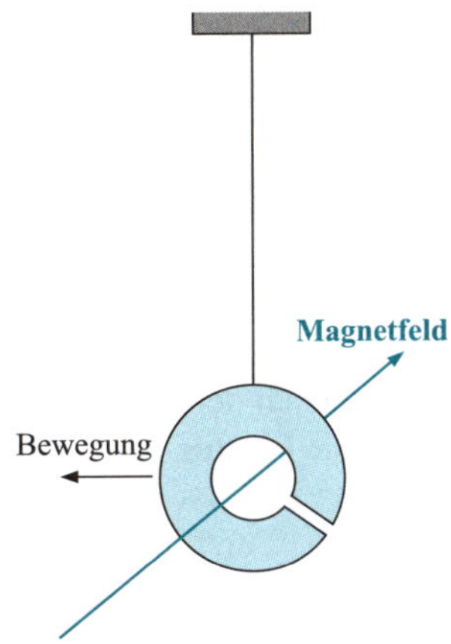

B

∗ 184. Dynamisches Mikrofon

Ähnlich wie der Tauchspullautsprecher (vgl. Aufgabe 167) funktioniert das dynamische Mikrofon. Prinzipiell wird eine durch den Schall in Schwingung versetzte Membran mit einer Spule fest verbunden, die Spule taucht in das Feld eines Dauermagneten, die Spulenanschlüsse werden etwa mit einem Aufzeichnungsgerät verbunden.

a) Wie wird die mechanische Luftschwingung hier in ein elektrisches Signal verwandelt?

b) Wie wirken sich Tonhöhe und Lautstärke auf das elektrische Signal aus?

4.6 Energietechnik

Energieverluste beim Stromtransport

Bei der Versorgung größerer Städte mit elektrischer Energie treten Effekte in Erscheinung, die wir bei den bisher betrachteten elektrischen und magnetischen Vorgängen unberücksichtigt lassen konnten. Eine Stadt stellt als Parallelschaltung zahlreicher Geräte einen Abnehmer großer Leistungen dar, d. h. der Gesamtwiderstand eines Stadtnetzes ist sehr klein, die Stromstärke sehr groß.
Andererseits soll das versorgende Kraftwerk möglichst weit entfernt liegen von der Stadt, insbesondere den Wohngebieten. Dies macht weite Versorgungswege, im elektrischen Fall also lange Leitungen erforderlich. Weil aber der elektrische Widerstand proportional zur Länge des Leiters ist, treten bei langen Kabeln durchaus Widerstände auf, die berücksichtigt werden müssen, insbesondere dann, wenn sie in Serie geschaltet sind mit einem sehr kleinen Widerstand wie dem einer ganzen Stadt. Dann fällt nämlich der Hauptanteil der Spannung am größeren Widerstand ab (also der Leitung), wegen der gleichen Stromstärke in der Serienschaltung also auch der Großteil der Leistung – die elektrische Energie geht nutzlos als Reibungswärme in Leitungsnähe verloren **(hohe Verlustleistung)**.

Transformation der elektrischen Spannung

Wie können derartige große Energieverluste beim Stromtransport vermieden werden? Die Lösung liegt in der Transformation der elektrischen Spannung:
Der Energieversorger transformiert beim Kraftwerk die Spannung hoch, speist die elektrische Energie bei **Hochspannung** in die Leitung ein und transformiert sie in der Nähe des Kunden (Stadt) wieder herunter.
Der Vorteil des Energietransportes bei Hochspannung wird schnell klar, wenn man bedenkt, dass die eingespeiste elektrische Leistung P das Produkt von Spannung und Stromstärke ist. Wählt man die Spannung U sehr hoch, dann ist die Stromstärke I klein. Fließt im Leitungswiderstand eine kleine Stromstärke, dann fällt dort auch wenig Spannung ab, der größte Teil der Spannung liegt am kundenseitigen Transformator an und liefert dort dann auch den größten Teil der elektrischen Leistung ab. Der Kunde bezahlt nur für die elektrische Energie, die bei ihm ankommt, deshalb haben die Energieversorger Interesse daran, möglichst viel der eingespeisten Leistung ans Ziel zu bringen. Hauptkostenfaktor sind hierbei die Hochspannungsleitungen, die (ober- oder unterirdisch verlegt) technisch aufwändiger sind als Niederspannungskabel. Transformatoren sind im Vergleich zu den sonstigen Betriebs- und Anschaffungskosten eines Kraftwerkes dagegen preiswert.

Beispiel

Im Walchenseekraftwerk durchlaufen bei Maximalbetrieb jede Sekunde 80,0 m^3 Wasser (Dichte 1 000 $\frac{kg}{m^3}$) eine Höhendifferenz von 200 m.

a) Welche mechanische Leistung P_{mech} ist das? ($g = 9{,}81\ \frac{m}{s^2}$)

b) Wie viel Prozent von P_{mech} werden in den Generatoren in elektrische Leistung $P_{el} = 120$ MW umgewandelt?

Eine Dauerleistung von 11,5 kW wird in eine Aluminiumfernleitung von 250 mm^2 Querschnittsfläche eingespeist, die das Kraftwerk mit einem Verbraucher in 15 km Entfernung verbindet (spezifischer Widerstand von Aluminium: $\rho_{Al} = 0{,}026\ \frac{\Omega mm^2}{m}$).

c) Welchen Widerstand hat die Fernleitung?

d) Wie groß ist der Leistungsverlust in der Fernleitung, wenn eine Spannung von 230 V gewählt wird bzw. wenn man die Spannung auf 5 750 V hoch transformiert? Wie viel Prozent sind das jeweils?

e) Welches Übersetzungsverhältnis muss der Transformator in Teilaufgabe d haben?

Lösung

a) $$P_{mech} = \frac{W}{t} = \frac{m \cdot g \cdot h}{t} = \frac{\rho_{Wasser} \cdot V \cdot g \cdot h}{t} = \frac{1000\ \frac{kg}{m^3} \cdot 80{,}0\ m^3 \cdot 9{,}81\ \frac{m}{s^2} \cdot 200\ m}{1\ s}$$
$$= 157\ MW$$

b) $$\mu = \frac{P_{Nutz}}{P_{in}} = \frac{P_{el}}{P_{mech}} = \frac{120\ MW}{157\ MW} \approx 76\ \%$$

Bemerkung: Ein Wirkungsgrad von über 70 % ist für ein Kraftwerk vergleichsweise hoch. Wärmekraftwerke liegen bei nur 30 bis 40 %, der Rest geht verloren! Leider reichen die Ressourcen der Wasserkraft nicht annähernd zur Deckung des Bedarfes, sonst wäre hier eine recht effiziente und vor allem regenerative Energiequelle (durch Verdunstung und anschließendes Abregnen über höher gelegenem Gelände gespeicherte Sonnenenergie!) gefunden, die zudem nur wenige schädliche Umwelteingriffe notwendig macht.

c) Für die Stromversorgungsleitung werden zwei Kabel verwendet, darum ergibt sich der doppelte Abstand als Länge:
$$R = \rho \cdot \frac{\ell}{A} = 0{,}026\ \frac{\Omega mm^2}{m} \cdot \frac{2 \cdot 15\,000\ m}{250\ mm^2} = 3{,}12\ \Omega$$

d) Bezeichnen wir die Spannungen mit $U_1 = 230$ V und $U_2 = 5\,750$ V, so fließen wegen $P = U \cdot I$ die Ströme mit den Stärken:
$$I_1 = \frac{P}{U_1} = \frac{11\,500\ W}{230\ V} = 50{,}0\ A \quad \text{bzw.} \quad I_2 = \frac{P}{U_2} = \frac{11\,500\ W}{5\,750\ V} = 2{,}00\ A$$

Wegen $R = \frac{U}{I}$ folgt für die am Kabel abfallenden Spannungen jeweils:

$U_{Leitung,\,1} = R \cdot I_1 = 3{,}12\ \Omega \cdot 50{,}0\ A = 156\ V$ bzw.

$U_{Leitung,\,2} = R \cdot I_2 = 3{,}12\ \Omega \cdot 2{,}00\ A = 6{,}24\ V$

Die Verlustleistungen betragen damit:

$P_{\text{Leitung, 1}} = U_{\text{Leitung, 1}} \cdot I_1 = 180\ \text{V} \cdot 50\ \text{A} = 7\,800\ \text{W} = 7{,}8\ \text{kW}$ bzw.

$P_{\text{Leitung, 2}} = U_{\text{Leitung, 2}} \cdot I_2 = 6{,}24\ \text{V} \cdot 2{,}00\ \text{A} \approx 12{,}5\ \text{W}$

Im ersten Fall gehen also

$$\frac{7{,}8\ \text{kW}}{11{,}5\ \text{kW}} \approx 0{,}68 = 68\ \%$$

der eingespeisten Leistung durch Leitungsverluste verloren, nur etwa 32 % kommen beim Kunden an; im zweiten Fall beträgt der Verlust nur

$$\frac{12{,}5\ \text{W}}{11\,500\ \text{W}} \approx 0{,}0011 = 0{,}11\ \%$$

der eingespeisten Leistung, etwa 99,89 % kommen beim Kunden an (und werden bezahlt!).

e) Die Windungszahlen verhalten sich wie die Spannungen, also:

$$\frac{N_1}{N_2} = \frac{U_1}{U_2} = \frac{230\ \text{V}}{5\,750\ \text{V}} = \frac{1}{25} = 1:25$$

Elementare Stromquellen

Neben der Stromerzeugung durch elektrische Generatoren, wie sie im großen Maßstab in Kraftwerken stattfindet, gibt es vor allem für den mobilen, ortsungebundenen Einsatz weitere wichtige Stromquellen.
Nach wie vor am wichtigsten sind **Batterien**, die je nach Einsatzgebiet in den verschiedensten Bauformen existieren (z. B. Taschenlampenbatterie, Autobatterie). In einer Batterie ist die Energie chemisch gespeichert. In einen so genannten Elektrolyten ragen zwei Elektroden, die Pole der Batterie. Der Elektrolyt ist ein Stoff, der Strom durch den Transport von geladenen Atomen (Ionen) leitet; er kann fest oder flüssig sein. Am Pluspol der Batterie sammeln sich überzählige positive Ladungsträger, am Minuspol negative. Diesem Vorgang sind durch die zunehmende gegenseitige Abstoßung gleichnamiger Ladungen zunächst Grenzen gesetzt. Lässt man jedoch durch einen äußeren Stromkreis die positiven Ladungsträger vom Plus- zum Minuspol wandern oder die negativen vom Minus- zum Pluspol, dann fällt diese gegenseitige Abstoßung fast weg und es werden ständig weiter Ladungen getrennt, bis die chemischen Substanzen aufgebraucht sind und die Batterie „leer“ ist. Der gesamte Vorgang lässt sich auch umkehren, indem man der Batterie Strom von außen zuführt. Solche aufladbaren Batterien heißen **Akkumulatoren** (kurz: Akkus).
Eine **Solarzelle** besteht aus einem Halbleitermaterial, in dem direkt durch das (Sonnen-)Licht die Ladungen getrennt werden und für einen elektrischen Stromfluss zur Verfügung stehen. Solarzellen sind für die Stromversorgung kleinerer elektrischer Geräte weit verbreitet (z. B. Uhren, Taschenrechner). Aufgrund der guten Umweltverträglichkeit und des vergleichsweise hohen möglichen Wirkungsgrads wird intensiv die wirtschaftliche Nutzung von Solaranlagen erforscht.

Dies gilt in ähnlicher Weise für die **Brennstoffzelle**. In ihr reagiert in der am häufigsten verwendeten Bauform Wasserstoff mit Sauerstoff zu ungiftigem Wasserdampf. Dabei wird ebenfalls mit hohem Wirkungsgrad elektrische Energie erzeugt. Die Brennstoffzelle ist vor allem als weitgehend schadstofffreie Alternative zu den herkömmlichen Verbrennungsmotoren in Autos, Omnibussen und LKWs attraktiv.

Aufgaben

185. Bei einem CD-Player müssen vier Batterien von je 1,5 V in Reihe geschaltet werden.
a) Zeichne eine mögliche Anordnung der Batterien!
b) Welche Betriebsspannung hat das Gerät?

186. In eine Aluminiumfernleitung ($\rho_{Al} = 0{,}026\,\frac{\Omega mm^2}{m}$) von 250 mm² Querschnittsfläche wird eine Dauerleistung von 50,0 kW eingespeist, um einen Betrieb in 75 km Entfernung zu versorgen.
a) Auf welche Spannung muss hochtransformiert werden, wenn der Leistungsverlust nicht höher als 0,01 % sein darf?
b) Welches Windungszahlenverhältnis wird benötigt, um auf Kundenseite auf die üblichen 230 V zu transformieren?

187. Eine Kupferfernleitung ($\rho_{Cu} = 0{,}017\,\frac{\Omega mm^2}{m}$) von 250 mm² Querschnittsfläche soll $P = 110$ kW eingespeiste Leistung bei höchstens 0,1 % Verlust an einen Großkunden in 100 km Entfernung liefern.
a) Welche Spannung ist zu wählen? (Allgemeine Formel!)
b) Welche Querschnittsfläche müsste eine ebenso verlustarme Kupferleitung bei einer Spannung von 230 V haben?
c) Wie groß müsste die Spannung gewählt werden, wenn die Leitung in Teilaufgabe a aus Aluminium ($\rho_{Al} = 0{,}026\,\frac{\Omega mm^2}{m}$) bzw. aus Eisen ($\rho_{Fe} = 0{,}097\,\frac{\Omega mm^2}{m}$) bestünde?

188. Warum wird nicht grundsätzlich auf möglichst hohe Spannungen hochtransformiert, obwohl doch die Verlustleistung dadurch möglichst gering würde?

189. Bei einem Wasserkraftwerk werden 75 % der mechanischen Leistung in elektrische Leistung umgewandelt. Der Transformator im Kraftwerk und auch der beim Kunden haben jeweils einen Wirkungsgrad von 95 %, in der Fernleitung entstehen 2 % Verlust. Eine elektrische Pumpe beim Kunden wandelt die elektrische Leistung zu 80 % in mechanische Leistung um. Welcher prozentuale Anteil der mechanischen Ausgangsleistung wird tatsächlich genutzt?

190. Ein Dieselmotor verbrennt in einer Stunde 12,5 kg Dieselöl mit einem Heizwert von 42,0 $\frac{\text{MJ}}{\text{kg}}$. Der Generator versorgt bei einem Wirkungsgrad von 55 % eine elektrische Anlage mit der Spannung 400 V.
Welche elektrische Leistung wird an die Anlage abgegeben und welchen Widerstand hat sie?

191. Ein Kraftwerk speist eine Leistung von 150 MW in eine Hochspannungsleitung aus Aluminium ($\rho_{\text{Al}} = 0{,}026\,\frac{\Omega\text{mm}^2}{\text{m}}$) und versorgt damit eine Stadt in 50,0 km Entfernung. Als Obergrenze für die Verlustleistung gibt der Betreiber 1,2 % vor.

a) Welche Querschnittsfläche müsste eine Leitung haben, wenn als Übertragungsspannung 230 V gewählt würden?
b) Welche Spannung ist zu wählen, wenn eine Querschnittsfläche von 200 mm^2 vorgegeben wird?
c) Überlege, warum es für den Betreiber sinnvoll ist, eine Verlustleistung von bis zu 1,2 % zu erlauben.

192. Eine Mignonbatterie mit 1,5 V Spannung liefert etwa 1,2 Ah, d. h., eine Stunde lang fließen 1,2 A (dann ist sie „leer“). Wie viele solche Batterien bräuchte ein Auto mit 100 kW Leistung während einer Stunde?

193. Ein Auto soll mit einer Solarzelle betrieben werden. Dabei strahlt die Sonne mit etwa 1 000W pro m^2 auf die Erde herab; die Solarzelle erreicht einen Wirkungsgrad von 15 % und ist auf die Dachfläche (2,5 m^2) begrenzt.

a) Berechne die maximal zur Verfügung stehende Leistung!
b) Wie lange würde es bei dieser Leistung dauern, insgesamt 1 000 kg (Kleinwagen samt Fahrer) ohne weitere Verluste den Irschenberg hinaufzubringen (100 m Höhenunterschied)?

194. Von einem Kraftwerk aus sollen 250 kW elektrische Leistung in eine Fernleitung (Querschnittsfläche $A = 180\ \text{mm}^2$) aus Kupfer (spezifischer Widerstand $\rho_{\text{Cu}} = 0{,}017\,\frac{\Omega\text{mm}^2}{\text{m}}$) eingespeist werden, um einen Verbraucher in 160 km Entfernung zu versorgen. Als maximale Verlustleistung in der Fernleitung werden 0,01 % zugelassen.

a) Welche Masse hätte die Fernleitung, wenn man annimmt, dass sie „straff“ gespannt sei (Dichte von Kupfer: $\delta = 8{,}93\,\frac{\text{g}}{\text{cm}^3}$)?
b) Welche Spannung ist mindestens zu wählen?
c) Welches Windungszahlenverhältnis benötigt man, um von dieser Spannung auf 230 V zu transformieren?
d) Wie groß ist der Prozentsatz der Verlustleistung, wenn bei gleicher Spannung das Vierfache der Maximalleistung eingespeist wird?

Lösungen

1.

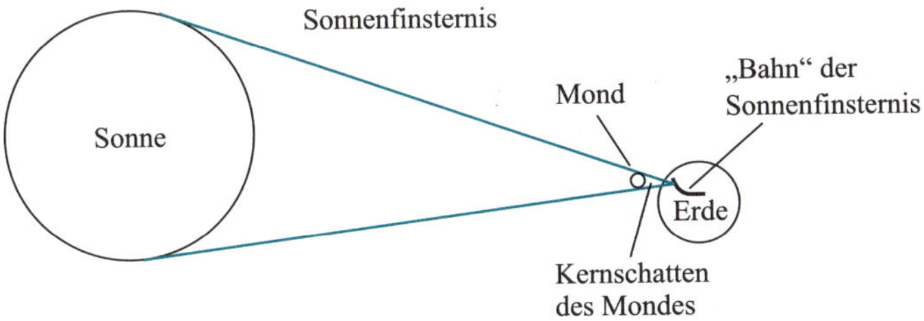

2. Der Mond muss weit entfernt sein von der Erde, die Sonne muss nahe bei der Erde stehen.

3. Bei dieser Aufgabe ist es notwendig, den Punkt am Spiegel zu finden, an dem ein Strahl etwa vom Fuß ins Auge reflektiert wird (vergleiche Beispiel 1). Dazu überlegt man sich am besten, dass beim Spiegel ein virtuelles Bild hinter dem Spiegel im gleichen Abstand entsteht. Mit dessen Hilfe kann man (vom Auge ausgehend) die Fußspitze des Spiegelbildes anvisieren und eine Gerade durch die beiden Punkte legen. Diese Gerade schneidet den Spiegel in dem gesuchten Punkt (siehe Abbildung). Aus Symmetriegründen ergibt sich:

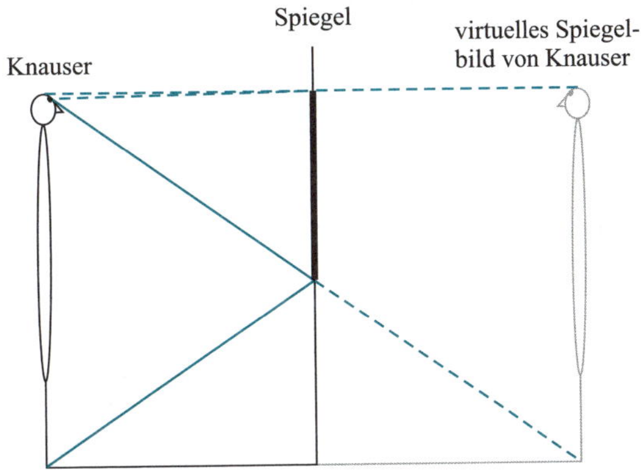

- Die Unterkante des Spiegels zeigt gerade noch die Fußspitze, wenn sie in halber Augenhöhe hängt.
- Die Oberkante des Spiegels zeigt gerade noch den Scheitel, wenn sie in der Mitte zwischen Augen- und Scheitelhöhe hängt.

Für unseren Familienspiegel bedeutet dies: Die Oberkante richtet sich nach Sohn Kristof Knauser, der bei Augenhöhe 1,90 m und Scheitelhöhe 2,00 m mindestens 1,95 m benötigt. Die Unterkante richtet sich nach Hund Kleffi, dessen Augen sich in 0,20 m Höhe befinden und folglich einen Spiegel bis auf 0,10 m über dem Boden notwendig machen. Der Spiegel muss also von 0,10 m bis $H = 1{,}95$ m reichen und damit $h = 1{,}85$ m hoch sein.

4. Die Bilder der Regale R1 und R2 nach einer Spiegelung sind R1' und R2' bzw. R1'' und R2'', nach Doppelspiegelung dann R1''' und R2'''. Der **unmittelbar von A einsehbare Bereich** ist hellgrün unterlegt:

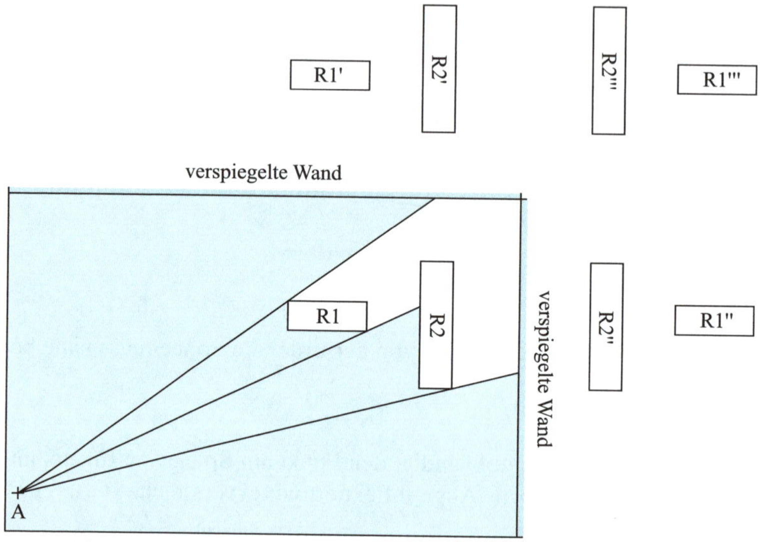

Mit **einer Spiegelung** kommen folgende, dunkelgrün unterlegte Bereiche dazu (man sieht „direkt" zum virtuellen Spiegelbild!):

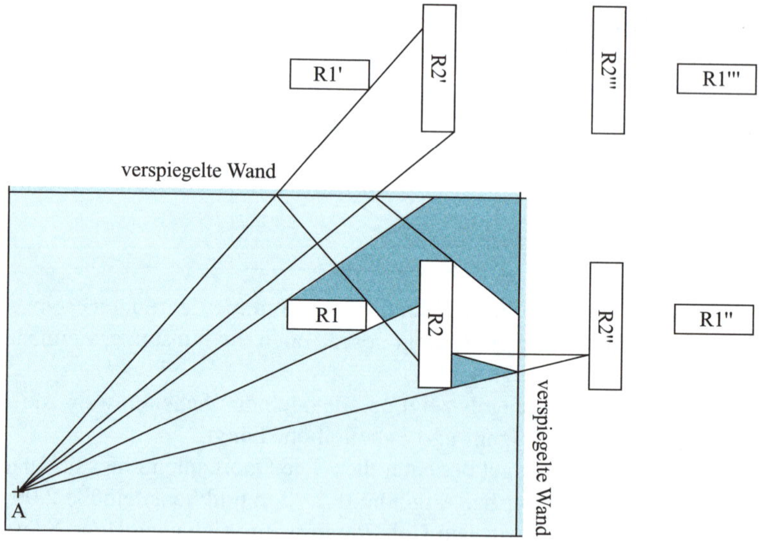

Über **zwei Spiegelwände** kann man von A aus schließlich noch den schwarz unterlegten Bereich zusätzlich einsehen:

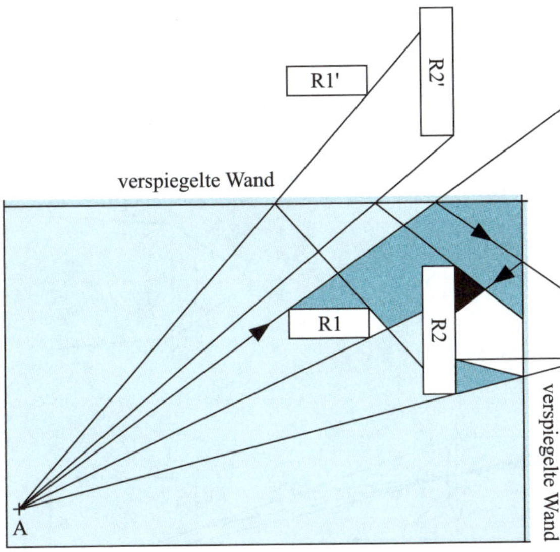

Bis auf die beiden kleinen, weißen Bereiche lassen sich also alle Raumbereiche durch die Kamera in A einsehen.

5. Der Spiegel vertauscht vorne und hinten: Beim Vorwärtsblick in den Spiegel (z. B. den Rückspiegel beim Auto) schaut man nach hinten ohne sich aber umzudrehen. Darum erscheinen etwa Schriften spiegelverkehrt; man sieht Ihre „Rückseite“.

6.

			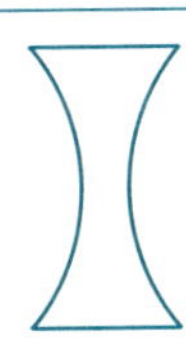	
Bikonvex-Linse	Plankonvex-Linse	Konvexkonkav-Linse	Bikonkav-Linse	Plankonkav-Linse

7. Über sich sieht der Fisch einen kreisförmigen Bereich wie ein „Fenster zum Himmel“, allerdings wegen der Brechung sieht er alles außerhalb des Wassers verzerrt. Außerhalb dieses Kreises spiegelt sich wegen der Totalreflexion (flacher Winkel, vergleiche Lichtleiter) die Unterwasserwelt.

8. Kämen die Strahlen aus dem Brennpunkt, dann würde die Brechkraft der Linse gerade reichen, um sie zu Parallelstrahlen zu brechen. Entspringt das Bündel weiter entfernt (linkes Bild), dann ist es weniger divergent als ein Brennstrahlbündel und die Brechkraft der Linse genügt sogar zum Erzeugen eines konvergenten Bündels. Liegt die Lichtquelle näher als F an der Linse (rechtes Bild), dann ist das Lichtbündel stärker divergent als das Brennstrahlbündel, sodass die Linse es mit ihrer Brechkraft nicht schafft, ein Parallelbündel zu erzeugen; es ist aber weniger divergent als vor der Brechung.

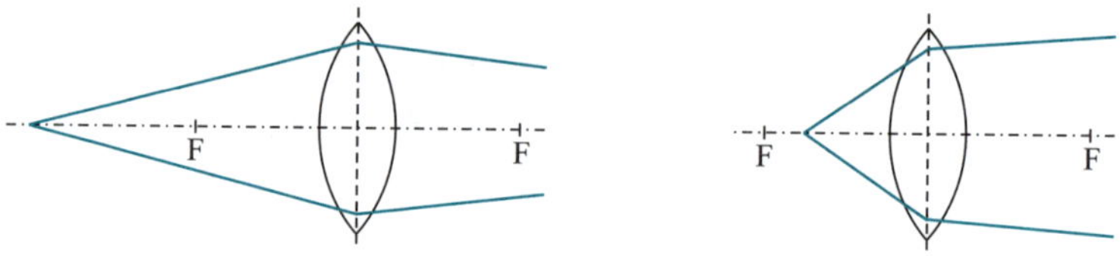

9.

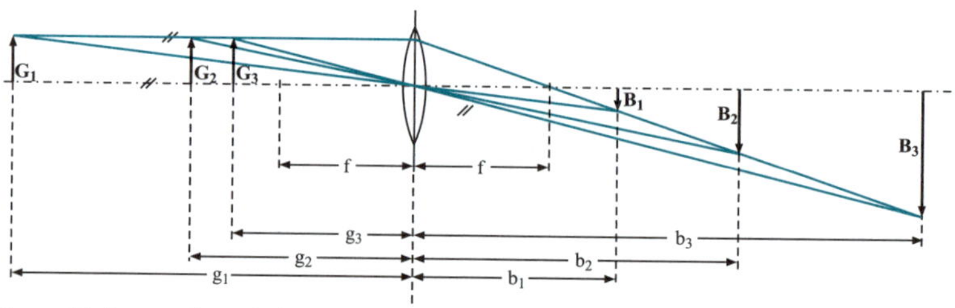

Ist g kleiner oder gleich f, dann entsteht kein reelles Bild. Für $g > f$ gilt: Je kleiner g wird, desto größer werden Bildgröße B und Bildweite b (exakte Berechnung mit der Linsengleichung möglich).

10. Bei kleinerer Brennweite werden Bildweite und -größe ebenfalls kleiner (siehe Abbildung; genaue Berechnung mit der Linsengleichung).

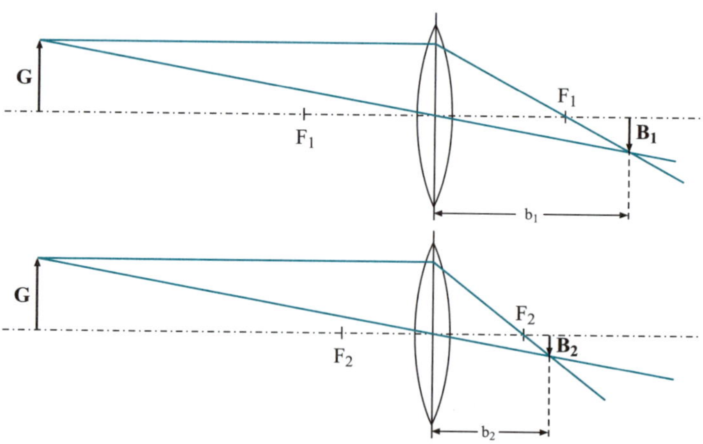

11. Gegeben sind f, G und b, gesucht ist B. Mit der Linsengleichung lässt sich aus f und b zunächst die Gegenstandsweite g berechnen:

$$\frac{1}{f}=\frac{1}{b}+\frac{1}{g} \quad \Rightarrow \quad \frac{1}{g}=\frac{1}{f}-\frac{1}{b}=\frac{b-f}{f\cdot b}$$

Multiplikation dieses Ausdrucks mit b liefert den Abbildungsmaßstab $\frac{B}{G}=\frac{b}{g}$:

$$\frac{B}{G}=\frac{b\cdot(b-f)}{f\cdot b} \quad \Rightarrow \quad B=G\cdot\frac{b-f}{f}$$

$$B=36\text{ mm}\cdot\frac{10\,000\text{ mm}-150\text{ mm}}{150\text{ mm}}=2364\text{ mm}\approx 2{,}3\text{ m}$$

12. Gegeben sind f, B und g, gesucht ist G. Mit der Linsengleichung berechnet man zunächst aus f und g die Bildweite b:

$$\frac{1}{f}=\frac{1}{b}+\frac{1}{g} \quad \Rightarrow \quad \frac{1}{b}=\frac{1}{f}-\frac{1}{g} \quad \Rightarrow \quad \frac{1}{b}=\frac{g-f}{f\cdot g} \quad \Rightarrow \quad b=\frac{f\cdot g}{g-f}$$

Diesen Ausdruck setzt man in die Gleichung $\frac{B}{G}=\frac{b}{g}$ für den Abbildungsmaßstab ein und erhält somit für die Gegenstandsgröße G:

$$\frac{B}{G}=\frac{f}{g-f} \quad \Rightarrow \quad G=B\cdot\frac{g-f}{f}$$

$$G=24\text{ mm}\cdot\frac{12\,000\text{ mm}-55\text{ mm}}{55\text{ mm}}=5212{,}3\ldots\text{ mm}\approx 5{,}2\text{ m}$$

13. a) Gegeben sind $v=50$ und $f_{Okular}=30$ mm. Auflösen nach $f_{Objektiv}$ in der Formel für den Vergrößerungsfaktor beim Kepler-Fernrohr ergibt:

$$v=\frac{f_{Objektiv}}{f_{Okular}} \quad \Rightarrow \quad f_{Objektiv}=v\cdot f_{Okular}=50\cdot 30\text{ mm}=1500\text{ mm}$$

b) Als Baulänge erhält man:

$L=f_{Objektiv}+f_{Okular}=1\,500\text{ mm}+30\text{ mm}=1\,530\text{ mm}$

c) Bei gleicher Vergrößerung ist der Betrag der Okularbrennweite gleich. Da das Okular des Galilei-Fernrohrs eine Streulinse statt einer Sammellinse besitzt, ist die Brennweite $f'_{Okular}=-30$ mm. Die Baulänge beträgt:

$L'=f_{Objektiv}-|f'_{Okular}|=1\,500\text{ mm}-30\text{ mm}=1\,470\text{ mm}$

14. a) Strahlengang des Fernrohrs

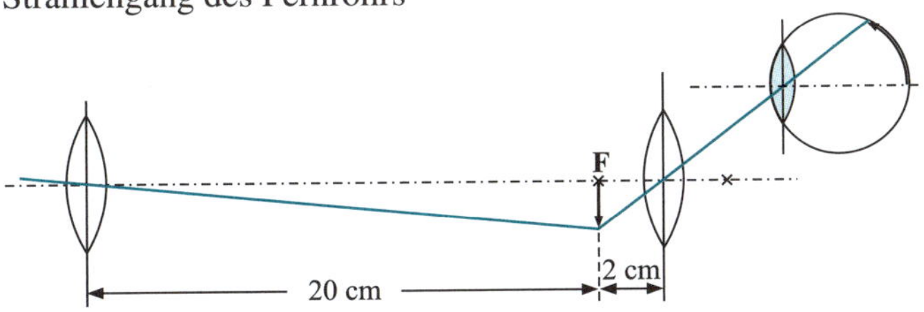

b) Wegen $v_{Fernrohr} = \frac{f_{Objektiv}}{f_{Okular}} = \frac{20\,cm}{2\,cm} = 10$ vergrößert das Fernrohr zehnfach.

15. a) $v_{Fernrohr} = \frac{f_{Objektiv}}{f_{Okular}} = \frac{100\,cm}{2\,cm} = 50$

b) Der Vergrößerungsfaktor des Mikroskops beträgt:

$v_{Mikroskop} = \frac{(L - f_1 - f_2) \cdot d}{f_1 \cdot f_2}$

Der Wert $v_{Mikroskop} = 50$ lässt sich mit den gegebenen Brennweiten erreichen, wenn nur die Baulänge L den geeigneten Wert hat. Einsetzen der Zahlenwerte und Auflösen nach L ergibt:

$$50 = \frac{(L - 100\,cm - 2\,cm) \cdot 25\,cm}{100\,cm \cdot 2\,cm} \quad \Rightarrow \quad 50 = \frac{L - 102\,cm}{8\,cm}$$

$$\Rightarrow \quad L = 8\,cm \cdot 50 + 102\,cm = 502\,cm$$

Die Baulänge ist viel zu unhandlich für ein Mikroskop. Daher ist es nicht sinnvoll, gerade diese Brennweiten zu verwenden ($f_1 = 100\,cm$ ist zu groß).

16. a) Aufgrund der Beziehung

$v_{Mikroskop} = \frac{(L - f_1 - f_2) \cdot d}{f_1 \cdot f_2}$

wird eine hohe Vergrößerung bei kleinen Brennweiten und großer Baulänge erreicht; es ist also sinnvoll, zwei Linsen mit je 5,0 cm Brennweite zu wählen.

b) Bei einer Baulänge L = 45 cm ergibt sich für die gewählten Brennweiten:

$$v_{Mikroskop} = \frac{(L - f_1 - f_2) \cdot d}{f_1 \cdot f_2} = \frac{(45\,cm - 5\,cm - 5\,cm) \cdot 25\,cm}{5\,cm \cdot 5\,cm} = \frac{35 \cdot 25}{25} = 35$$

17. a)

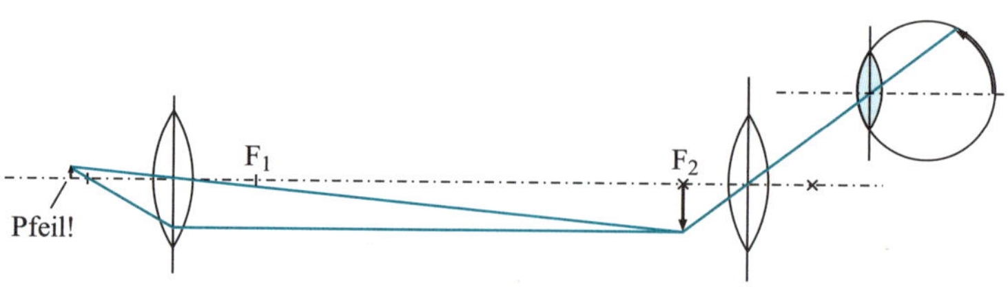

b) Löst man die Formel

$v_{Mikroskop} = \frac{(L - f_1 - f_2) \cdot d}{f_1 \cdot f_2}$

allgemein nach f_2 auf, erhält man der Reihe nach:

$$v_{Mikroskop} \cdot f_1 \cdot f_2 = (L - f_1 - f_2) \cdot d$$
$$v_{Mikroskop} \cdot f_1 \cdot f_2 = L \cdot d - f_1 \cdot d - f_2 \cdot d$$
$$v_{Mikroskop} \cdot f_1 \cdot f_2 + f_2 \cdot d = L \cdot d - f_1 \cdot d$$
$$f_2 \cdot (v_{Mikroskop} \cdot f_1 + d) = L \cdot d - f_1 \cdot d$$
$$f_2 = \frac{L \cdot d - f_1 \cdot d}{v_{Mikroskop} \cdot f_1 + d}$$

Einsetzen der Angaben liefert:

$$f_2 = \frac{30\,\text{cm} \cdot 25\,\text{cm} - 3{,}0\,\text{cm} \cdot 25\,\text{cm}}{100 \cdot 3{,}0\,\text{cm} + 25\,\text{cm}} = \frac{1\,050\,\text{cm}^2 - 75\,\text{cm}^2}{325\,\text{cm}} = 3{,}0\,\text{cm}$$

Auch für das Okular sind also 3,0 cm Brennweite zu wählen.

18. Die Formel $v_{Mikroskop} = \frac{(L - f_1 - f_2) \cdot d}{f_1 \cdot f_2}$ muss nach f_1 aufgelöst werden. Da f_1 und f_2 in dieser Formel völlig gleichberechtigt auftreten, läuft die Rechnung analog zu der Berechnung in Aufgabe 16 und wir erhalten:

$$f_1 = \frac{L \cdot d - f_2 \cdot d}{v_{Mikroskop} \cdot f_2 + d}$$

$$f_1 = \frac{30\,\text{cm} \cdot 25\,\text{cm} - 11\,\text{cm} \cdot 25\,\text{cm}}{20 \cdot 11\,\text{cm} + 25\,\text{cm}} = \frac{750\,\text{cm}^2 - 275\,\text{cm}^2}{245\,\text{cm}} \approx 2{,}0\,\text{cm}$$

19. Wegen der Formel $v_{Mikroskop} = \frac{(L - f_1 - f_2) \cdot d}{f_1 \cdot f_2}$ muss das Produkt der Brennweiten im Nenner möglichst klein sein, die Differenz im Zähler möglichst groß; beides ist erfüllt bei kleinen Brennweiten und großer Baulänge.

20. Wegen der Formel $v_{Fernrohr} = \frac{f_{Objektiv}}{f_{Okular}}$ muss das Objektiv eine möglichst große und das Okular eine möglichst kleine Brennweite besitzen.

21. a) Um gegen die übergroße Brechkraft der Augenlinse zu wirken, muss eine **Streulinse** eingesetzt werden (als Brille oder Kontaktlinse). Für das dann nicht mehr parallel, sondern leicht divergent eintreffende Lichtbündel ist die Brechkraft dann geeignet, um ein scharfes Bild auf der Netzhaut zu erzeugen.
Ein nahe gelegenes Objekt wird scharf gesehen, sogar mit geringerer Muskelanspannung im Auge, weil die Linse nicht so stark deformiert werden muss (sie bricht ja im entspannten Zustand schon zu stark).
Daher kommt übrigens der Name „Kurzsichtigkeit“.

b) Strahlengang:

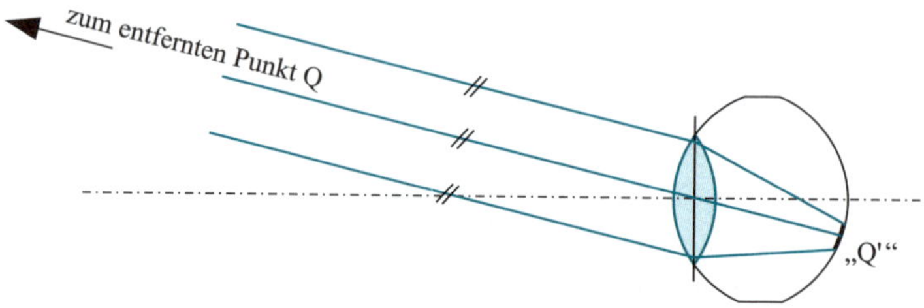

Zur Unterstützung der zu geringen Brechkraft der (entspannten) Augenlinse muss eine **Sammellinse** in den Strahlengang gebracht werden, die das zunächst parallele Licht etwas „vorbricht“, also zu einem leicht konvergenten Bündel bricht, für das die Brechkraft der Linse dann wiederum gerade ausreicht, ein scharfes Bild auf der Netzhaut zu erzeugen.
Ohne Sehhilfe kann zwar durch Akkomodieren (also Verformen der Augenlinse zur Brechkrafterhöhung) durchaus scharf gestellt werden auf entfernte Objekte, das strengt aber auf Dauer sehr an. Auf kurze Entfernungen reicht die Brechkraft dann nicht einmal mit deformierter Linse aus und man ist auf die Brille angewiesen. Das trotz Anstrengung mögliche Scharfsehen auf große Entfernungen ist der Grund für den Namen „Weitsichtigkeit“.

22. a) Es entsteht durch additive Farbmischung ein dunkles Magenta.

b) Alle drei Leuchtpunkte bleiben dunkel.

c) Alle drei Leuchtpunkte haben halbe Helligkeit.

d) Alle drei Leuchtpunkte haben volle Helligkeit.

e) Der rote und der grüne Leuchtpunkt leuchten bei voller Helligkeit. Leuchtet der blaue Punkt gar nicht, entsteht ein kräftiger Gelbeindruck. Erhöht man die Helligkeit des blauen Punkts, verblasst das Gelb und erscheint heller.

23. a) Der Schatten vom roten Scheinwerfer ist türkis (= blau + grün), weil der weiße Hintergrund in diesem Bereich nur vom blauen und grünen Licht der anderen Scheinwerfer erreicht wird.
Entsprechend sind der Schatten der blauen Lampe gelb und der des grünen Scheinwerfers magenta.

b) Der Schatten vom roten Scheinwerfer wäre auf weißem Hintergrund nach Teilaufgabe a türkis (additive Farbmischung). Auf dem bei weißer Be-

leuchtung gelben Hintergrund wird von weißem (= rotes + blaues + grünes) Licht nur gelbes (= rotes + grünes) reflektiert, blaues Licht dagegen „geschluckt“ (jetzt auch subtraktive Farbmischung!). Von dem türkisfarbenen Licht wird daher im Schattenbereich der roten Lampe nur das grüne reflektiert und der Schatten sieht damit grün aus.
Entsprechend sind im Schatten der grünen Lampe nur rotes und blaues Licht auf dem Hintergrund, das blaue wird absorbiert und der Bereich erscheint rot. Im Schatten der blauen Lampe mischen sich rotes und grünes Licht zu gelbem Licht, das vollständig reflektiert wird. Den Schatten der blauen Lampe sieht man daher im Idealfall gar nicht, weil der Hintergrund ebenfalls gelb erscheint.

24. a) Die roten Sehzellen ermüden, also sind die blauen und grünen „fit“ und das Nachbild erscheint türkis.

b) Das gelbe Licht besteht aus rotem und grünem Licht, dafür ermüden die Zellen. Folglich bleiben die blauen Sehzellen frisch und das Nachbild erscheint blau.

25. a) Von dem weißen Tageslicht (= rot + blau + grün in voller Helligkeit) lässt die orange Folie den roten Lichtanteil ganz und den grünen teilweise durch (rot + grün = gelb, orange hat höheren Rotanteil). Die türkisfarbene Folie ließe blaues und grünes Licht durch, rotes dagegen nicht. Weil aber das blaue Licht schon durch das Orangefilter abgehalten wird, kommt nur das grüne Licht durch und das „Sandwich“ erscheint in grün.

b) Ein türkis leuchtender Himmel sendet in Betrachterrichtung blaues und grünes Licht aus, von dem nur das grüne die getönte Scheibe passieren kann. Der Himmel wirkt also grün.

26. a) Vom weißen Tageslicht (= rot + grün + blau) werden die Rotanteile durch die Deckfarbe geschluckt, blau und grün reflektiert die Deckfarbschicht. Die Farbschicht erscheint türkis.
Die Aquarellfarbschicht lässt Grün und Blau passieren, filtert Rot aus. Auf der grünen Papieroberfläche wird davon nur das grüne Licht reflektiert, es kann erneut die Farbschicht durchdringen und erzeugt den grünen Farbeindruck (die blauen Anteile gehen verloren).

b) Die Deckfarbe erscheint analog zu Teilaufgabe a türkis. Durch die Aquarellfarbschicht gelangt blaues und grünes Licht auf das rote Papier, dieses reflektiert aber nur rotes Licht, welches hier nicht auftreffen kann. Damit wird nichts reflektiert und die Schicht wirkt schwarz.

c) Die Deckfarbe erscheint wieder türkis, die Aquarellfarbe grün, denn von blauem und grünen Licht reflektiert das gelbe (= rot + grün) Papier nur das grüne.

27. *Annahme:* Wären die Steckdose mit dem Radiowecker (großer Widerstand, kleine Stromstärke, z. B. 0,001 A bei 230 V Spannung) und die Steckdose mit dem Föhn (kleiner Widerstand, große Stromstärke, z. B. 10 A bei 230 V Spannung) in Reihe geschaltet, dann würde beim Ausschalten des Föhnes auch die Uhr stehen bleiben, denn auch dort wäre der Stromkreis unterbrochen. Außerdem würde die Gesamtspannung von 230 V portionsweise an den beiden Widerständen abfallen (am großen Widerstand viel, am kleinen wenig) und die Stromstärke wäre in beiden Geräten gleich. Insbesondere würde also der Föhn (der eine große Stromstärke benötigt) wegen seines kleinen Widerstandes im Vergleich zum Wecker nur einen winzigen Bruchteil (knapp ein Zehntausendstel) der 230 V Spannung abbekommen und könnte nie und nimmer seinen Dienst antreten.
Folglich kann die Annahme oben nur falsch sein, die andere Alternative ist also die richtige: **Alle Steckdosen sind parallel geschaltet.**

28. Der gesamte Strom der Stärke I_2 fließt auch durch die obere Glühlampe und durch das Messgerät für I_3, also ist $I_3 = 1{,}0$ A (die Stromstärke bleibt in einer Reihenschaltung konstant). Dieser Strom und der Parallelstrom $I_1 = 0{,}5$ A fließen beide zusammen durch das Messgerät für I_4, damit ist $I_4 = 1{,}5$ A (die Stromstärken in einer Parallelschaltung addieren sich).

29. a) Die Glimmlampe leuchtet auf der rechten Seite, weil diese mit dem Minuspol verbunden ist

b) Statt der Batterie B wird nun die Wechselstromquelle W zugeschaltet, die Glimmlampe leuchtet scheinbar auf beiden Seiten. In Wirklichkeit jedoch wechselt die Spannungsquelle sehr rasch die Polung, sodass die Seiten abwechselnd leuchten; das Auge kann dem aber nicht folgen.

c) Beobachtet man die Glimmlampe über einen um eine waagerechte Achse rotierenden Drehspiegel, dann sieht man, dass immer nur die rechte oder die linke Seite leuchtet.

30. Die volle Batteriespannung U_1 liegt auch an der Parallelschaltung an und damit mangels weiterer Widerstände auch an der unteren Lampe, sodass folgt:

$U_1 = U_3 = U_4$

Im Parallelzweig mit den beiden Lampen gilt:

$U_5 + U_6 = U_1$

Schließlich ist im Zweig ganz rechts kein Widerstand zu finden und damit fällt auch keine Spannung ab, also folgt:

$U_2 = 0$

31. Die Lampe L soll aufleuchten, wenn wenigstens eine der Türen oder die Heckklappe geöffnet werden. Anders ausgedrückt: Sie soll nur dann nicht leuchten, wenn das Auto vollständig geschlossen ist. Folglich muss jeder einzelne der Schalter S_1 bis S_3 den Stromkreis durch die Lampe schließen können, dies ist nur bei der Parallelschaltung der Schalter möglich.

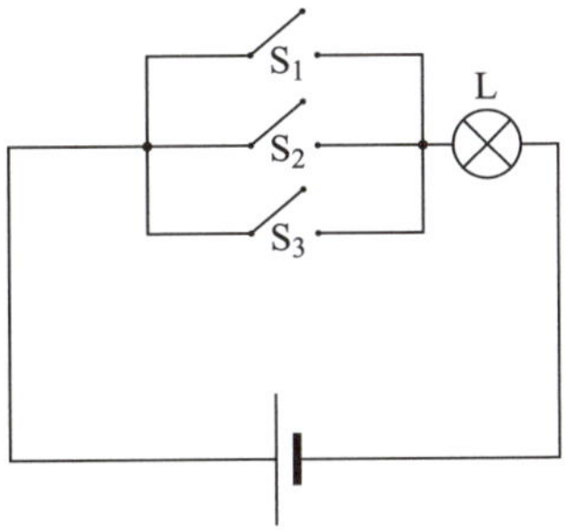

32. Der Zusatzscheinwerfer L_2 darf nur einschaltbar sein, wenn bereits L_1 leuchtet, also S_1 geschlossen ist. Folglich muss L_2 zusammen mit seinem Schalter S_2 parallel zu L_1 geschaltet werden, die Zuführung zu dieser Parallelschaltung wird durch S_1 unterbrochen.

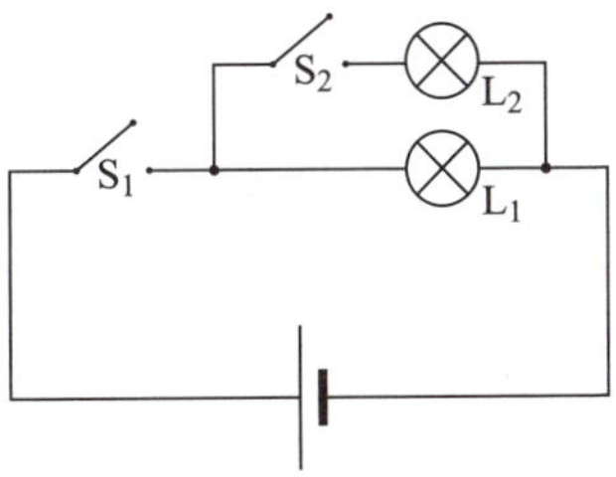

33. An der Tabelle fällt zunächst auf, dass immer bei S_3-Stellung „0“ die Lampe nicht leuchtet, also unterbricht S_3 den Stromkreis durch L in Serienschaltung. Ansonsten (wenn S_3 = „1“) bleibt L nur dann dunkel, wenn beide anderen Schalter S_1 und S_2 auf „0“ stehen (4. Wertespalte der Tabelle). L leuchtet also, wenn S_3 geschlossen und wenigstens einer der beiden Schalter S_1 und S_2 geschlossen sind: S_1 und S_2 müssen also parallel zueinander, aber in Serie zu S_3 geschaltet werden.

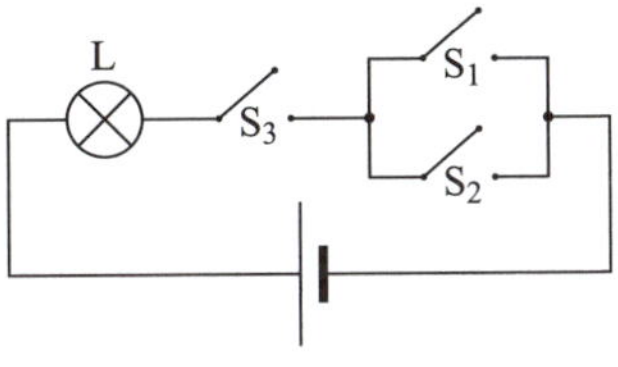

34. Wir ermitteln die Leuchtzustände systematisch Schritt für Schritt.
S_1 hat die Rolle eines „Hauptschalters“: Wenn er geöffnet ist, bleiben alle Lampen dunkel:

S_1	**0**	1	**0**	**0**	**0**	1	**0**	**0**	1	**0**	1	**0**	1	1	1	1
S_2	0	0	1	0	0	1	1	0	0	1	0	1	0	1	1	1
S_3	0	0	0	1	0	0	1	1	1	0	0	1	1	0	1	1
S_4	0	0	0	0	1	0	0	1	0	1	1	1	1	1	0	1
L_1	**0**		**0**	**0**	**0**		**0**	**0**		**0**		**0**				
L_2	**0**		**0**	**0**	**0**		**0**	**0**		**0**		**0**				
L_3	**0**		**0**	**0**	**0**		**0**	**0**		**0**		**0**				
L_4	**0**		**0**	**0**	**0**		**0**	**0**		**0**		**0**				
L_5	**0**		**0**	**0**	**0**		**0**	**0**		**0**		**0**				

Nun soll S_1 stets geschlossen sein. Ist nur S_1 geschlossen, leuchtet nichts:

S_1	0	**1**	0	0	0	1	0	0	1	0	1	0	1	1	1	1
S_2	0	**0**	1	0	0	1	1	0	0	1	0	1	0	1	1	1
S_3	0	**0**	0	1	0	0	1	1	1	0	0	1	1	0	1	1
S_4	0	**0**	0	0	1	0	0	1	0	1	1	1	1	1	0	1
L_1	0	**0**	0	0	0		0	0		0		0				
L_2	0	**0**	0	0	0		0	0		0		0				
L_3	0	**0**	0	0	0		0	0		0		0				
L_4	0	**0**	0	0	0		0	0		0		0				
L_5	0	**0**	0	0	0		0	0		0		0				

Ist zusätzlich zu S_1 auch S_2 geschlossen, leuchten L_4 und L_5 sicher:

S_1	0	1	0	0	0	**1**	0	0	1	0	1	0	1	**1**	**1**	**1**
S_2	0	0	1	0	0	**1**	1	0	0	1	0	1	0	**1**	**1**	**1**
S_3	0	0	0	1	0	0	1	1	1	0	0	1	1	0	1	1
S_4	0	0	0	0	1	0	0	1	0	1	1	1	1	1	0	1
L_1	0	0	0	0	0		0	0		0		0				
L_2	0	0	0	0	0		0	0		0		0				
L_3	0	0	0	0	0		0	0		0		0				
L_4	0	0	0	0	0	**1**	0	0		0		0		**1**	**1**	**1**
L_5	0	0	0	0	0	**1**	0	0		0		0		**1**	**1**	**1**

Ist nun auch noch zusätzlich zu S_1 und S_2 der Schalter S_4 geschlossen, dann leuchten zusätzlich noch L_2 und L_3 auf:

S_1	0	1	0	0	0	1	0	0	1	0	1	0	1	**1**	1	**1**
S_2	0	0	1	0	0	1	1	0	0	1	0	1	0	**1**	1	**1**
S_3	0	0	0	1	0	0	1	1	1	0	0	1	1	0	1	1
S_4	0	0	0	0	1	0	0	1	0	1	1	1	1	**1**	0	**1**
L_1	0	0	0	0	0		0	0		0		0				
L_2	0	0	0	0	0		0	0		0		0		**1**		**1**
L_3	0	0	0	0	0		0	0		0		0		**1**		**1**
L_4	0	0	0	0	0	1	0	0		0		0		1	1	1
L_5	0	0	0	0	0	1	0	0		0		0		1	1	1

Ist S_3 (zusätzlich zu S_1) geschlossen, leuchten jedenfalls L_1, L_2, L_4 und L_5:

S_1	0	1	0	0	0	1	0	0	**1**	0	1	0	**1**	1	**1**	**1**
S_2	0	0	1	0	0	1	1	0	0	1	0	1	0	1	1	1
S_3	0	0	0	1	0	0	1	1	**1**	0	0	1	**1**	0	**1**	**1**
S_4	0	0	0	0	1	0	0	1	0	1	1	1	1	1	0	1
L_1	0	0	0	0	0		0	0	**1**	0		0	**1**		**1**	**1**
L_2	0	0	0	0	0		0	0	**1**	0		0	**1**	1	**1**	**1**
L_3	0	0	0	0	0		0	0		0		0		1		1
L_4	0	0	0	0	0	1	0	0	**1**	0		0	**1**	1	1	**1**
L_5	0	0	0	0	0	1	0	0	**1**	0		0	**1**	1	1	**1**

Der Rest ergibt sich durch Einzelanalyse der jeweiligen Schalterkombination:

S_1	0	1	0	0	0	1	0	0	1	0	1	0	1	1	1	1
S_2	0	0	1	0	0	1	1	0	0	1	0	1	0	1	1	1
S_3	0	0	0	1	0	0	1	1	1	0	0	1	1	0	1	1
S_4	0	0	0	0	1	0	0	1	0	1	1	1	1	1	0	1
L_1	0	0	0	0	0	**0**	0	0	1	0	**0**	0	1	**0**	1	1
L_2	0	0	0	0	0	**0**	0	0	1	0	**0**	0	1	1	1	1
L_3	0	0	0	0	0	**0**	0	0	**0**	0	**0**	0	**1**	1	**0**	1
L_4	0	0	0	0	0	1	0	0	1	0	**0**	0	1	1	1	1
L_5	0	0	0	0	0	1	0	0	1	0	**0**	0	1	1	1	1

35. Löst man $v = \frac{s}{t}$ nach der zurückgelegten Strecke s auf, ergibt sich:
$s = v \cdot t = 0{,}0010\,\frac{m}{s} \cdot 1{,}5\,h = 0{,}0010\,\frac{m}{s} \cdot 1{,}5 \cdot 3\,600\,s = 5{,}4\,m$

36. Mit $v = \frac{s}{t}$ erhält man als Fahrtzeit:

$$t = \frac{s}{v} = \frac{3\,900\,m}{30\,\frac{m}{s}} = 130\,s = 2\,min\,10\,s$$

37. Durch Einsetzen in die Gleichung $v = \frac{s}{t}$ ergibt sich $v = \frac{100\,m}{10{,}0\,s} = 10{,}0\,\frac{m}{s}$.

38. Bei dieser Schallgeschwindigkeit benötigt das Signal bis zum Meeresgrund

$$t = \frac{s}{v} = \frac{4\,500\,m}{1\,500\,\frac{m}{s}} = 3\,s$$

und wieder 3 Sekunden nach oben, also insgesamt 6 Sekunden.

39. Das Signal kommt in 1 Sekunde 340 m weit, in 0,0005 s also
$0{,}0005\,s \cdot 340\,\frac{m}{s} = 17\,cm$ weit.
Da die Signallaufstrecke doppelt so groß ist wie der Abstand zum Beutetier, beträgt dieser 8,5 cm.

40. a) Der Läufer muss bis zur Tunneleinfahrt 100 m zurücklegen und benötigt dafür gerade $\frac{100\,m}{10{,}0\,\frac{m}{s}} = 10{,}0\,s$.
In dieser Zeit fährt der Zug $25{,}0\,\frac{m}{s} \cdot 10{,}0\,s \cdot = 250\,m$ weit, er muss also mindestens $x_1 = 250\,m$ vor dem Tunnel sein, wenn der Läufer startet.

b) Der Läufer muss bis zur Tunnelausfahrt 200 m zurücklegen und benötigt dafür gerade 20 s; in dieser Zeit fährt der Zug 500 m weit, er muss also (wegen der 300 m Tunnellänge) mindestens $x_2 = 500\,m - 300\,m = 200\,m$ vor dem Tunnel sein, wenn der Läufer startet.

c) Der Läufer sollte in diesem Fall in Zugrichtung laufen, weil wegen der geringeren Mindestentfernung des Zuges vom Tunnelanfang seine Überlebenschance etwas größer ist.

d) Betrachten wir ein Zahlenbeispiel: Fährt der Zug etwa mit $v_{Zug} = 30{,}0\,\frac{m}{s}$ etwas schneller, ergibt sich $x_1 = 300\,m$ und $x_2 = 600\,m - 300\,m = 300\,m$ und es ist egal, in welche Richtung er läuft.
Für noch größere Zuggeschwindigkeiten (etwa $v_{Zug} = 40{,}0\,\frac{m}{s}$ mit $x_1 = 400\,m$ und $x_2 = 800\,m - 300\,m = 500\,m$) ist es besser, dem Zug entgegen zu laufen. Fährt der Zug langsamer, ist die erste Lösung günstiger.

e) Betrachten wir zunächst wieder ein Zahlenbeispiel: Wenn der Läufer langsamer als mit 10,0 $\frac{m}{s}$ unterwegs ist, z. B. $v_{Läufer} = 5{,}0\ \frac{m}{s}$, dann würde er zur Einfahrt 20 s und zum Ausgang 40 s benötigen. Als Mindestabstände ergäben sich:

$x_1 = 500\ m$ und $x_2 = 1\,000\ m - 300\ m = 700\ m$

Das Entgegenlaufen ist folglich sinnvoller.
Entscheidend zur Klärung der Fragen aus den Teilaufgaben d und e ist die Grenzgeschwindigkeit v_G, bei der es gerade egal ist, in welcher Richtung der Sprinter losläuft. Bei dieser Geschwindigkeit benötigt er die Zeit $t_1 = \frac{100\ m}{v_G}$ bis zum Eingang sowie die Zeit $t_2 = \frac{200\ m}{v_G} = 2t_1$ zum Ausgang des Tunnels. Der Zeitunterschied beträgt also:

$t_2 - t_1 = 2t_1 - t_1 = t_1$

Dies ist genau die Zeit $t_3 = \frac{300\ m}{v_{Zug}}$, die der Zug für die Tunneldurchfahrung benötigen darf. Es gilt somit $t_3 = t_1$ und folglich:

$$\left.\begin{array}{l} t_3 = \dfrac{300\ m}{v_{Zug}} \\ t_1 = \dfrac{100\ m}{v_G} \end{array}\right\} \Rightarrow \quad \frac{300\ m}{v_{Zug}} = \frac{100\ m}{v_G} \quad \Rightarrow \quad v_G = \frac{1}{3} v_{Zug}$$

Ist wie in Teilaufgabe e die Zuggeschwindigkeit mit $v_{Zug} = 25{,}0\ \frac{m}{s}$ vorgegeben, ergibt sich für die Grenzgeschwindigkeit:

$v_G = \frac{1}{3} \cdot 25{,}0\ \frac{m}{s} \approx 8{,}33\ \frac{m}{s}$

Fazit: Läuft der Mann schneller als $v_G = 8{,}33\ \frac{m}{s}$, dann ist es günstiger, zum Tunnelausgang zu laufen; langsameren „Sprintern" ist dagegen der Lauf zum Tunneleingang zu empfehlen.

41. Es handelt sich hier um eine *geometrische* Problemstellung:
Von drei Kräften, die im Gleichgewicht sein sollen, sind die drei Beträge bekannt; außerdem kennt man von einer der drei Kräfte die Richtung, die 8,00 N ziehen nämlich senkrecht nach unten. Die anderen beiden Kräfte ziehen in der zu bestimmenden Seilrichtung zwischen den beiden Rollen.
Ein Dreieck ist durch seine drei Seitenlängen (hier 8, 7 und 5) in Form und Größe festgelegt, also lassen sich die Winkel eindeutig bestimmen. Wählt man die 8,00 N senkrecht nach unten, dann entsteht zunächst die rechts gezeigte Konstruktion.

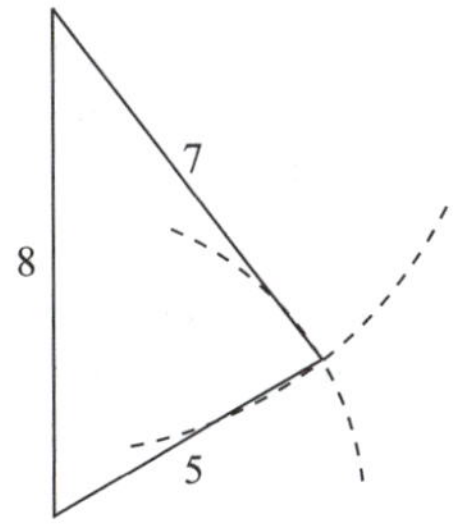

Dies stellt auch schon die rechte, untere Hälfte des Kräfteparallelogramms dar, denn die 8,00 N und die 7,00 N greifen bereits am gleichen Punkt (oben) an, lediglich die dritte Seite muss noch parallel verschoben werden. Die 5,00 N und die 7,00 N zeigen dann in Seilrichtung, die Zeichnung lässt sich durch Verlängern der Parallelogrammseiten vervollständigen:
Als Winkel zwischen der Senkrechten und den beiden Seilen ergeben sich 141° und 121°, das Seil knickt also mit 98°.

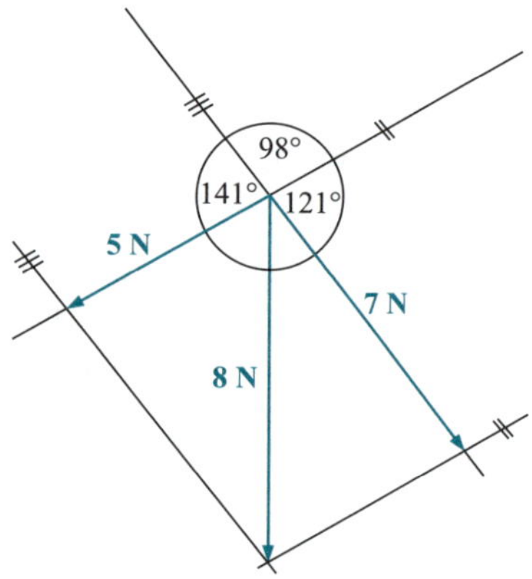

42. a) Siehe Abbildung A.

b) Für die Kräfte F_1 und F_2 erhält man aus der Zeichnung:
$F_1 = 36$ N
$F_2 = 25$ N

A

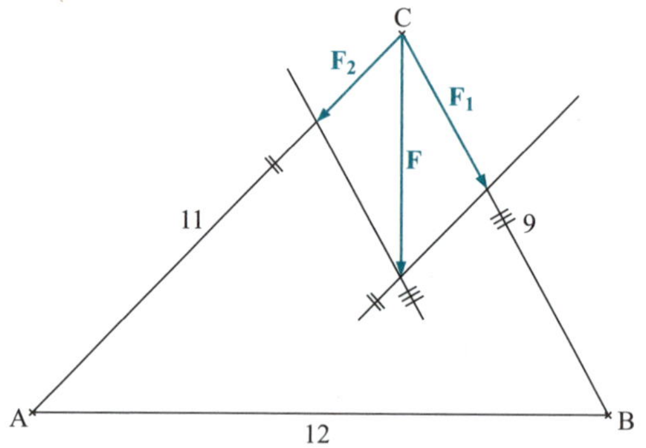

c) Verschieben von F_1 und F_2 entlang der Stäbe nach A und B und anschließendes zeichnerisches Zerlegen in waagerechte und senkrechte Anteile ergibt die in Abbildung B gezeigte Konstruktion.

B

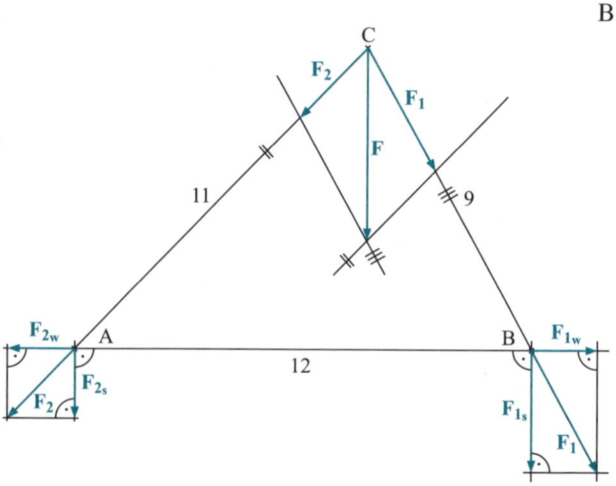

Als Beträge der Kräfte erhält man etwa $F_{2_w} = F_{1_w} = 18,4\ \text{N}$ für die horizontalen Teilkräfte (die sich gegenseitig aufheben müssen, weil sonst die Vorrichtung nach einer Seite wegfahren würde!) und $F_{2_s} = 18,4\ \text{N}$ sowie $F_{1_s} = 31,6\ \text{N}$ für die vertikalen Anteile, die zusammen gerade die 50,0 N ergeben, wie es sein soll. Wie einem das Gefühl schon „sagt", wirkt rechts eine größere, senkrechte Kraft auf den Untergrund.

d) Der untere, waagerechte Stab ließe sich durch ein Seil ersetzen, weil er nur eine Zugkraft erfährt.

43. Bei Schraubenfedern gilt das Hooke'sche Gesetz:

$F = D \cdot s$

Einsetzen der Zahlen werte ergibt:

$F = 25\,\frac{\text{N}}{\text{cm}} \cdot 7,0\ \text{cm} = 175\ \text{N}$

44. Wir wenden das Hooke'sche Gesetz an und lösen die Formel nach der Dehnungslänge s auf:

$$F = D \cdot s \quad \Rightarrow \quad s = \frac{F}{D} = \frac{12,5\ \text{N}}{25,0\,\frac{\text{N}}{\text{cm}}} = 0,500\ \text{cm}$$

45. Bei Feder S_2 sind 30 N nötig für 1 cm Dehnung, bei Feder S_1 nur 25 N, also ist Feder S_2 härter.

46. a) Man kann sich die Auswirkung einer Reihenschaltung zweier Federn auf die Gesamtfederhärte gut veranschaulichen, indem man zunächst einen Extremfall betrachtet: Stellen wir uns die zweite Feder sehr hart vor, gleicht sie praktisch einem starren, unelastischen Stab; hängt man sie an die erste „normale" Feder, wirken sich daher nur deren elastische Eigenschaften aus, die gesamte Federhärte ist also gleich der Federhärte der ersten Feder. Dies gilt genauso, wenn wir uns die erste Feder sehr hart und die zweite elastisch vorstellen: Auch hier ist die Gesamtfederhärte praktisch gleich der Federhärte der normalen (also hier der zweiten) Feder. Verringern wir nun in beiden Fällen die Federhärte der sehr starren Feder, machen sie also elastisch, wird eine zusätzliche Auslenkung ermöglicht. Die Federhärte wird somit insgesamt kleiner und liegt dabei immer unter den Federhärten der beiden Einzelfedern: Die Reihenschaltung zweier Federn ist weicher als jede einzelne Feder.

b) Zieht man beispielsweise mit 40 N, dann wird Feder 1 um 8 cm gedehnt, Feder 2 um 5 cm. Die Reihenschaltung wird also um 13 cm gedehnt, was die Überlegung aus Teilaufgabe a bestätigt. Für die Federhärte D_3 der Reihenschaltung folgt:

$$D_3 = \frac{F}{s} = \frac{40\,N}{13\,cm} \approx 3{,}1\,\frac{N}{cm}$$

c) Bei der Parallelschaltung müssen für eine bestimmte Dehnung s beide Einzelfedern um s gedehnt werden. Dafür ist jeweils die Kraft F notwendig, insgesamt also die doppelte Kraft $2 \cdot F$. Daher wird auch die Gesamtfederhärte doppelt so groß:

$$D_4 = \frac{2 \cdot F}{s} = 2 \cdot \frac{F}{s} = 2 \cdot D_1$$

47. Die Richtung der 600 N senkrecht nach unten ist bekannt, von den beiden anderen Kräften ist der Betrag bekannt. Im Kräfteparallelogramm sind also die Seitenlängen sowie die Länge der senkrechten Diagonalen bekannt, die Konstruktion beginnt mit einem Dreieck (Seitenlängen 600 N, 400 N und 300 N) und wird zum Parallelogramm ergänzt, ehe Parallelverschiebung der Pfeile mit dem Angriffspunkt nach A das endgültige Bild liefert.
Als Winkel am Seil ergibt sich $\alpha = 64°$.

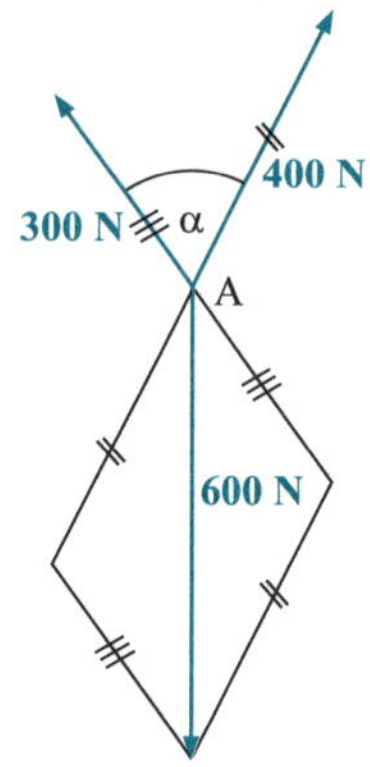

48. a)

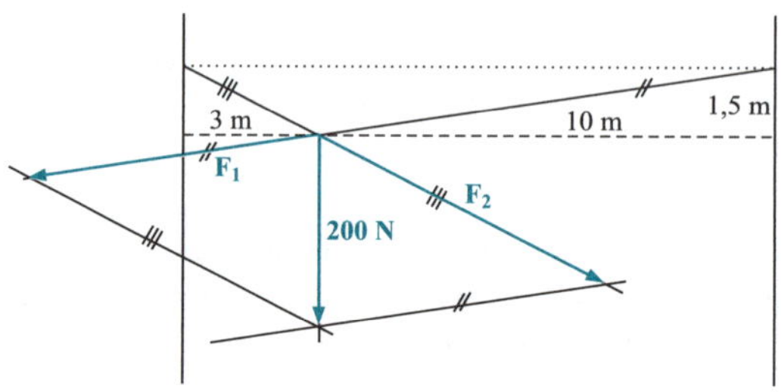

b) Für die Seilkräfte F_1 und F_2 erhält man zeichnerisch etwa $F_1 = 315$ N und $F_2 = 340$ N.

c) Zunächst noch ohne Zeichnung lässt sich schon erahnen, dass sich die beiden waagerechten Anteile auf die Befestigungsdübel gegenseitig aufheben werden und dass die senkrechten Anteile zusammen genau die 200 N des Laternengewichts ergeben, wenn man das Seilgewicht vernachlässigt.

Tatsächlich bestätigt dies auch die Zeichnung. Wegen der besseren Übersichtlichkeit wurden hier die Gegenkräfte $-F_1$ und $-F_2$ eingezeichnet und zerlegt.

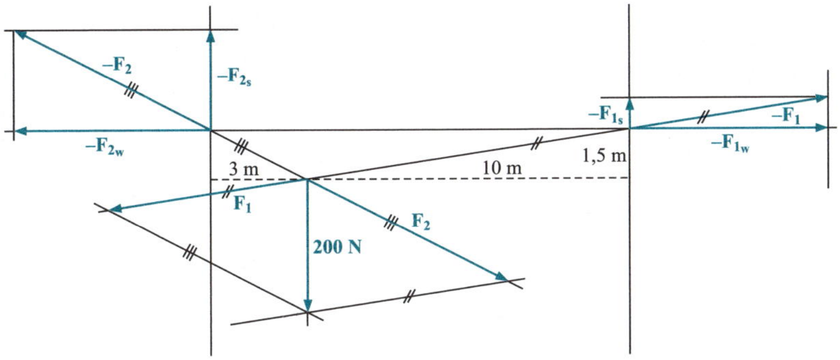

49. Eine saubere Zeichnung der doppelten, schiefen Ebene mit den richtigen Winkelgrößen gibt die Kraftrichtungen vor. Der Maßstab für G_1 ist unabhängig von der Dreiecksgröße, man könnte etwa 7,5 cm für die 15,0 kN verwenden, also den Maßstab 1 cm für 2,0 kN (aber auch jeden anderen!).

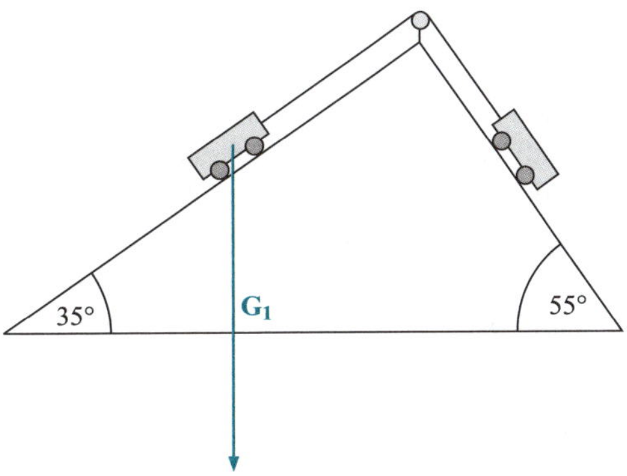

Gleichgewicht herrscht genau dann, wenn die **Hangabtriebskräfte** links und rechts, die die Wagen längs der Ebene nach unten ziehen, gleich groß sind. Man zerlegt daher die Gewichtskraft G_1 in Hangabtriebs- und **Normalkraft** (die den Wagen senkrecht auf den Boden drückt), indem man die Seilverlängerung bzw. das Lot dazu durch die Spitze von G_1 parallel verschiebt. Die Hangabtriebskraft auf der anderen Seite beim rechten Wagen ist entgegengesetzt gleich groß, da sich beide Wagen im Gleichgewicht befinden.

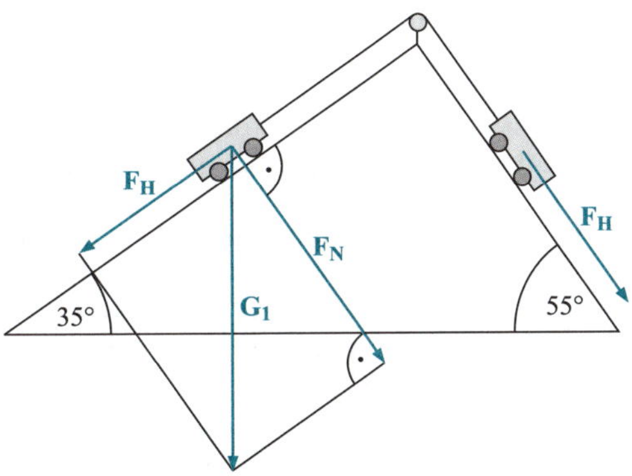

Diese Hangabtriebskraft stellt nun wiederum eine Seite eines Kräfteparallelogramms (hier sogar Rechtecks) dar mit der Diagonalen G_2 parallel zu G_1 (also senkrecht nach unten). Da die Richtung der Normalkraft auf den zweiten Wagen ebenfalls bekannt ist, lässt sich G_2 konstruieren. Man misst jetzt die Länge des Pfeils für G_2 ab und rechnet mit dem Maßstab von G_1 um zu etwa 10,5 kN für G_2.

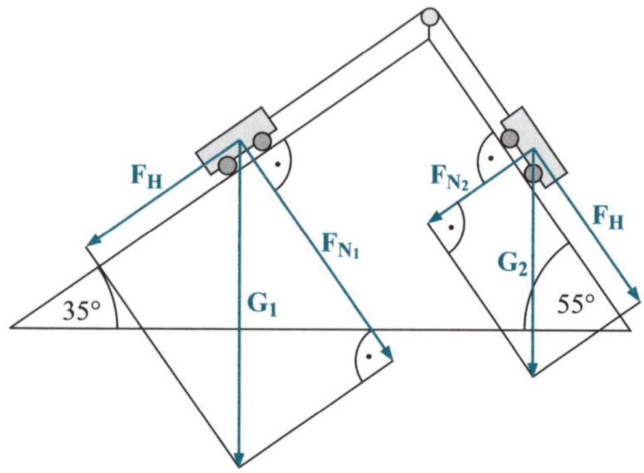

50. Beim **Potenzflaschenzug** hängt jede lose Rolle an einem neuen Seil, sodass jede lose Rolle die auf sie wirkende Kraft halbiert: An der untersten Rolle wirkt die Kraft $\frac{1}{2}G$ auf die nächste Rolle, auf die darüber liegende Rolle die Kraft $\frac{1}{2}\cdot(\frac{1}{2}G)=\frac{1}{4}G$ usw. Sind wie im vorliegenden Fall **vier** lose Rollen vorhanden, gilt somit:

$F=\frac{1}{2^4}G=\frac{1}{16}G$

Die Aufteilung der Kraft folgt also einem **Potenzgesetz**.

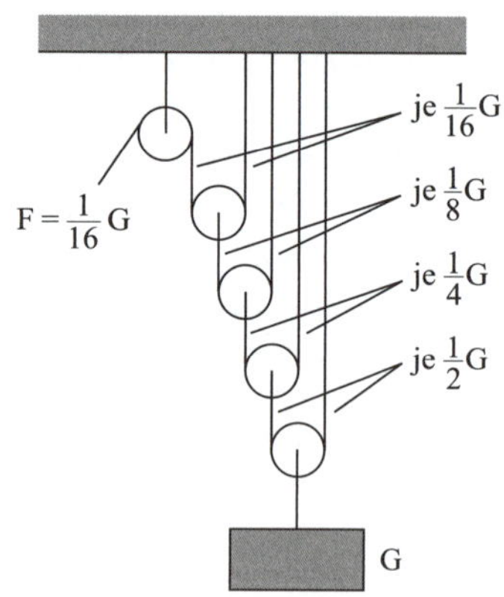

51. a) Es handelt sich um einen Potenzflaschenzug mit vier losen Rollen. Jede der losen Rollen halbiert die Kraft, es gilt also im Gleichgewicht $F=\frac{1}{16}G$.

b) Die Kräfte auf die Seilabschnitte sind jeweils:

Seilabschnitt	a, b	c, d	e, f	g, h
Kraft	$\frac{1}{2}G$	$\frac{1}{4}G$	$\frac{1}{8}G$	$\frac{1}{16}G$

c) Auf die Aufhängevorrichtungen wirken folgende Kräfte:

Nummer N	1	2	3	4	5
Kraft F_N	$\frac{1}{2}G$	$\frac{1}{4}G$	$\frac{1}{8}G$	$\frac{1}{16}G$	$\frac{2}{16}G=\frac{1}{8}G$

d) Insgesamt werden von der Decke $F_1+F_2+F_3+F_4+F_5=\frac{17}{16}\cdot G$ gehalten.

52. a) Auf die Deckenbefestigung wirkt nur die Kraft G nach unten. Diese teilt sich auf vier Seilabschnitte (**x**) auf, sodass der Mensch nur ein Viertel seines Gewichtes heben muss.

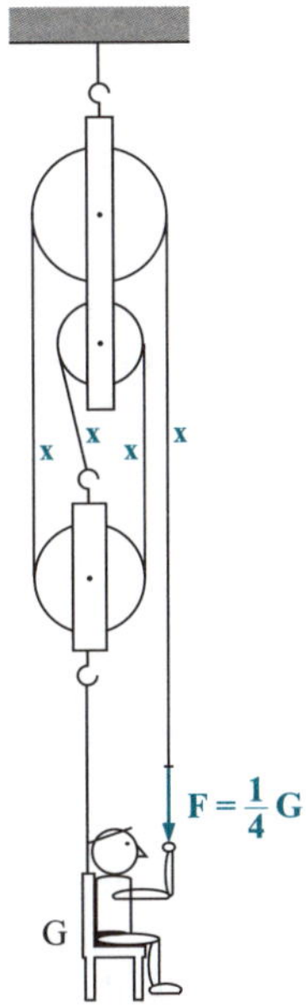

b) Die drei Seilabschnitte oberhalb der unteren Rolle müssen um je 1 Meter verkürzt werden, das sind insgesamt 3 Meter. Das rechte Seil muss um eben diese drei Meter und, wegen der Verkürzung der eigenen Länge, um einen weiteren Meter gekürzt werden, also um insgesamt 4 m.

c) Würde ein Außenstehender am gleichen Flaschenzug den Mann hochziehen, wäre die Kraft G auf nur drei Seile verteilt (**x**), also wäre jetzt $F = \frac{1}{3}G$.
(Entsprechend müsste ein Außenstehender auch 3m Seil wegziehen, um den Sitzenden um 1 m zu heben; die Gesamtbelastung für die Aufhängevorrichtung wäre dann ebenfalls mehr, nämlich $G + F = G + \frac{1}{3}F = \frac{4}{3}G$.)

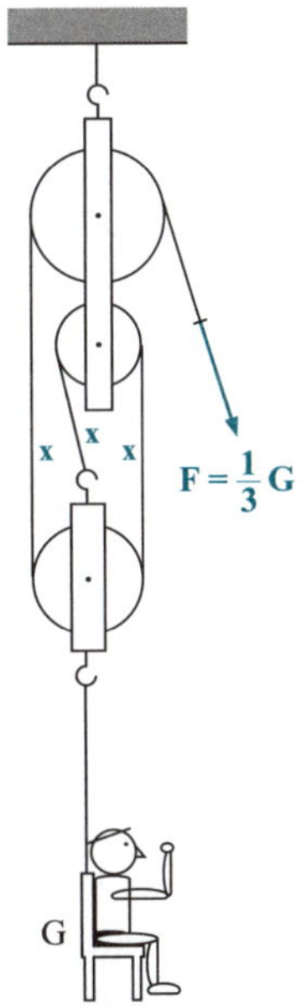

53. a) Die ganze Gewichtskraft G hängt an sechs Seilabschnitten, die jeweils über Rollen verbunden sind, also trägt jeder der Abschnitte a bis f den sechsten Teil von G. Entsprechend ist auch $F = \frac{1}{6}G$.

b) Die Kräfte auf die Aufhängepunkte betragen jeweils:

Nummer	1	2	3	4
Kraft	$\frac{1}{6}G$	$2 \cdot \frac{1}{6}G = \frac{1}{3}G$	$\frac{1}{3}G$	$\frac{1}{3}G$

54. a) Auf die drei Seilabschnitte in der Zeichnung muss jeweils die gleiche Kraft x wirken, weil sie über Rollen verbunden sind und sich jedes Ungleichgewicht durch Drehung ausgleichen würde. Durch die linke, obere Rolle wird die Kraft schließlich nur noch umgelenkt. G teilt sich also in drei gleiche Teilkräfte auf, von denen einem Teil die Kraft $F = \frac{1}{3}G$ das Gleichgewicht hält.

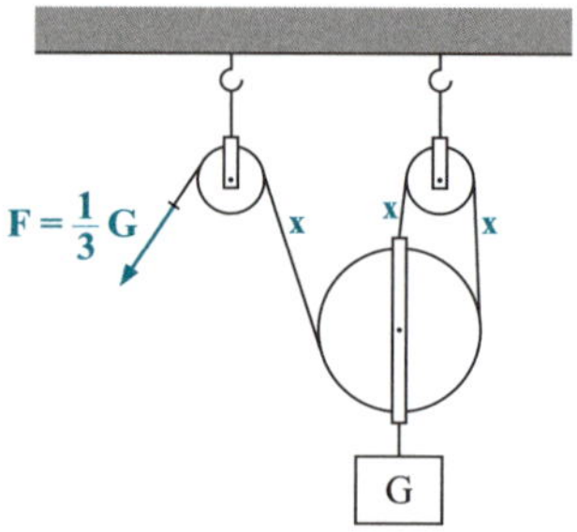

b) Hier hängt G an fünf durch Rollen verbundenen Seilabschnitten, die also jeweils den fünften Teil halten müssen. Durch die obere Rolle wird die Kraft nur noch in der Richtung geändert, es gilt $F = \frac{1}{5}G$.

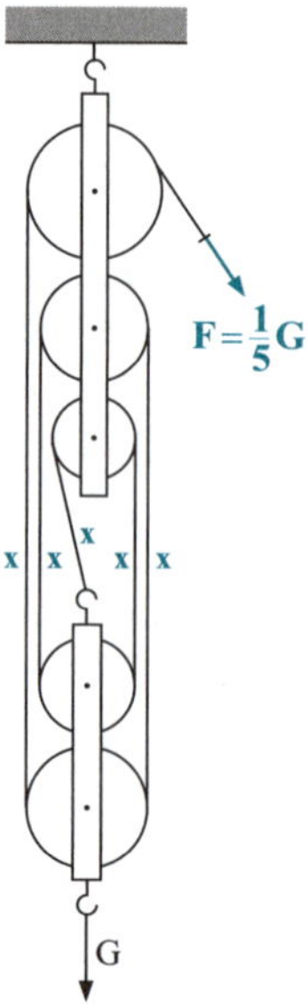

c) Dieser Flaschenzug ist etwas knifflig, weil zwei verschiedene Seile über die Rollen laufen. Betrachten wir zunächst die Rolle links unten: Dort zieht die Kraft y zweimal nach unten, die Kraft x nach oben. Wegen des Gleichgewichtes ist folglich $x = 2y$.

Nun zur Rolle rechts unten: Hier zieht G nach unten, nach oben 2y und x, also zusammen (wegen $x = 2y$) die Kraft $2y + x = 2y + 2y = 4y$.
y und damit F sind also der vierte Teil von G:
$F = \frac{1}{4} G$

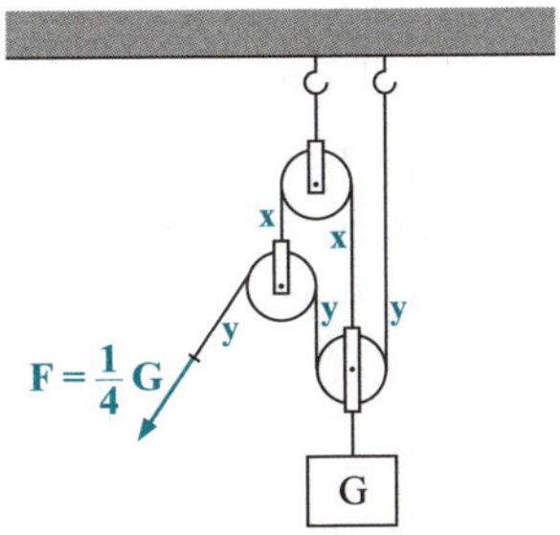

55. a) Achtfache Kraftübersetzung bedeutet wegen $F = \frac{1}{8} G = \frac{1}{2^3} G$, dass man 3 lose Rollen benötigt.
Die Abbildung zeigt den Potenzflaschenzug mit den jeweiligen Seilkräften.
Die Aufhängungen tragen von rechts nach links 400 N, 200 N, 100 N und $2 \cdot 100\ N = 200\ N$ (Rollenbefestigung ganz links), zusammen also 900 N. Dies ist gleich der nach unten angreifenden Summe der Lastkräfte (800 N, 100 N).

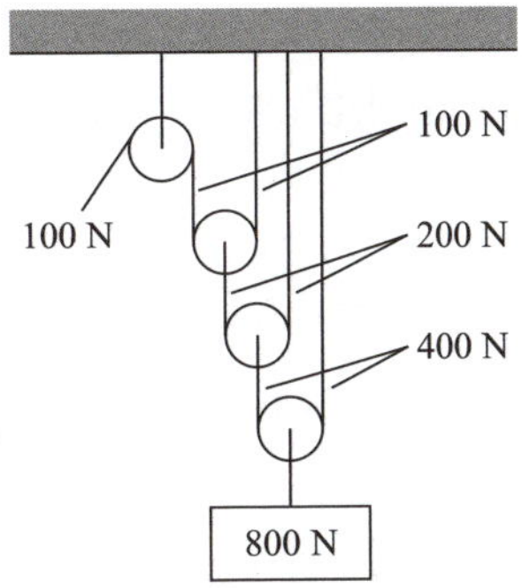

b) Beim Achtfach-Flaschenzug ist nur ein Achtel der Kraft notwendig, dafür aber der achtfache Weg, also 16 m Seil (Goldene Regel der Mechanik).

56. Zwischen oberem und unterem Rollenpaar verlaufen vier Seilabschnitte, die jeweils über Rollen verbunden sind und somit die gleiche Kraft x erfahren. Insgesamt wird G also in vier gleich große Teile zerlegt, es handelt sich um einen Vierfach-Flaschenzug. Hebt man damit einen Körper um 3,0 m, dann muss man am anderen Ende die vierfache Seillänge ziehen, also 12,0 m.

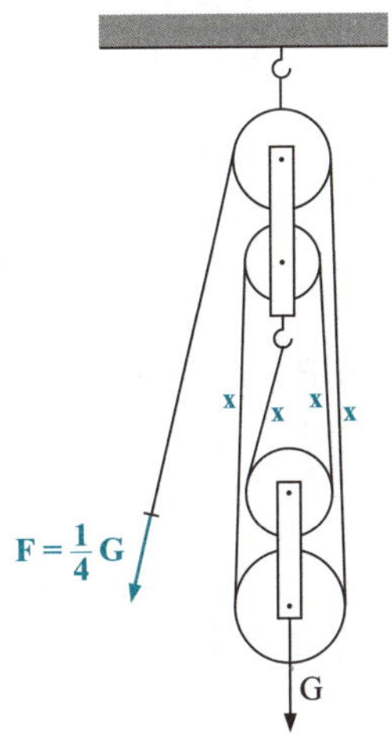

57. Zunächst muss für ein *intensives* Wipperlebnis Hilde ganz nach außen, ihr Hebelarm ist also 3,00 m und ihr Drehmoment demnach:

$M_H = 450\ \text{N} \cdot 3{,}00\ \text{m} = 1\,350\ \text{Nm}$

Danach muss sich Rudi richten, um das Wippen auch in *entspannter* Weise zu ermöglichen (d. h. die Momente müssen im Gleichgewicht sein). Es muss also gelten:

$$M_R = M_H \quad \Leftrightarrow \quad 1000\ \text{N} \cdot x = 1350\ \text{Nm} \quad \Rightarrow \quad x = \frac{1350\ \text{Nm}}{1000\ \text{N}} = 1{,}35\ \text{m}$$

Rudi muss auf der anderen Seite der Wippe in 1,35 m Abstand vom Drehpunkt Platz nehmen.

58. a) Die beiden Täter üben zusammen ein linksdrehendes Moment aus, für das mit $F_1 = F_2$ gilt:

$$M_{\text{links}} = F_1 \cdot 1{,}8\ \text{m} + F_2 \cdot 1{,}5\ \text{m} = F_1 \cdot (1{,}8\ \text{m} + 1{,}5\ \text{m}) = F_1 \cdot 3{,}3\ \text{m}$$

Die drei Angestellten verursachen ein rechtsdrehendes Moment:

$$\begin{aligned} M_{\text{rechts}} &= F_3 \cdot 0{,}4\ \text{m} + F_4 \cdot 1{,}6\ \text{m} + F_5 \cdot 1{,}7\ \text{m} \\ &= 400\ \text{N} \cdot 0{,}4\ \text{m} + 600\ \text{N} \cdot 1{,}6\ \text{m} + 800\ \text{N} \cdot 1{,}7\ \text{m} \\ &= 160\ \text{Nm} + 960\ \text{Nm} + 1360\ \text{Nm} = 2\,480\ \text{Nm} \end{aligned}$$

Da sich beide Gruppen das Gleichgewicht halten, folgt:

$$M_{\text{links}} = M_{\text{rechts}} \quad \Leftrightarrow \quad F_1 \cdot 3{,}3\ \text{m} = 2\,480\ \text{Nm} \quad \Rightarrow \quad F_1 = \frac{2\,480\ \text{Nm}}{3{,}3\ \text{m}} \approx 752\ \text{N}$$

b) Geschickter wäre es für jede der kämpfenden Parteien, möglichst ganz außen (z. B. hintereinander stehend) gegen die Drehtüre zu drücken. Dann hätten alle den gleichen Hebelarm (nämlich 2,0 m) und man müsste nur die Kräfte vergleichen. Dabei kommen die Angestellten auf insgesamt 400 N + 600 N + 800 N = 1 800 N und damit auf deutlich mehr als die beiden Täter mit 752 N + 752 N = 1 504 N. Eine erfolgreiche Flucht erscheint daher aussichtslos (wenn man Ermüdung ausschließen kann).

59. Bei allen Stäben muss Gleichgewicht der Drehmomente bestehen. Wir berechnen also der Reihe nach:

- Mit $a + b = 30\ \text{cm}$ folgt für den linken, unteren Stab:

$$\begin{aligned} 2\ \text{N} \cdot a &= 4\ \text{N} \cdot b \\ 2\ \text{N} \cdot a &= 4\ \text{N} \cdot (30\ \text{cm} - a) \\ 2\ \text{N} \cdot a + 4\ \text{N} \cdot a &= 120\ \text{Ncm} \\ a &= \frac{120\ \text{Ncm}}{2\ \text{N} + 4\ \text{N}} = 20\ \text{cm} \quad \Rightarrow \quad b = 30\ \text{cm} - 20\ \text{cm} = 10\ \text{cm} \end{aligned}$$

- Analog gilt beim rechten, unteren Stab mit $e+f=30$ cm:
  $8\,N \cdot e = 7\,N \cdot (30\,cm - e)$
  $$e = \frac{210\,Ncm}{8\,N + 7\,N} = 14\,cm \quad \Rightarrow \quad f = 30\,cm - 14\,cm = 16\,cm$$
- Beim linken, oberen Stab $(c+d=30)$ wirkt auf den Hebelarm d die gesamte Gewichtskraft des darunter hängenden Stabes:
  $4\,N \cdot c = (2\,N + 4\,N) \cdot (30\,cm - c)$
  $$c = \frac{180\,Ncm}{4\,N + 6\,N} = 18\,cm \quad \Rightarrow \quad d = 30\,cm - 18\,cm = 12\,cm$$
- Entsprechend gilt für den oberen Stab $(g+h=50$ cm$)$:
  $(4\,N + 2\,N + 4\,N) \cdot g = (8\,N + 7\,N) \cdot (50\,cm - c)$
  $$g = \frac{750\,Ncm}{10\,N + 15\,N} = 30\,cm \quad \Rightarrow \quad h = 50\,cm - 30\,cm = 20\,cm$$

60. a) Die verrichtete Beschleunigungsarbeit ist (bei konstant angenommener Kraft) $W_B = F \cdot s_1$ und steckt als kinetische Energie $E_{kin} = \frac{1}{2} m v_1^2$ in der Bewegung des Autos. Es gilt also mit $v_1 = 72\,\frac{km}{h} = 20\,\frac{m}{s}$:

$$\frac{1}{2} m \cdot v_1^2 = F \cdot s_1 \quad \Rightarrow \quad F = \frac{m \cdot v^2}{2 s_1} = \frac{1\,800\,kg \cdot (20\,\frac{m}{s})^2}{200\,m} = 3{,}6\,kN$$

b) Am Anfang der Beschleunigungsstrecke hat das Fahrzeug die kinetische Energie $\frac{1}{2} m v_1^2$, am Ende $\frac{1}{2} m v_2^2$, die Energiezufuhr auf dieser Strecke s_2 beträgt folglich:

$$\frac{1}{2} m \cdot v_2^2 - \frac{1}{2} m \cdot v_1^2 = \frac{1}{2} m \cdot (v_2^2 - v_1^2)$$

Dies ist gerade die verrichtete Beschleunigungsarbeit $F \cdot s_2$, also gilt (mit $144\,\frac{km}{h} = 40\,\frac{m}{s}$) für die Beschleunigungsstrecken:

$$F \cdot s_2 = \frac{1}{2} m \cdot (v_2^2 - v_1^2)$$
$$\Rightarrow \quad s_2 = \frac{m \cdot (v_2^2 - v_1^2)}{2F} = \frac{1\,800\,kg \cdot \left((40\,\frac{m}{s})^2 - (20\,\frac{m}{s})^2\right)}{2 \cdot 3\,600\,N} = 300\,m$$

c) Bei konstanter Bremskraft $F_{Br} = 5{,}0$ kN wird (ausgehend von der Geschwindigkeit v_2) über den Bremsweg s_3 die Bremsarbeit $F_{Br} \cdot s_3$ verrichtet, die sich aus der Bewegung des Fahrzeugs speist und dessen kinetische Energie $\frac{1}{2} m v^2$ vollständig abnimmt. Daher folgt:

$$F_{Br} \cdot s_3 = \frac{1}{2} m \cdot v_2^2$$
$$\Rightarrow \quad s_3 = \frac{m \cdot v_2^2}{2 F_{Br}} = \frac{1\,800\,kg \cdot (40\,\frac{m}{s})^2}{2 \cdot 5\,000\,N} = 288\,m$$

d) Nach $s_4 = 30$ m Bremsweg ist bereits die Bremsarbeit

$F_{Br} \cdot s_4 = 5{,}0\ \text{kN} \cdot 30\ \text{m} = 150\ \text{kJ}$

verrichtet worden. Die restliche Bewegungsenergie beträgt noch

$\frac{1}{2} m \cdot v_2^2 - F \cdot s_4$,

mit der Restgeschwindigkeit v_3 gilt dann:

$$\frac{1}{2} m \cdot v_3^2 = \frac{1}{2} m \cdot v_2^2 - F_{Br} \cdot s_4$$

$$\Rightarrow \quad v_3^2 = v_2^2 - \frac{2F_{Br} \cdot s_4}{m} \quad \Rightarrow \quad v_3 = \sqrt{v_2^2 - \frac{2 \cdot F_{Br} \cdot s_4}{m}}$$

$$v_3 = \sqrt{(40\ \tfrac{\text{m}}{\text{s}})^2 - \frac{2 \cdot 5\,000\ \text{N} \cdot 30\ \text{m}}{1\,800\ \text{kg}}} = 37{,}859\ldots\ \tfrac{\text{m}}{\text{s}} \approx 38\ \tfrac{\text{m}}{\text{s}} \approx 136\ \tfrac{\text{km}}{\text{h}}$$

e) Wäre diese restliche Bewegungsenergie vor dem Aufprall durch Umwandlung aus Höhenenergie bei freiem Fall entstanden, ergäbe sich nach dem Energieerhaltungssatz die Gleichung:

$$m \cdot g \cdot h = \frac{1}{2} m \cdot v_3^2$$

Sie lässt sich durch m dividieren, d. h. die Fallhöhe hängt nicht von der Masse des fallenden Objektes ab:

$$g \cdot h = \frac{1}{2} v_3^2 \quad \Rightarrow \quad h = \frac{v_3^2}{2g} = \frac{(37{,}859\ \tfrac{\text{m}}{\text{s}})^2}{2 \cdot 9{,}81\ \tfrac{\text{m}}{\text{s}^2}} \approx 73\ \text{m}$$

61. Wegen der verschiedenen Hubhöhen ist die Arbeit für die einzelnen Würfel unterschiedlich groß. Es ergibt sich:

$$W = m \cdot g \cdot (h_1 + h_2 + h_3 + h_4 + h_5)$$
$$= 3{,}0\ \text{kg} \cdot 9{,}81\ \tfrac{\text{N}}{\text{kg}} \cdot (0 + 0{,}10\ \text{m} + 0{,}20\ \text{m} + 0{,}30\ \text{m} + 0{,}40\ \text{m}) \approx 29\ \text{J}$$

62. Da die Geschwindigkeit sich nicht ändert, ist die „verlorene" Höhenenergie auf 300 m Pistenlänge ist gleich der durch Reibung umgewandelten Energie:

$$m \cdot g \cdot h = 160\ \text{N} \cdot 300\ \text{m} \quad \Rightarrow \quad m = \frac{160\ \text{N} \cdot 300\ \text{m}}{g \cdot h} = \frac{160\ \text{N} \cdot 300\ \text{m}}{9{,}81\ \tfrac{\text{N}}{\text{kg}} \cdot 55\ \text{m}} \approx 89\ \text{kg}$$

63. a) Die Höhenenergie hat sich vollständig in Bewegungsenergie umgewandelt, es gilt:

$$m \cdot g \cdot h = \frac{1}{2} m \cdot v^2$$

Nach Division beider Seiten durch m folgt:

$$v = \sqrt{2g \cdot h} = \sqrt{2 \cdot 9{,}81\ \tfrac{\text{m}}{\text{s}^2} \cdot 120\ \text{m}} \approx 48{,}5\ \tfrac{\text{m}}{\text{s}}$$

Die Geschwindigkeit ist also von der Masse unabhängig.

b) In 30 m Höhe hat er $h' = 120\ \text{m} - 30\ \text{m} = 90\ \text{m}$ an Höhe (und damit an Höhenenergie) verloren, die jetzt als Bewegungsenergie vorliegt. Mit derselben Gleichung wie in Teilaufgabe a erhält man mit der geänderten Höhe:

$$v = \sqrt{2 \cdot g \cdot h'} = \sqrt{2 \cdot 9{,}81\ \frac{\text{m}}{\text{s}^2} \cdot 90\ \text{m}} \approx 42{,}0\ \frac{\text{m}}{\text{s}}$$

c) Hier ist zunächst die Gleichung $g \cdot h = \frac{1}{2} v^2$ nach h aufzulösen:

$$h = \frac{v^2}{2g} = \frac{(50\ \frac{\text{m}}{\text{s}})^2}{2 \cdot 9{,}81\ \frac{\text{m}}{\text{s}^2}} \approx 127\ \text{m}$$

Wegen der 10 m Resthöhe ist der Körper folglich aus einer Ruhelage in 137 m Höhe gefallen.

64. a) Einsetzen in die Formel liefert nach der Umrechnung $v = 180\ \frac{\text{km}}{\text{h}} = 50\ \frac{\text{m}}{\text{s}}$ unmittelbar:

$$E_{kin} = \frac{1}{2} m \cdot v^2 = \frac{1}{2} \cdot 1\,000\ \text{kg} \cdot (50\ \frac{\text{m}}{\text{s}})^2 = 1\,250\,000\ \text{J} = 1{,}25\ \text{MJ}$$

b) Die Bremskraft F_1 verrichtet über den Weg $s_1 = 50$ m die Bremsarbeit W_1, die (um das Fahrzeug zum Stillstand zu bringen) genauso groß sein muss wie die Bewegungsenergie vor dem Bremsvorgang:

$$\left.\begin{array}{l} W_1 = F_1 \cdot s_1 \\ W_1 = E_{kin} \end{array}\right\} \Rightarrow \quad F_1 \cdot s_1 = E_{kin}$$

$$F_1 = \frac{E_{kin}}{s_1} = \frac{1\,250\,000\ \text{J}}{50\ \text{m}} = 25\,000\ \text{N} = 25\ \text{kN}$$

c) Wieder muss die Bremsarbeit den gleichen Betrag haben wie die Bewegungsenergie vor dem Bremsen, also:

$$F_2 \cdot s_2 = E_{kin} \quad \Rightarrow \quad s_2 = \frac{E_{kin}}{F_2} = \frac{1\,250\,000\ \text{J}}{6\,250\ \text{N}} = 200\ \text{m}$$

d) Die Höhenenergie muss den gleichen Betrag haben wie die kinetische Energie:

$$m \cdot g \cdot h = \frac{1}{2} m \cdot v^2 \quad \Rightarrow \quad g \cdot h = \frac{1}{2} v^2 \quad \Rightarrow \quad h = \frac{v^2}{2g} = \frac{(50\ \frac{\text{m}}{\text{s}})^2}{2 \cdot 9{,}81\ \frac{\text{m}}{\text{s}^2}} \approx 127\ \text{m}$$

e) Die Fallhöhe ist unabhängig von der Masse („Alle Körper fallen gleich schnell“), wenn man wie hier von Reibungseffekten absieht. Es ergibt sich also ebenfalls eine Höhe von 127 m.

65. a) Sowohl der Körper als auch die lose Rolle muss um 3,50 m angehoben werden. Die Hubarbeit berechnet sich in beiden Fällen nach der Formel:

$$W = G \cdot h = m \cdot g \cdot h$$

Einsetzen der Zahlenwerte liefert:

$W_K = 450\ \text{kg} \cdot 9{,}81\ \frac{\text{N}}{\text{kg}} \cdot 3{,}50\ \text{m} \approx 15{,}4\ \text{kJ}$

$W_R = 25\ \text{kg} \cdot 9{,}81\ \frac{\text{N}}{\text{kg}} \cdot 3{,}50\ \text{m} \approx 857\ \text{J}$

b) Konstruktionsbedingt werden neben der eigentlichen Last auch Bauteile des Flaschenzugs angehoben, so auch die lose Rolle. Die hierzu notwendige Arbeit kann nicht als genutzte Arbeit interpretiert werden; als Nutzarbeit W_{nutz} gilt nur die Hubarbeit am Körper. Bei einem Wirkungsgrad von 75 % ergibt sich daher als aufzuwendende Arbeit:

$W_{in} = \frac{W_{nutz}}{0{,}75} \approx 20{,}5\ \text{kJ}$

66. Mit $E_{ges} = 160\,000\,000\,000\ \text{Wh}$ und $E_{Einwohner} = 3\,240\,000\,000\ \text{J}$ ergibt sich die Einwohnerzahl n durch Quotientenbildung. Hier müssen aber zunächst die Energieeinheiten einheitlich gewählt werden. Es gilt

$1\ \text{Wh} = 1\ \text{W} \cdot 1\ \text{h} = 1\ \frac{\text{J}}{\text{s}} \cdot 3\,600\ \text{s} = 3\,600\ \text{J}$

und damit:

$n = \frac{160\,000\,000\,000 \cdot 3\,600\ \text{J}}{3\,240\,000\,000\ \text{J}} = \frac{16\,000 \cdot 3600}{324} \approx 177\,778 \approx 178\,000$

Das Kraftwerk könnte etwa 178 000 Menschen versorgen.

67. Die Leistungsaufnahme – also die Höhenenergie, die pro Sekunde durch Wasserkraft auf die Turbinen als kinetische Energie übertragen werden – beträgt mit $h = 200\ \text{m}$, $V = 80\text{m}^3$ und der Dichte $\rho = 1\,000\ \frac{\text{kg}}{\text{m}^3}$ von Wasser:

$P_{in} = \frac{m \cdot g \cdot h}{t} = \frac{80\,000\ \text{kg} \cdot 9{,}81\ \frac{\text{N}}{\text{kg}} \cdot 200\ \text{m}}{1\ \text{s}} \approx 157\ \text{MW}$

Da laut Angabe eine Nutzleistung von 120 MW zur Verfügung steht, besitzt das Kraftwerk einen Wirkungsgrad von

$\eta = \frac{120\ \text{MW}}{157\ \text{MW}} \approx 0{,}76 = 76\ \%.$

68. a) Zunächst kommt in der Formel für die Leistung gar keine Geschwindigkeit vor. Durch Umformen erhält man aber:

$P_{nutz} = \frac{W}{t} = \frac{F \cdot s}{t} = F \cdot \frac{s}{t} = F \cdot v$

Die aufzubringende Kraft ist gleich der Gewichtskraft G, sodass folgt:

$P_{nutz} = G \cdot v = m \cdot g \cdot v = 150\ \text{kg} \cdot 9{,}81\ \frac{\text{N}}{\text{kg}} \cdot 1{,}2\ \frac{\text{m}}{\text{s}} \approx 1{,}77\ \text{kW}$

b) Die aufgenommene Leistung beträgt bei einem Wirkungsgrad von 75 %:

$$P_{input} = \frac{P_{output}}{0{,}75} \approx \frac{1{,}77\ \text{kW}}{0{,}75} = 2{,}36\ \text{kW}$$

69. a) Der Wirkungsgrad ist gegeben durch $\eta = \frac{P_{nutz}}{P_{in}}$ bzw. $\eta = \frac{W_{nutz}}{W_{in}}$.
Durch Auflösen der ersten Formel nach P_{nutz} folgt:

$$P_{nutz} = \eta \cdot P_{in} = 0{,}80 \cdot 4\ \text{kW} = 3{,}2\ \text{kW}$$

b) Die zu verrichtende Hubarbeit beträgt:

$$W = m \cdot g \cdot h = 3\,000\ \text{kg} \cdot 9{,}81\ \frac{\text{N}}{\text{kg}} \cdot 160\ \text{m} \approx 4{,}7\ \text{MJ}$$

Für die benötigte Zeit ergibt sich:

$$P_{nutz} = \frac{W}{t} \quad \Rightarrow \quad t = \frac{W}{P_{nutz}} \approx \frac{4\,700\,000\ \text{J}}{3\,200\ \text{W}} \approx 1\,470\ \text{s} = 24{,}5\ \text{min}$$

70. a) Die Reibungskraft ist proportional zur Gewichtskraft, die Proportionalitätskonstante ist die Reibungszahl. Mit $\mu = 0{,}12$ folgt:

$$F_{Reibung} = \mu \cdot G = 0{,}12 \cdot 10\,000\ \text{N} = 1\,200\ \text{N}$$

Bei konstanter Geschwindigkeit wirkt (in Bewegungsrichtung) keine resultierende Kraft auf das Fahrzeug (sonst würde es ja beschleunigt oder gebremst werden). Die Antriebskraft des Motors dient also der Überwindung der Reibungskraft und ist daher entgegengesetzt gleich groß:

$$F_A = 1\,200\text{N}$$

b) Für die Arbeit gilt: $W = F_A \cdot s = 1\,200\ \text{N} \cdot 30\,000\ \text{m} = 36\ \text{MJ}$

c) Die erforderliche Leistung, um die in Teilaufgabe b berechnete Arbeit in 20 Minuten oder 1 200 Sekunden zu verrichten, beträgt:

$$P = \frac{W}{t} = \frac{36\,000\,000\ \text{J}}{1\,200\ \text{s}} = 30\,000\ \text{W} = 30\ \text{kW}$$

d) Bei einer Leistung von 72 kW benötigt das Fahrzeug für die Strecke von $s = 30$ km die Zeit

$$t' = \frac{W}{P'} = \frac{36\,000\,000\ \text{J}}{72\,000\ \text{W}} = 500\ \text{s},$$

also ist seine Geschwindigkeit:

$$v' = \frac{s}{t'} = \frac{30\,000\ \text{m}}{500\ \text{s}} = 60\ \frac{\text{m}}{\text{s}} = 216\ \frac{\text{km}}{\text{h}}$$

e) Bei der Ableitung in den vorherigen Teilaufgaben wird der mit zunehmender Geschwindigkeit sehr stark anwachsende Luftwiderstand nicht berücksichtigt. Die Annahme, dass das Fahrzeug allein durch die geschwindigkeitsunabhängige Haftreibung (Teilaufgabe a) gebremst wird, ist für hohe Geschwindigkeiten nicht mehr zulässig.

71. Die aufgenommene Leistung des Motors ist

$$P_{in} = \frac{4\,320\text{ kJ}}{1\text{ h}} = \frac{4\,320\,000\text{ J}}{3\,600\text{ s}} = 1\,200\text{ W}.$$

Die abgegebene Leistung beträgt

$$P_{nutz} = \frac{m \cdot g \cdot h}{t} = \frac{200\text{ kg} \cdot 9{,}81\,\frac{\text{N}}{\text{kg}} \cdot 18\text{ m}}{50\text{ s}} = 706{,}32\text{ W},$$

der Wirkungsgrad somit:

$$\eta = \frac{P_{nutz}}{P_{in}} = \frac{706{,}32\text{ W}}{1\,200\text{ W}} \approx 0{,}59 = 59\ \%$$

72. a) Die gesuchte Kraft F_1 übt der Radler auf einer Streckenlänge von $s_1 = 20$ m aus, die verrichtete Arbeit ist also einerseits $W_1 = F \cdot s$. Andererseits gilt wegen $P_1 = \frac{W_1}{t_1}$ auch $W_1 = P_1 \cdot t_1$. Gleichsetzen ergibt:

$$P_1 \cdot t_1 = F_1 \cdot s_1 \quad \Rightarrow \quad F_1 = \frac{P_1 \cdot t_1}{s_1} = \frac{1\,200\text{ W} \cdot 2{,}5\text{ s}}{20\text{ m}} = 150\text{ N}$$

b) Löst man die analoge Gleichung $P_2 \cdot t_2 = F_2 \cdot s_2$ nach P_2 auf, erhält man:

$$P_2 = \frac{F_2 \cdot s_2}{t_2} = \frac{300\text{ N} \cdot 10\text{ m}}{1{,}5\text{ s}} = 2{,}0\text{ kW}$$

c) Die Beschleunigungsarbeit $P_2 \cdot t_2$ wurde vollständig in Bewegungsenergie umgewandelt, es gilt also:

$$P_2 \cdot t_2 = \frac{1}{2} m \cdot v^2$$

$$\Rightarrow \quad v = \sqrt{\frac{2 \cdot P_2 \cdot t_2}{m}} = \sqrt{\frac{2 \cdot 2\,000\text{ W} \cdot 1{,}5\text{ s}}{75\text{ kg}}} = \sqrt{80}\,\frac{\text{m}}{\text{s}} \approx 8{,}9\,\frac{\text{m}}{\text{s}}$$

Einheitenüberprüfung:

$$\sqrt{\frac{\text{Ws}}{\text{kg}}} = \sqrt{\frac{\text{J}}{\text{kg}}} = \sqrt{\frac{\text{Nm}}{\text{kg}}} = \sqrt{\text{N} \cdot \frac{\text{m}}{\text{kg}}} = \sqrt{\frac{\text{kgm}}{\text{s}^2} \cdot \frac{\text{m}}{\text{kg}}} = \sqrt{\frac{\text{m}^2}{\text{s}^2}} = \frac{\text{m}}{\text{s}}$$

73. a) Eine Leistungsaufnahme $P_{in} = 2\,800$ W wird bei einem Wirkungsgrad von $\eta = 0{,}55$ umgesetzt, die Nutzleistung ist also:

$$P_{nutz} = 0{,}55 \cdot P_{in} = 0{,}55 \cdot 2\,800\text{ W}$$

Zur Verrichtung der Hubarbeit $W = mgh$ benötigt der Motor die Zeit:

$$P_{nutz} = \frac{m \cdot g \cdot h}{t} \quad \Rightarrow \quad t = \frac{m \cdot g \cdot h}{P_{nutz}} = \frac{3\,500\text{ kg} \cdot 9{,}81\,\frac{\text{N}}{\text{kg}} \cdot 6{,}0\text{ m}}{1\,540\text{ W}} \approx 134\text{ s}$$

b) Die Hubgeschwindigkeit ist $v = \frac{h}{t} = \frac{6{,}0\text{ m}}{134\text{ s}} = 0{,}045\,\frac{\text{m}}{\text{s}}$.

c) Es gilt:

$$\left.\begin{array}{l} P_{nutz,2} = \eta_2 \cdot P_{in,2} \\ P_{nutz,2} = \frac{m \cdot g \cdot h}{t_2} \end{array}\right\} \Rightarrow \eta_2 \cdot P_{in,2} = \frac{m \cdot g \cdot h}{t_2}$$

$$\eta_2 = \frac{m \cdot g \cdot h}{t_2 \cdot P_{in,2}}$$

$$\eta_2 = \frac{3\,500\text{ kg} \cdot 9{,}81\,\frac{\text{N}}{\text{kg}} \cdot 6{,}0\text{ m}}{60\text{ s} \cdot 3\,800\text{ W}} \approx 0{,}904 = 90{,}4\ \%$$

74. a) Die verrichtete Arbeit ist Hubarbeit, das Fahrzeug hat nachher mehr Lageenergie als vorher. Für den Betrag dieser Arbeit ergibt sich:

$$W = m \cdot g \cdot h = 1\,000\text{ kg} \cdot 9{,}81\,\frac{\text{N}}{\text{kg}} \cdot 800\text{ m} = 7{,}848\text{ MJ}$$

b) Da die Steigung der Passstraße konstant ist, kann man sie als schiefe Ebene auffassen, die durch ein rechtwinkliges Dreieck mit einer Hypotenuse der Länge 5 000 m und einer Kathete der Länge 800 m dargestellt wird (siehe Abbildung). Diesem Dreieck ist das durch die Gewichtskraft G und die Hangabtriebskraft F_H aufgespannte Dreieck des Kräfteparallelogramms ähnlich (G: Hypotenuse; F_H: Kathete). Es gilt:

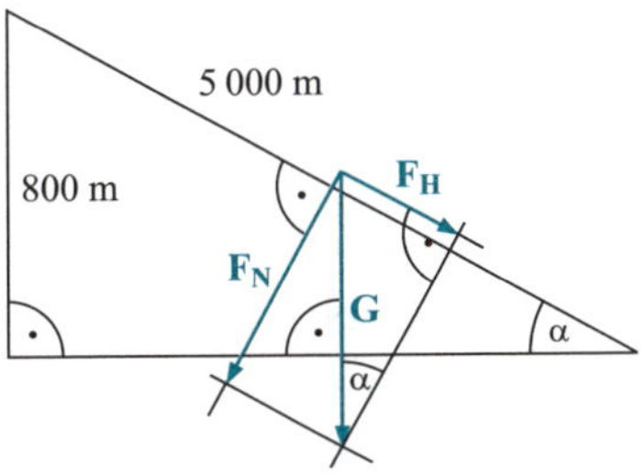

$$\frac{F_H}{G} = \frac{800\text{ m}}{5\,000\text{ m}}$$

$$\Rightarrow\ F_H = \frac{800\text{ m}}{5\,000\text{ m}} \cdot G = \frac{800}{5000} \cdot m \cdot g = \frac{800}{5000} \cdot 1\,000\text{ kg} \cdot 9{,}81\,\frac{\text{N}}{\text{kg}} \approx 1\,570\text{ N}$$

c) Bei Dauerfahrt an diesem Hang muss der Motor stets gegen die Hangabtriebskraft arbeiten. Seine Leistung ist

$$P = \frac{F_H \cdot s}{t} = F_H \cdot \frac{s}{t} = F_H \cdot v$$

und damit:

$$v = \frac{P}{F_H} = \frac{25\,000\text{ W}}{1\,570\text{ N}} \approx 16\,\frac{\text{m}}{\text{s}} \approx 58\,\frac{\text{km}}{\text{h}}$$

d) Die Fahrtzeit ist wegen $v = \frac{s}{t}$:

$$t = \frac{s}{v} = \frac{5\,000\text{ m}}{16\,\frac{\text{m}}{\text{s}}} \approx 312\text{ s} = 5{,}2\text{ min}$$

75. Mit F = 15 kN und t = 2 min = 120 s sowie h = 16,0 m ergibt sich die Leistung:

$$P = \frac{W}{t} = \frac{F \cdot h}{t} = \frac{15\,000\ \text{N} \cdot 16{,}0\ \text{m}}{120\ \text{s}} = 2{,}0\ \text{kW}$$

76. Hier muss die Gleichung $P = \frac{F \cdot h}{t}$ nach t aufgelöst werden:

$$t = \frac{F \cdot h}{P} = \frac{6\,000\ \text{N} \cdot 50\ \text{m}}{5\,000\ \text{W}} = 60\ \text{s} = 1\ \text{min}$$

77. Die Hubarbeit je Treppenstufe ist

$W_{Stufe} = 400\ \text{N} \cdot 0{,}18\ \text{m} = 72\ \text{J}$.

Bei einer Leistung von 1,0 kW muss der Schüler in einer Sekunde die Arbeit 1,0 kJ verrichten, d. h., er müsste

$$n = \frac{1\,000\ \text{J}}{72\ \text{J}} \approx 14\ \text{Stufen pro Sekunde}$$

ersteigen – ein schwieriges Unterfangen.

78. Die Gewichtskraft der besetzten Kabine ist

$G = 1\,400\ \text{N} + 6 \cdot 670\ \text{N} = 5\,420\ \text{N}$,

die Fahrtzeit beträgt t = 6,5 min = 390 s. Für die Leistung erhält man also:

$$P = \frac{G \cdot h}{t} = \frac{5\,420\ \text{N} \cdot 1150\ \text{m}}{390\ \text{s}} \approx 16\ \text{kW}$$

79. Der Zusammenhang zwischen Leistung und Geschwindigkeit lautet:

$$P = \frac{W}{t} = \frac{F \cdot s}{t} = F \cdot \frac{s}{t} = F \cdot v = 12\,000\ \text{N} \cdot 0{,}75\ \frac{\text{m}}{\text{s}} = 9{,}0\ \text{kW}$$

80. Bei einer Geschwindigkeit von $v = 46\ \frac{\text{km}}{\text{h}} \approx 12{,}8\ \frac{\text{m}}{\text{s}}$ und einer Zugkraft von F = 105 kN ergibt sich für die Leistung:

$$P = \frac{W}{t} = \frac{F \cdot s}{t} = F \cdot \frac{s}{t} = F \cdot v = 105\,000\ \text{N} \cdot 12{,}8\ \frac{\text{m}}{\text{s}} \approx 1{,}3\ \text{MW}$$

81. Ein Perpetuum mobile 1. Art verstößt gegen den 1. Hauptsatz der Wärmelehre (Energieerhaltungssatz): Da eine Maschine nie verlustfrei arbeiten kann (Reibung erzeugt Wärmeenergie, die infolge des Temperaturausgleichs mit der Umgebung nach außen abgegeben wird), müsste sie die Energieverluste zum Aufrechterhalten der Bewegung selbst ausgleichen und dafür Energie erzeugen. Dies ist unmöglich.

82. Die vom Kaltwasser aufgenommene und die vom Heißwasser abgegebene Energie sind gleich groß, also gilt:

$$x \cdot c_{\text{Wasser}} \cdot (36\,°\text{C} \cdot -15\,°\text{C}) = 80\,\text{kg} \cdot c_{\text{Wasser}}\,(65\,°\text{C} - 36\,°\text{C})$$

$$x \cdot 21\,\text{K} = 80\,\text{kg} \cdot 29\,\text{K}$$

$$x = \frac{80\,\text{kg} \cdot 29\,\text{K}}{21\,\text{K}} \approx 110\,\text{kg} \mathrel{\hat{=}} 110\,\ell$$

Man muss also etwa 110 ℓ Kaltwasser beimischen.

83. a) Das Wasser muss zunächst mit der Energie E_1 auf 100 °C erhitzt werden, dann ist die Energie E_2 zum Verdampfen notwendig und schließlich muss der Dampf noch weiter erwärmt werden durch Zufuhr von E_3:

$$E_1 = 0{,}400\,\text{kg} \cdot 4\,190\,\frac{\text{J}}{\text{kg} \cdot \text{K}} \cdot (100\,°\text{C} - 20\,°\text{C}) = 134\,080\,\text{J}$$

$$E_2 = 400\,\text{g} \cdot 2\,258\,\frac{\text{J}}{\text{g}} = 903\,200\,\text{J}$$

$$E_3 = 0{,}400\,\text{kg} \cdot 2\,090\,\frac{\text{J}}{\text{kg} \cdot \text{K}} \cdot (160\,°\text{C} - 100\,°\text{C}) = 50\,160\,\text{J}$$

$$\Rightarrow \quad E_{ges} = E_1 + E_2 + E_3 = 134\,080\,\text{J} + 903\,200\,\text{J} + 50\,160\,\text{J}$$

$$= 1\,087\,440\,\text{J} \approx 1{,}1\,\text{MJ}$$

b) Die prozentualen Anteile der Teilenergien sind:

$$\frac{E_1}{E_{ges}} = \frac{134\,080\,\text{J}}{1\,087\,440\,\text{J}} \approx 0{,}123 = 12{,}3\,\% \qquad \text{(Wasser erhitzen)}$$

$$\frac{E_2}{E_{ges}} = \frac{903\,200\,\text{J}}{1\,087\,440\,\text{J}} \approx 0{,}831 = 83{,}1\,\% \qquad \text{(Wasser verdampfen)}$$

$$\frac{E_3}{E_{ges}} = \frac{50\,160\,\text{J}}{1\,087\,440\,\text{J}} \approx 0{,}046 = 4{,}6\,\% \qquad \text{(Dampf erhitzen)}$$

84. Die Atome im Kristallverband sind nachbarschaftlich gebunden durch Kräfte, die (kleinen Spiralfedern gleich) ein gewisses Schwingen um die Ruhelage zulassen und durch ihre rücktreibende Wirkung die Gesamtstruktur erhalten. Zunehmende Erwärmung bedeutet mikroskopisch eine Zunahme der Bewegungsenergie der Teilchen, sie schwingen also immer heftiger, bis irgendwann die Kräfte nicht mehr ausreichen („die Federn reißen"), um die alte Lage wieder zu erreichen. Der Kristall verliert seine geordnete Struktur und beginnt zu schmelzen.

85. Die Menge x an Eis wird zunächst mit der Energie E_1 auf 0 °C erwärmt, anschließend mit E_2 geschmolzen und schließlich als Wasser weiter erwärmt durch Zufuhr von E_3.

Bei der Rechnung ist es wichtig, auf einheitliche Einheiten zu achten (hier: Angabe von s_{Eis} in $\frac{J}{kg}$ statt $\frac{J}{g}$), da sonst leicht falsche Ergebnisse entstehen! Insgesamt ergibt sich mit $s_{Eis} = 335\,\frac{J}{g} = 335\,000\,\frac{J}{kg}$:

$$150\text{ kJ} = E_1 + E_2 + E_3$$

$$150\text{ kJ} = x \cdot c_{Eis} \cdot 15\text{ K} + x \cdot s_{Eis} + x \cdot c_{Wasser} \cdot 75\text{ K}$$

$$150\text{ kJ} = x \cdot 2\,100\,\frac{J}{kg \cdot K} \cdot 15\text{ K} + x \cdot 335\,000\,\frac{J}{kg} + x \cdot 4\,190\,\frac{J}{kg \cdot K} \cdot 75\text{ K}$$

$$150\,000\text{ J} = x \cdot 31\,500\,\frac{J}{kg} + x \cdot 335\,000\,\frac{J}{kg} + x \cdot 314\,250\,\frac{J}{kg}$$

$$150\,000\text{ J} = x \cdot 680\,750\,\frac{J}{kg}$$

$$x \approx 0{,}220\text{ kg}$$

Die angegebene Energie reicht also etwa für 220 g Eis.

86. Die unbekannte Flüssigkeit habe die spezifische Wärmekapazität c_X. Damit lässt sich bei der Mischtemperatur von 51,27 °C folgende Energiebilanz ziehen:
Das Wasser gibt (weil es sich abkühlt) die Energie E_1 ab, der Alkohol und die unbekannte Flüssigkeit nehmen die Energien E_2 bzw. E_3 auf. Es gilt:

$E_1 = E_2 + E_3$ bzw.

$$0{,}600\text{ kg} \cdot c_{Wasser} \cdot (65{,}0\,°C - 50{,}27\,°C)$$
$$= 0{,}300\text{ kg} \cdot c_{Alkohol} \cdot (50{,}27\,°C - 40{,}0\,°C) + 0{,}400\text{ kg} \cdot c_X \cdot (50{,}27\,°C - 15{,}0\,°C)$$

Einsetzen der Wärmekapazitäten liefert:

$$0{,}600\text{ kg} \cdot 4\,190\,\frac{J}{kg \cdot K} \cdot 14{,}73\text{ K} = 0{,}300\text{ kg} \cdot 2\,400\,\frac{J}{kg \cdot K} \cdot 10{,}27\text{ K} + 0{,}400\text{ kg} \cdot c_X \cdot 35{,}27\text{ K}$$

$$37\,031{,}22\text{ J} = 7394{,}4\text{ J} + 14{,}108\text{ kgK} \cdot c_X$$

$$c_X = \frac{29\,636{,}82\text{ J}}{14{,}108\text{ kg} \cdot \text{K}} \approx 2\,100\,\frac{J}{kg \cdot K}$$

Vermutlich handelt es sich bei der unbekannten Flüssigkeit um Petroleum (vgl. Angabe).

87. Geben wir die Temperaturdifferenzen bezogen auf 0 °C an, ergibt sich folgende Energiebilanz (mit $42\,\ell \mathrel{\hat{=}} 42\text{ kg}$):

$$x \cdot c_{Wasser} \cdot 70\text{ K} + 42\text{ kg} \cdot c_{Wasser} \cdot 15\text{ K} = (x + 42\text{ kg}) \cdot c_{Wasser} \cdot 35\text{ K}$$

$$x \cdot 70\text{ K} + 42\text{ kg} \cdot 15\text{ K} = x \cdot 35\text{ K} + 42\text{ kg} \cdot 35\text{ K}$$

$$x \cdot 35\text{ K} = 840\text{ kgK}$$

$$x = \frac{840\text{ kgK}}{35\text{ K}} = 24\text{ kg} \mathrel{\hat{=}} 24\,\ell$$

Es müssen 24 Liter Heißwasser zugegeben werden.

88. Wir berechnen die Mischtemperatur allgemein (alle Temperaturen wieder bezogen auf 0 °C) und setzen dann die Zahlenwerte der Teilaufgaben a und b ein. Aus der Energiebilanz folgt:

$$m_1 \cdot c_1 \cdot \Delta T_1 + m_2 \cdot c_2 \cdot \Delta T_2 = (m_1 \cdot c_1 + m_2 \cdot c_2) \cdot \Delta T_{misch}$$

$$\Delta T_{misch} = \frac{m_1 \cdot c_1 \cdot \Delta T_1 + m_2 \cdot c_2 \cdot \Delta T_2}{m_1 \cdot c_1 + m_2 \cdot c_2}$$

a) Wegen $c_1 = c_2$ kürzen sich die spezifischen Wärmekapazitäten heraus. Mit $m_1 = 1{,}0$ kg, $m_2 = 3{,}0$ kg, $\Delta T_1 = 50$ K und $\Delta T_2 = 30$ K ergibt sich:

$$\Delta T_{misch} = \frac{1{,}0\ \text{kg} \cdot 50\ \text{K} + 2{,}0\ \text{kg} \cdot 30\ \text{K}}{1\ \text{kg} + 2\ \text{kg}} = 36{,}\overline{6}\ \text{K} \approx 37\ \text{K}$$

Die Mischtemperatur beträgt etwa 37 °C.

b) Mit $m_1 = 1{,}0$ kg, $m_2 = 1{,}0$ kg, $\Delta T_1 = 50$ K, $\Delta T_2 = 30$ K, $c_1 = c_{Wasser}$ und $c_2 = c_{Petroleum}$ ergibt sich:

$$\Delta T_{misch} = \frac{1{,}0\ \text{kg} \cdot 4\,190\ \frac{\text{J}}{\text{kg} \cdot \text{K}} \cdot 50\ \text{K} + 1{,}0\ \text{kg} \cdot 2\,100\ \frac{\text{J}}{\text{kg} \cdot \text{K}} \cdot 30\ \text{K}}{1\ \text{kg} \cdot 4\,190\ \frac{\text{J}}{\text{kg} \cdot \text{K}} + 1\ \text{kg} \cdot 2\,100\ \frac{\text{J}}{\text{kg} \cdot \text{K}}} \approx 43\ \text{K}$$

Die Mischtemperatur beträgt etwa 43 °C.

89. Verdünnter Alkohol besteht aus einem Anteil reinen Alkohol (x kg) und einem restlichen Anteil Wasser (0,200 kg – x kg). Die Mischung setzt sich also aus insgesamt drei Teilen (reiner Alkohol 60 °C, Wasseranteil 60 °C, kühles Wasser 18 °C) zusammen, deren Energiebilanz lautet (wieder bezogen auf 0 °C):

$$x\ \text{kg} \cdot c_{Alk} \cdot 60\ \text{K} + (0{,}200 - x)\ \text{kg} \cdot c_{Was} \cdot 60\ \text{K} + 0{,}100\ \text{kg} \cdot c_{Was} \cdot 18\ \text{K}$$
$$= x\ \text{kg} \cdot c_{Alk} \cdot 42{,}5\ \text{K} + (0{,}200 - x + 0{,}100)\ \text{kg} \cdot c_{Was} \cdot 42{,}5\ \text{K}$$

Wir kürzen die Einheit kg, die in jedem der Summanden der Gleichung vorkommt, und lösen nach x auf:

$$x \cdot c_{Alk} \cdot 60\ \text{K} + 0{,}200 \cdot c_{Was} \cdot 60\ \text{K} - x \cdot c_{Was} \cdot 60\ \text{K} + 0{,}100 \cdot c_{Was} \cdot 18\ \text{K}$$
$$= x \cdot c_{Alk} \cdot 42{,}5\ \text{K} + 0{,}300 \cdot c_{Was} \cdot 42{,}5\ \text{K} - x \cdot c_{Was} \cdot 42{,}5\ \text{K}$$

$$x \cdot c_{Alk} \cdot 17{,}5\ \text{K} + 0{,}200 \cdot c_{Was} \cdot 60\ \text{K} - x \cdot c_{Was} \cdot 60\ \text{K} + 0{,}100 \cdot c_{Was} \cdot 18\ \text{K}$$
$$= +\, 0{,}300 \cdot c_{Was} \cdot 42{,}5\ \text{K} - x \cdot c_{Was} \cdot 42{,}5\ \text{K}$$

$$x \cdot c_{Alk} \cdot 17{,}5\ \text{K} + c_{Was} \cdot 12\ \text{K} - x \cdot c_{Was} \cdot 60\ \text{K} + c_{Was} \cdot 1{,}8\ \text{K}$$
$$= c_{Was} \cdot 12{,}75\ \text{K} - x \cdot c_{Was} \cdot 42{,}5\ \text{K}$$

$$x \cdot (c_{Alk} \cdot 17{,}5\ \text{K} - c_{Was} \cdot 60\ \text{K}) + c_{Was} \cdot (12\ \text{K} + 1{,}8\ \text{K})$$
$$= c_{Was} \cdot 12{,}75\ \text{K} - x \cdot c_{Was} \cdot 42{,}5\ \text{K}$$

$$x \cdot (c_{Alk} \cdot 17{,}5\ K - c_{Was} \cdot 60\ K + c_{Was} \cdot 42{,}5\ K) = c_{Was} \cdot (12{,}75\,K - 12\,K - 1{,}8\,K)$$

$$x = \frac{c_{Was} \cdot (12{,}75\ K - 12\ K - 1{,}8\ K)}{(c_{Alk} - c_{Was}) \cdot 17{,}5\ K} = \frac{4190\ \frac{J}{kg \cdot K} \cdot (-1{,}05\ K)}{(2\,400 - 4\,190)\ \frac{J}{kg \cdot K} \cdot 17{,}5\ K} \approx 0{,}140$$

In den 200 g verdünntem Alkohol waren also 140 g reiner Alkohol, der Massenanteil beträgt damit $\frac{140\ g}{200\ g} = 0{,}70 = 70\ \%$.

90. Es gilt die Energiebilanz (bezogen auf 0 °C):

$$70\ kg \cdot c_{Wasser} \cdot 85\ K + 130\ kg \cdot c_{Wasser} \cdot 15\ K = 200\ kg \cdot c_{Wasser} \cdot \Delta x$$

$$70\ kg \cdot 85\ K + 130\ kg \cdot 15\ K = 200\ kg \cdot \Delta x$$

$$\Delta x = \frac{5\,950\ kgK + 1\,950\ kgK}{200\ kg} = 39{,}5\ K$$

Die Badetemperatur wird mit 39,5 °C angenommen.

91. In einer Stunde werden 3 100 ℓ, also 3 100 kg Wasser um 8 K erwärmt, es entsteht somit die Abwärme

$$3\,100\ kg \cdot c_{Wasser} \cdot 8\ K = 3\,100\ kg \cdot 4\,190\ \frac{J}{kg \cdot K} \cdot 8\ K = 103\,912\,000\ J.$$

Während dieser Zeit werden 11 ℓ Kraftstoff mit je 29,3 MJ verbrannt, also wird die Energie

$$E_{in} = 11 \cdot 29\,300\,000\ J = 322\,300\,000\ J$$

umgesetzt. Der Anteil der Abwärme beträgt also $\frac{103\,912\,000\ J}{322\,300\,000\ J} \approx 32\ \%$.

92. a) Bezeichnet man die Maßzahl der Ausgangstemperatur der Kugel mit T_{Kugel} (Einheit °C), ergibt sich für die von der Kugel abgegebene Energie:

$$\Delta E_{Kugel} = m_{Kugel} \cdot c_{Eisen} \cdot (T_{Kugel} - T_{misch})\ K$$
$$= 0{,}080\ kg \cdot 452\ \frac{J}{kg \cdot K} \cdot (T_{Kugel} - 33{,}5)\ K$$

Das Wasser nimmt bei seiner Erwärmung gerade diese Energie auf:

$$\Delta E_{Wasser} = m_{Wasser} \cdot c_{Wasser} \cdot (T_{misch} - T_{Wasser})$$
$$= 1{,}0\ kg \cdot 4\,190\ \frac{J}{kg \cdot K} \cdot (33{,}5 - 23{,}0)\ K = 43\,995\ J$$

Es gilt also die Energiebilanz:

$$43\,995\ J = 0{,}080\ kg \cdot 452\ \frac{J}{kg \cdot K} \cdot (T_{Kugel} - 33{,}5)\ K$$

$$43\,995\ J = 36{,}16\ J \cdot (T_{Kugel} - 33{,}5)$$

$$T_{Kugel} = \frac{43\,995\ J}{36{,}16\ J} + 33{,}5 \approx 1250$$

Die Anfangstemperatur der Kugel lag bei ca. 1250 °C.

b) Es handelt sich um eine Mindestangabe, denn beim Eintauchen einer derart heißen Kugel werden vermutlich durch Verdampfen geringer Mengen Wasser (Zischen!) Energieverluste auftreten, die in der Energiebilanz in Teilaufgabe a nicht erfasst sind. (Die Kugel liefert also mehr Energie als die angenommenen 43 995 J).

93. Die Raumtemperatur wird steigen.

Begründung: Der Kühlschrank kühlt nicht den umgebenden Raum über die offene Tür! Er ist lediglich ein Wärmetauscher, der über ein Kühlmittel die Wärmeenergie der Innenluft des Kühlschranks entzieht und diese dann außerhalb über die Kühlrippen an der Rückseite wieder an die Raumluft abgibt. Zusätzlich wird für das Pumpen des Kühlmittels ein Motor angetrieben, der Energie benötigt und Wärme erzeugt. Insgesamt nimmt das Zimmer elektrische Energie über die Steckdose auf, diese muss dann als Wärmeenergie in der Raumluft bleiben.

94. Wir bezeichnen den gesuchten Druck mit p_1, die unbekannte Ausgangstemperatur mit T_1 und (ebenso unbekannte) Ausgangsvolumen mit V_1. Bekannt sind die Zustandsgrößen p_0, T_0, V_0 bei Normalbedingungen. Für die abgeschlossene Gasmenge gilt die Zustandsgleichung:

$$\frac{p_0 \cdot V_0}{T_0} = \frac{p_1 \cdot V_1}{T_1} \qquad (*)$$

Weiterhin ist bekannt, dass nach einer isobaren Erwärmung die Temperatur $T_2 = T_1 + 20\text{ K}$ und das Volumen $V_2 = V_1 + 30\text{ dm}^3$ vorliegen ($p_2 = p_1$). Auch hier gilt:

$$\frac{p_1 \cdot V_1}{T_1} = \frac{p_2 \cdot V_2}{T_2} \quad \Rightarrow \quad \frac{V_1}{T_1} = \frac{V_2}{T_2} \quad \Rightarrow \quad \frac{V_1}{T_1} = \frac{V_1 + 30\text{ dm}^3}{T_2 + 20\text{ K}}$$

Umformen dieser Verhältnisgleichung ergibt:

$$(T_1 + 20\text{ K}) \cdot V_1 = (V_1 + 30\text{ dm}^3) \cdot T_1$$

$$T_1 \cdot V_1 + 20\text{ K} \cdot V_1 = V_1 \cdot T_1 + 30\text{ dm}^3 \cdot T_1$$

$$\frac{V_1}{T_1} = \frac{30\text{ dm}^3}{20\text{ K}}$$

In Gleichung (*) sind nun sowohl der Ausdruck auf der linken Seite bekannt als auch der Quotient $\frac{V_1}{T_1}$ auf der rechten Seite, sodass wir nach p_1 auflösen können:

$$p_1 = \frac{p_0 \cdot V_0}{T_0} \cdot \frac{T_1}{V_1} = \frac{1\,013{,}25\text{ hPa} \cdot 200\text{ dm}^3}{273{,}15\text{ K}} \cdot \frac{20\text{ K}}{30\text{ dm}^3} \approx 495\text{ hPa}$$

Es herrscht ein Druck von etwa 495 hPa.

95. a) Das Saalvolumen ist $V = 20\ m \cdot 15\ m \cdot 5\ m = 1\,500\ m^3$, die absoluten Temperaturen betragen $T = 295{,}15\ K$ und $T' = 308{,}15\ K$. Die Erwärmung findet isobar statt, also gilt:

$$\frac{V}{T} = \frac{V'}{T'} \Rightarrow V' = \frac{V \cdot T'}{T} = \frac{308{,}15\ K \cdot 1\,500\ m^3}{295{,}15\ K} \approx 1\,566\ m^3$$

Es entweichen also etwa 66 m^3.

b) Die Luft bei 22 °C hat eine Masse von $1\,500\ m^3 \cdot 1{,}29\ \frac{kg}{m^3} = 1\,935\ kg$. Bei 35 °C ist die Masse unverändert, dagegen sinkt die Dichte wegen des größeren Volumens:

$$\rho' = \frac{1\,935\ kg}{1\,566\ m^3} \approx 1{,}236\ \frac{kg}{m^3}$$

96. a) $p_1 V_1 = p_2 V_2$ (T = konst.)

b) $\frac{p_1}{T_1} = \frac{p_2}{T_2}$ (V = konst.)

c) $\frac{V_1}{T_1} = \frac{V_2}{T_2}$ (P = konst.)

97. Nach der isochoren Erwärmung ($V_1 = V_2$) auf $T_2 = 343{,}15\ K$ bei $p_2 = 3\,150\ hPa$ ergibt sich mit $T_1 = 283{,}15\ K$ für den Ausgangsdruck:

$$p_1 = \frac{p_2 \cdot T_1}{T_2} = \frac{3\,150\ hPa \cdot 283{,}15\ K}{343{,}15\ K} \approx 2\,600\ hPa$$

98. Die kalte Luft sinkt zu Boden (wegen der größeren Dichte) und schiebt dort die warme Raumluft an der gegenüberliegenden Wand hoch. Unter der Decke entsteht so eine entgegengesetzte Strömung warmer Luft zum Fenster hin.

99. Isotherme Druckerhöhung bedeutet $p_1 V_1 = p_2 V_2$. Mit $p_2 = 1{,}10 \cdot p_1$ ergibt sich:

$$V_2 = \frac{p_1 \cdot V_1}{p_2} = \frac{p_1 \cdot V_1}{1{,}10 \cdot p_1} = 0{,}\overline{90} \cdot V_1 \approx 91\ \% \cdot V_1$$

Das Volumen wird um etwa 9 % kleiner.

100. Stahl und Beton besitzen den etwa gleichen Wärmeausdehnungskoeffizienten und dehnen sich daher gleich stark aus. Das Gefüge aus Stahlgeflecht und Beton übersteht die Temperaturschwankungen der Jahreszeiten unbeschadet. Bei Aluminiumbeton würde das doppelt so starke Ausdehnungsverhalten des Aluminiums den Beton zerstören.

101. a) Die Längenausdehnung der Brücke bei der maximalen Temperaturdifferenz von 70 K beträgt:

$$\ell_1 = \ell_0 \cdot (1 + \alpha \cdot \Delta T)$$

$$\Rightarrow \ell_1 - \ell_0 = \ell_0 \cdot \alpha \cdot \Delta T = 100 \text{ m} \cdot 0{,}000012 \tfrac{1}{\text{K}} \cdot 70 \text{ K} = 0{,}084 \text{ m} = 8{,}4 \text{ cm}$$

Bei –30 °C ist die Brücke um $\frac{30}{70} \cdot 8{,}4$ cm gegenüber 0 °C verkürzt, bei +40 °C entsprechend um 4,8 cm länger.

b) Man behilft sich mit so genannten Dehnungsfugen (bei Brücken z. B. ineinander greifende „Kämme“ aus Metall für den Fahrbahnbelag sowie versetzt angebrachte, ineinander greifende Träger, die sich gegeneinander bewegen können).

102. Es werden immer wieder „U“-förmige Umleitungen eingebaut, die die Ausdehnung auffangen können.

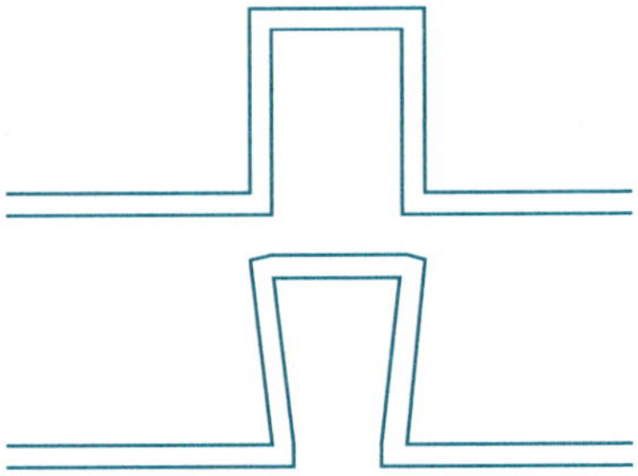

103. Nach der allgemeinen Zustandsgleichung gilt bei konstanten Druck:

$$\frac{p_1 \cdot V_1}{T_1} = \frac{p_0 \cdot V_0}{T_0} \quad \Rightarrow \quad \frac{V_1}{T_1} = \frac{V_0}{T_0}$$

$$\Rightarrow \quad V_1 = V_0 \cdot \frac{T_1}{T_0} = V_0 \cdot \frac{T_0 + \Delta T}{T_0} = V_0 \cdot \left(1 + \frac{\Delta T}{T_0}\right)$$

Der Vergleich mit der Formel

$$V_1 = V_0 \cdot (1 + \gamma \cdot \Delta T)$$

für den Volumenausdehnungskoeffizienten γ zeigt, dass beide Beziehungen übereinstimmen, wenn man

$$\gamma = \frac{1}{T_0} = \frac{1}{273{,}15 \text{ K}}$$

setzt. Der Koeffizient hat also für alle idealen Gase den gleichen Wert.

104. a) Masse und Gewichtskraft ändern sich nicht (so lange in Folge der Erwärmung keine chemischen Reaktionen einsetzen), das Volumen wird größer und die Dichte damit kleiner.

b) Auf den ersten Blick gibt es zwei mögliche Richtungen, in die sich der Ring ausdehnen könnte, nämlich nach außen oder nach innen. Zur Klärung hilft folgende Überlegung: Denkt man sich den (sehr dünnen) Ring aufgeschlitzt und zu einem rechteckigen Streifen aufgebogen, dehnt sich dieser Streifen bei Erwärmung hauptsächlich in Längsrichtung aus, wird aber auch geringfügig breiter. Biegt man ihn dann wieder zum Ring, ist der Innendurchmesser größer als zuvor; die Kugel passt durch.

105. Die der Sonne zugewandte Seite dehnt sich aus, also biegt sich der Turm von der Sonne weg.

106. Der Bimetallstreifen biegt sich nach oben, weil sich die untere Schicht stärker ausdehnt.

107. Die Temperaturdifferenz ist $\Delta T = 50\ \text{K}$. Nimmt man als Ausgangslänge $\ell_{\text{Winter}} = 150\ \text{km}$ an, so folgt für die Längenausdehnung:

$$\Delta\ell = \ell_{\text{Sommer}} - \ell_{\text{Winter}} = \ell_{\text{Winter}} \cdot (1 + \alpha \cdot \Delta T) - \ell_{\text{Winter}} = \ell_{\text{Winter}} \cdot \alpha \cdot \Delta T$$

$$\Delta\ell = 150\,000\ \text{m} \cdot 0{,}000012\ \frac{1}{\text{K}} \cdot 50\ \text{K} = 90\ \text{m}$$

108. a) Die spezifische Wärmekapazität von Wasser ist $c_W = 4{,}2\ \frac{\text{J}}{\text{g} \cdot \text{K}}$.
Um $3{,}0\ \ell \mathrel{\hat=} 3{,}0\ \text{kg}$ Wasser um 80 K zu erwärmen, wird die Energie

$$E = m \cdot c_W \cdot \Delta T = 3\,000\ \text{g} \cdot 4{,}2\ \frac{\text{J}}{\text{g} \cdot \text{K}} \cdot 80\ \text{K} = 1\,008\,000\ \text{J} \approx 1{,}0\ \text{MJ}$$

benötigt. Die Sonne bestrahlt die Spiegelfläche mit

$$P_{\text{in}} = 1\,000\ \frac{\text{W}}{\text{m}^2} \cdot 4{,}0\ \text{m}^2 = 4\,000\ \text{W},$$

sodass sich wegen $P_{\text{in}} = \frac{E}{t}$ für die Zeit ergibt:

$$t = \frac{E}{P_{\text{in}}} = \frac{1{,}0\ \text{MJ}}{4{,}0\ \text{kW}} = \frac{1\,008\,000\ \text{J}}{4\,000\ \text{W}} = 252\ \text{s}$$

Das Wasser müsste nach 4 Minuten und 12 Sekunden kochen.

b) 7,0 Minuten sind 420 Sekunden, der Wirkungsgrad ist also:

$$\eta = \frac{P_{\text{nutz}}}{P_{\text{in}}} = \frac{\frac{1\,008\,000\ \text{J}}{420\ \text{s}}}{4\,000\ \text{W}} = \frac{2\,400\ \text{W}}{4\,000\ \text{W}} = 0{,}6 = 60\ \%$$

Es entsteht also ein Leistungsverlust von 40 %. Mögliche Ursachen hierfür sind:

- Die Spiegelfläche wird nicht so präzise sein, dass wirklich das gesamte Licht den Topf trifft (geschätzter Wirkungsgrad 95 %).

- Der Topf selbst beschattet den Spiegel zwar und nimmt damit einfallendes Licht weg. Da dieses Licht ihn aber auf direktem Weg trifft, stellt dies keine Verlustquelle dar. Dagegen dürfte die Halterung für den Topf einen (wenngleich unerheblichen) Schatten werfen, der streng genommen berücksichtigt werden müsste (geschätzter Wirkungsgrad 95 %).
- Die Oberfläche des Topfes nimmt nicht 100 % des Lichtes auf, sondern reflektiert einen Teil davon, sodass nicht alle Energie zweckgemäß verwendet werden kann (geschätzter Wirkungsgrad 85 %).
- Bei der energetischen Berechnung wurde die zunächst notwendige Erwärmung des Topfes nicht berücksichtigt. Wegen der im Vergleich zu Wasser wesentlich kleineren Wärmekapazität des Metalls hält sich dieser Verlust auch in Grenzen.
  Abschätzung: Wärmekapazität von Eisen etwa $c = 450\,\frac{J}{kg \cdot K}$, Topfmasse 2,0 kg, Temperaturdifferenz 80 K liefert:
  $$E = 450\,\frac{J}{kg \cdot K} \cdot 2{,}0\text{ kg} \cdot 80\text{ K} = 72\,000\text{ J}$$
  Bezogen auf die Nutzenergie von gut 1,0 MJ macht dies etwa 7,2 % aus (geschätzter Wirkungsgrad 93 %).
- Während der Erwärmungsphase geben Topf und Wasser kontinuierlich wieder Wärme an die Umgebungsluft ab, die ersetzt werden muss und die Kochdauer erhöht (geschätzter Wirkungsgrad 80 %).

Ausgehend von den genannten Schätzwerten ergibt sich insgesamt ein Wirkungsgrad von etwa $0{,}95 \cdot 0{,}95 \cdot 0{,}85 \cdot 0{,}93 \cdot 0{,}80 \approx 0{,}57 = 57\ \%$. Der Verlust von 40 % ist also plausibel.

109. a) Die Strahlungsleistung auf der gesuchten Fläche A beträgt:

$$P_{in} = A \cdot 1\,000\,\frac{W}{m^2}$$

Davon werden 12 % genutzt, also folgt:

$$P_{nutz} = 0{,}12 \cdot A \cdot 1\,000\,\frac{W}{m^2} = A \cdot 120\,\frac{W}{m^2}$$

Mit der geforderten Leistung von $P_{nutz} = 120$ MW ergibt sich für A:

$$A = \frac{120\,000\,000\text{ W}}{120\,\frac{W}{m^2}} = 1\,000\,000\text{ m}^2 = 1{,}0\text{ km}^2$$

b) Stromerzeugung durch Photovoltaikanlagen haben den **Vorteil**, dass
- sie nachhaltig wirken, d. h. sie versorgen die jetzige Bevölkerung nicht auf Kosten der zukünftigen Generationen mit Strom;
- sie kein Kohlendioxid erzeugen, das mitverantwortlich für den Treibhauseffekt ist;
- sie keine giftigen Abgase erzeugen;
- sie ungefährlich beim Betrieb sind.

Ihre **Nachteile** sind:

- Sonnenscheinzeiten und Hauptstrombedarfszeiten sind nicht gleich;
- Die Herstellung der Module ist (noch) teuer und energieaufwändig;
- großer Grundstücksbedarf

110. a) Mit $P_{nutz} = 100$ MW und

$$P_{in} = 1\,000\,000\ \text{m}^2 \cdot 1\,000\ \frac{\text{W}}{\text{m}^2} = 1\,000\,000\,000\ \text{W} = 1{,}0\ \text{GW}$$

folgt für den Wirkungsgrad:

$$\eta = \frac{P_{nutz}}{P_{in}} = \frac{100\,000\,000}{1\,000\,000\,000} = 0{,}1 = 10\ \%$$

b) Mögliche Ursachen für Leistungsverluste:
Reflexion der Spiegel < 100 %, Wärmeabsorption der Rohre, Verluste am Wärmetauscher (Dampferzeuger), Reibungsverluste bei Turbine und Generator

111. Da die Heliostaten dafür sorgen, dass die Spiegel stets optimal zur Sonne ausgerichtet sind, beträgt die gesamte Spiegelfläche

$1\,818 \cdot 39{,}3\ \text{m}^3 = 71\,447{,}4\ \text{m}^2$,

die eingestrahlte Leistung also

$$P_{in} = 800\ \frac{\text{W}}{\text{m}^2} \cdot 71\,447{,}4\ \text{m}^2 = 57\,157\,920\ \text{W} \approx 57\ \text{MW}$$

und der Wirkungsgrad demnach etwa $\eta = \frac{P_{nutz}}{P_{in}} \frac{10\ \text{MW}}{57\ \text{MW}} \approx 17{,}5\ \%$.

112. Mit $P_{nutz} = 50$ W und $P_{in} = 200\ \text{m}^2 \cdot 1\,000\ \frac{\text{W}}{\text{m}^2} = 200\ \text{kW}$ folgt:

$$\eta = \frac{P_{nutz}}{P_{in}} = \frac{50\ \text{kW}}{200\ \text{kW}} = 0{,}25 = 25\ \%$$

113. a) Der Müllbeutel verhindert teilweise die Wärmeleitung nach außen, reflektiert aber die Wärmestrahlung des Körpers nicht. Die Rettungsfolie gewährleistet dies zusätzlich, darum „wärmt" sie deutlich stärker.

b) Jetzt ist die Situation umgekehrt: Die Alufolie wirft zwar die Wärmestrahlung des Körpers zurück und sorgt damit für eine Erwärmung; andererseits verhindert sie die Wärmeleitung nicht, deshalb wärmt auch hier die Rettungsfolie besser.

114. In den Rohren wird Warmwasser transportiert, Wärme also durch Konvektion vom Keller zu den Heizkörpern übertragen. Die Heizkörper werden durch das Warmwasser mittels Wärmeleitung (gegenseitige Berührung) erwärmt. Auf die gleiche Weise erwärmt der Heizkörper anschließend die umgebende Raumluft (Wärmeleitung). In der Nähe des Heizkörpers spürt man aber auch ohne Berührung die angenehme Wärme; diese wird durch Wärmestrahlung übertragen.

115. Beim Heizlüfter wird die Luft erhitzt und durch einen Ventilator in den Raum geblasen. Hier handelt es sich vorwiegend um Wärmekonvektion, weil die warme Luft selbst transportiert wird.
Beim Heizstrahler findet man nur Wärmestrahlung.

116. Zunächst muss man wissen: Alle Steckdosen sind **parallel** geschaltet, ebenso alle üblichen Geräte mit 230-Volt-Spannungsversorgung; nur so ist es möglich, dass ein einzelnes Gerät ausgeschaltet werden kann, ohne weitere Geräte ungewollt mit auszuschalten, wie es bei einer Serienschaltung der Fall wäre. Außerdem liegt nur bei einer Parallelschaltung an allen Zweigen die volle Spannung an; bei Serienschaltung würde die Spannung je nach Widerstand der einzelnen Geräte portionsweise abfallen und keines der Geräte hätte volle Betriebsspannung.
Wenn also im Münchener Stromnetz ein Herd zugeschaltet wird, dann wird ein weiterer Parallelast zugeschaltet und dieser bietet (neben allen vorher schon vorhandenen Parallelzweigen) den Ladungen eine zusätzliche Alternative zum Fließen. Die Gesamtstromstärke wird also größer, der Gesamtwiderstand folglich **kleiner**!

117. Die Einzelsteckdosen müssen parallel geschaltet sein, weil sonst nur Strom fließen könnte, wenn alle drei Dosen „besetzt" sind. Außerdem würde dann ein größerer Widerstand (etwa Radiowecker) den Stromfluss in einem kleineren Widerstand (etwa Heizlüfter) an der anderen Einzeldose begrenzen, sodass dieses Gerät nicht zu betreiben wäre.

118. a) Die Spannung fällt an den in Reihe geschalteten Lämpchen in 23 gleichen Portionen nach und nach ab, folglich besitzt ein Einzellämpchen die Betriebsspannung 10 V.

b) Bei dieser Reihenschaltung erlischt dann die ganze Lichterkette und die volle Netzspannung von 230 V liegt an der defekten Birne an.

119. Wegen $R = \frac{U}{I}$ ist $I = \frac{U}{R} = \frac{2{,}0\ V}{5{,}0\ \Omega} = 0{,}40\ A$.

120. Es gilt: $R = \frac{U}{I} = \frac{12{,}0\ V}{6{,}0\ A} = 2{,}0\ \Omega$

121. Wegen $R = \frac{U}{I}$ ist $U = R \cdot I = 100\ \Omega \cdot 2{,}0\ A = 200\ V$.

122. a) Den größtmöglichen Widerstand erhält man durch eine reine Serienschaltung der Einzelwiderstände R_0.

$R_S = 4 \cdot R_0$

b) Den kleinstmöglichen Widerstand erhält man durch eine reine Parallelschaltung der Einzelwiderstände R_0.

$\frac{1}{R_P} = \frac{4}{R_0} \Rightarrow R_P = \frac{1}{4} \cdot R_0$

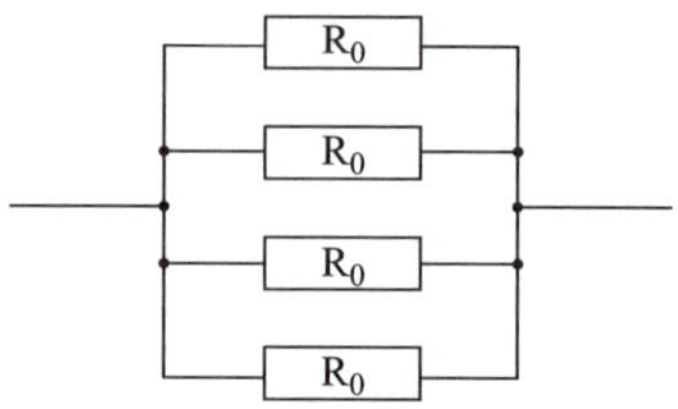

123. Systematische Kombination der drei Einzelwiderstände $R_0 = 8\ \Omega$ führt zu folgenden **vier** Schaltmöglichkeiten.

- Reine Serienschaltung:

$R_1 = 3 \cdot R_0 = 3 \cdot 8\ \Omega = 24\ \Omega$

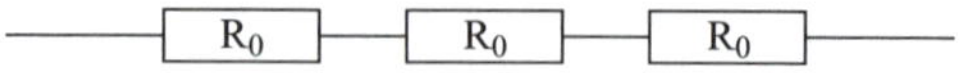

- Reine Parallelschaltung:

$$\frac{1}{R_2} = \frac{1}{R_0} + \frac{1}{R_0} + \frac{1}{R_0} = \frac{3}{R_0}$$
$$\Leftrightarrow R_2 = \frac{R_0}{3} = \frac{8}{3}\ \Omega$$

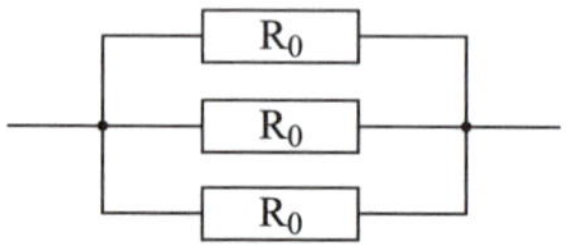

- Serienschaltung von R_0 mit einer Parallelschaltung:

$$\frac{1}{R_{links}} = \frac{1}{R_0} + \frac{1}{R_0} = \frac{2}{R_0}$$
$$\Leftrightarrow R_{links} = \frac{R_0}{2}$$
$$R_3 = R_{links} + R_0$$
$$= \frac{R_0}{2} + R_0 = 1{,}5 \cdot R_0$$
$$= 1{,}5 \cdot 8\ \Omega = 12\ \Omega$$

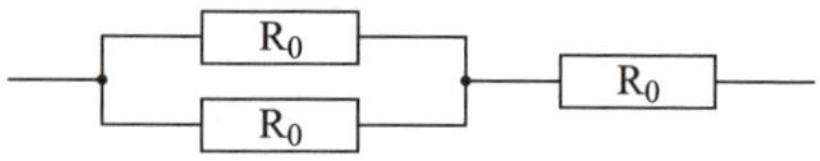

- Parallelschaltung von R_0 mit einer Serienschaltung:

$$R_{oben} = R_0 + R_0 = 2 \cdot R_0$$

$$\Leftrightarrow \frac{1}{R_4} = \frac{1}{R_{oben}} + \frac{1}{R_0} = \frac{1}{2 \cdot R_0} + \frac{1}{R_0} = \frac{1}{2 \cdot R_0} + \frac{2}{2 \cdot R_0} = \frac{3}{2 \cdot R_0}$$

$$\Leftrightarrow R_4 = \frac{2}{3} \cdot R_0 = \frac{2}{3} \cdot 8\,\Omega = \frac{16}{3}\,\Omega$$

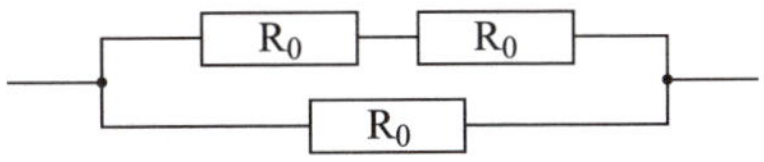

124. Die Schaltung ist mehrfach verschachtelt, d. h., sie besteht aus einer Kombination von Serien- und Parallelschaltungen. Der gesuchte Widerstand R_x liegt ganz „im Inneren" der Schaltung, sodass wir zunächst von innen nach außen die einzelnen Teilschaltungen aufschlüsseln. Die **Berechnung** der einzelnen Widerstände erfolgt dann **„von außen nach innen"**.

R_1 und R_x sind in Serie geschaltet und lassen sich zu einem Ersatzwiderstand zusammenfassen, den wir R_{1x} nennen.

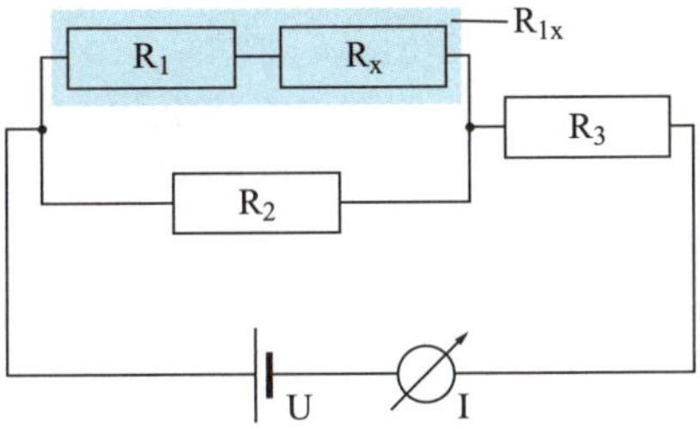

Dieser Widerstand R_{1x} ist parallel geschaltet zu R_2, den Ersatzwiderstand bezeichnen wir mit R_{12x}.

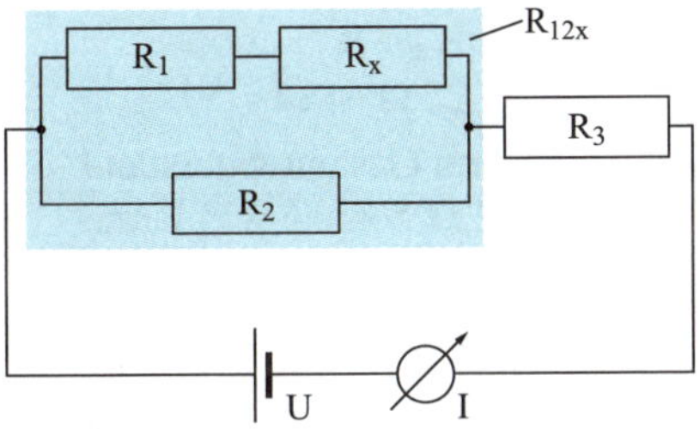

Dieser Widerstand R_{12x} ist schließlich in Serie geschaltet zu R_3, und erst diesen Ersatzwiderstand R_{123x} können wir direkt berechnen:

$$R_{123x} = \frac{U}{I} = \frac{80{,}0\text{ V}}{4{,}00\text{ A}} = 20{,}0\,\Omega$$

Der gesuchte Widerstand R_x lässt sich bestimmen, indem wir der Reihe nach die genannten Ersatzwiderstände berechnen. Wir erhalten zunächst R_{12x} aus der Serienschaltung mit $R_3 = 12{,}5\,\Omega$:

$$R_{12x} = R_{123x} - R_3 = 20\,\Omega - 12{,}5\,\Omega = 7{,}5\,\Omega$$

R_{12x} ersetzt eine Parallelschaltung, für die gilt:

$$\frac{1}{R_{12x}} = \frac{1}{R_{1x}} + \frac{1}{R_2}$$

$$\Rightarrow \frac{1}{R_{1x}} = \frac{1}{R_{12x}} - \frac{1}{R_2} = \frac{1}{7{,}5\,\Omega} - \frac{1}{30\,\Omega} = \frac{4}{30\,\Omega} - \frac{1}{30\,\Omega} = \frac{3}{30\,\Omega} = \frac{1}{10\,\Omega}$$

$$\Rightarrow R_{1x} = 10\,\Omega$$

Aus der Serienschaltung von R_1 und R_x folgt schließlich:

$R_x = R_{1x} - R_1 = 10\,\Omega - 3\,\Omega = 7\,\Omega$

125. Diese Aufgabe ist von dem Typ, bei dem **„von außen nach innen"** gerechnet werden muss: Der gesuchte Widerstand R_x steckt tief in einer mehrfach verschachtelten Schaltung. Direkt berechnen lässt sich zunächst nur der Gesamtwiderstand der ganzen Schaltung aus Gesamtstromstärke und Gesamtspannung:

$$R = \frac{U}{I} = \frac{3{,}6\,V}{0{,}3\,A} = 12\,\Omega$$

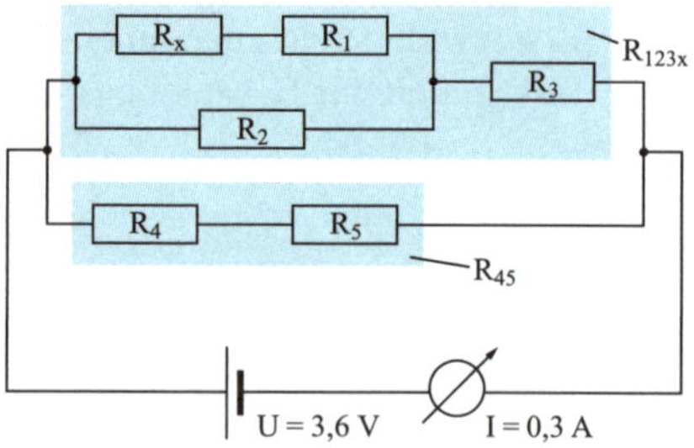

Wir betrachten im nächsten Schritt die Parallelschaltung aus den Ersatzwiderständen R_{123x} (oberer Zweig) und R_{45} (unterer Zweig). Für den unteren Zweig erhalten wir:

$$R_{45} = R_4 + R_5 = 22\,\Omega + 8\,\Omega = 30\,\Omega$$

Mit dem Gesamtwiderstand $R = 12\,\Omega$ können wir daraus R_{123x} berechnen:

$$\frac{1}{R} = \frac{1}{R_{45}} + \frac{1}{R_{123x}}$$

$$\frac{1}{R_{123x}} = \frac{1}{R} - \frac{1}{R_{45}} = \frac{1}{12\,\Omega} - \frac{1}{30\,\Omega} = \frac{5}{60\,\Omega} - \frac{2}{60\,\Omega} = \frac{3}{60\,\Omega} = \frac{1}{20\,\Omega} \Leftrightarrow R_{123x} = 20\,\Omega$$

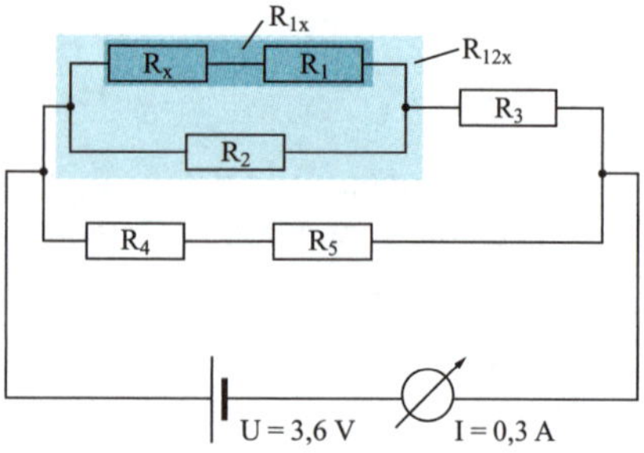

Die Ersatzschaltung mit dem Widerstand R_{123x} setzt sich zusammen aus einer Serienschaltung aus R_{12x} und $R_3 = 12{,}5\,\Omega$. Folglich gilt:

$$R_{12x} = R_{123x} - R_3 = 20\,\Omega - 12{,}5\,\Omega = 7{,}5\,\Omega$$

$R_{12x} = 7{,}5\,\Omega$ resultiert aus der Parallelschaltung von R_{1x} und $R_2 = 30\,\Omega$, also:

$$\frac{1}{R_{1x}} = \frac{1}{7{,}5\,\Omega} - \frac{1}{30\,\Omega} = \frac{4}{30\,\Omega} - \frac{1}{30\,\Omega} = \frac{3}{30\,\Omega} = \frac{1}{10\,\Omega} \quad \Rightarrow \quad R_{1x} = 10\,\Omega$$

$R_{1x} = 10\ \Omega$ ergibt sich wiederum aus der Serienschaltung von R_x mit $R_1 = 6\ \Omega$, sodass wir schließlich erhalten:

$R_x = R_{1x} - R_1 = 10\ \Omega - 6\ \Omega = 4\ \Omega$

126. Nennen wir die unbekannten Einzelwiderstände x und y, so lassen sich für Serien- und Parallelschaltung zwei Bestimmungsgleichungen angeben, aus denen die Widerstände bestimmt werden können:

$$x + y = 10\,\Omega \qquad (1)$$

$$\frac{1}{x} + \frac{1}{y} = \frac{1}{2{,}4\,\Omega} \qquad (2)$$

Auflösen von Gleichung (1) nach x und Einsetzen in Gleichung (2) ergibt:

$$x = 10\,\Omega - y \quad \overset{(2)}{\Rightarrow} \quad \frac{1}{10\,\Omega - y} + \frac{1}{y} = \frac{1}{2{,}4\,\Omega}$$

Wir bilden den Hauptnenner und anschließend auf beiden Seiten den Kehrbruch:

$$\frac{y + (10\,\Omega - y)}{(10\,\Omega - y)\cdot y} = \frac{1}{2{,}4\,\Omega} \quad \Rightarrow \quad \frac{(10\,\Omega - y)\cdot y}{y + (10\,\Omega - y)} = 2{,}4\,\Omega$$

Nach Vereinfachen des linken Nenners und Ordnen der Gleichung nach Potenzen von y erhält man eine quadratische Gleichung in y:

$$\frac{(10\,\Omega - y)\cdot y}{10\,\Omega} = 2{,}4\,\Omega \Rightarrow 10\,\Omega\cdot y - y^2 = 24\,\Omega^2 \Rightarrow y^2 - 10\,\Omega\cdot y + 24\,\Omega^2 = 0$$

Anwenden der Lösungsformel für quadratische Gleichungen liefert

$$y_{1,2} = \frac{10\,\Omega \pm \sqrt{100\,\Omega^2 - 4\cdot 1\cdot 24\,\Omega^2}}{2} = \frac{10\,\Omega \pm 2\,\Omega}{2} = 5\,\Omega \pm 1\,\Omega$$

und somit die beiden symmetrischen Widerstandskombinationen:

$$y_1 = 6\,\Omega \overset{(1)}{\Rightarrow} x_1 = 4\,\Omega \quad \text{bzw.} \quad y_2 = 4\,\Omega \overset{(1)}{\Rightarrow} x_2 = 6\,\Omega$$

Die Einzelwiderstände haben also die Werte 4 Ω und 6 Ω.

127. a) Wenn ein Widerstand den Wert x hat, dann hat der andere den Wert 2x. In Reihe geschaltet haben sie zusammen $x + 2x = 3x = 6\ \Omega$, also ist $x = 2\ \Omega$; die Werte sind 2 Ω und 4 Ω.

b) Wiederum hat ein Widerstand den Wert x und der andere den Wert 2x. Parallel geschaltet haben sie zusammen den Widerstand 6 Ω, also gilt:

$$\frac{1}{x} + \frac{1}{2x} = \frac{1}{6\,\Omega} \quad \Rightarrow \quad \frac{3}{2x} = \frac{1}{6\,\Omega} \quad \Rightarrow \quad x = \frac{3}{2}\cdot 6\,\Omega = 9\,\Omega$$

Der eine Widerstand hat somit 9 Ω, der andere 18 Ω.

128. Bei Parallelschaltung der vier Widerstände gilt für den Gesamtwiderstand:

$$\frac{1}{3\,\Omega}+\frac{1}{3\,\Omega}+\frac{1}{4\,\Omega}+\frac{1}{R_0}=\frac{1}{1\,\Omega}$$

$$\frac{4}{12\,\Omega}+\frac{4}{12\,\Omega}+\frac{3}{12\,\Omega}+\frac{1}{R_0}=\frac{12}{12\,\Omega}$$

$$\frac{11}{12\,\Omega}+\frac{1}{R_0}=\frac{12}{12\,\Omega}$$

$$\frac{1}{R_0}=\frac{12}{12\,\Omega}-\frac{11}{12\,\Omega}$$

$$\frac{1}{R_0}=\frac{1}{12\,\Omega}\quad\Rightarrow\quad R_0=12\,\Omega$$

129. Es handelt sich um eine Parallelschaltung eines 9 Ω-, eines 6 Ω-Widerstandes und einer Serienschaltung eines 10 Ω-Widerstandes mit dem unbekannten Widerstand R_x. Wenn die Gesamtschaltung 3 Ω hat, gilt:

$$\frac{1}{9\,\Omega}+\frac{1}{6\,\Omega}+\frac{1}{10\,\Omega+R_x}=\frac{1}{3\,\Omega}$$

$$\frac{2}{18\,\Omega}+\frac{3}{18\,\Omega}+\frac{1}{10\,\Omega+R_x}=\frac{6}{18\,\Omega}$$

$$\frac{1}{10\,\Omega+R_x}=\frac{1}{18\,\Omega}$$

Kehrbruchbildung auf beiden Seiten liefert:

$$10\,\Omega+R_x=18\,\Omega\quad\Rightarrow\quad R_x=8\,\Omega$$

130. *Vorbemerkung:* Wie funktioniert ein **Drehspulinstrument** als Stromstärke- und Spannungsmesser?

Beim Drehspulinstrument wird die **magnetische Wirkung** des elektrischen Stromes dazu verwendet, dessen Stärke zu messen **(Amperemeter)**. Das Amperemeter wird in Serie in den Stromkreis eingefügt. Eine im Amperemeter befindliche Spule wird drehbar im Magnetfeld eines Dauermagneten gelagert. Wird sie von einem mehr oder weniger starken Strom durchflossen, dann wird sie selbst zu einem entsprechend mehr oder weniger starken Magneten und tritt mit dem Dauermagneten in Wechselwirkung: Gleichnamige Pole stoßen sich ab, ungleichnamige ziehen sich an. Die Spule dreht sich infolge dieser Kraftwirkung; eine Spiralfeder wird dadurch gespannt und liefert eine zunehmende Gegenkraft, bis sich ein Gleichgewicht aus magnetischer Kraft und Federkraft eingestellt hat. Ein Zeiger an der Drehspule zeigt den Drehwinkel an, auf einer geeichten Skala lässt sich die Stromstärke ablesen.

Die Spule ist aus einem gut leitenden Draht gewickelt, dennoch hat auch dieser Leiter einen Widerstand, er stellt den so genannten **Innenwiderstand** des Drehspulinstrumentes dar.

Das Schaltsymbol für das Amperemeter berücksichtigt den Innenwiderstand nicht. Er soll möglichst klein sein und muss korrekterweise in Reihenschaltung gezeichnet werden (siehe Abbildung).

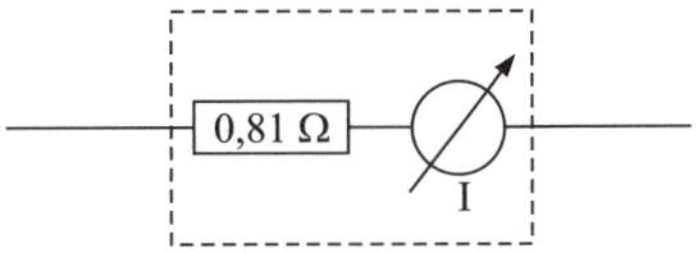

Merkregel: **Amperemeter müssen niederohmig sein.**

Bei einem **Spannungsmesser (Voltmeter)** handelt es sich meist ebenfalls um Drehspulinstrumente, in denen eigentlich eine Stromstärke gemessen wird. Über die Beziehung $U = R \cdot I$ lässt sich aber bei bekanntem Innenwiderstand R stets der gemessenen Stromstärke auch die anliegende Spannung zuordnen, eine geeichte Skala liefert „direkt“ die Werte. Weil Spannungen parallel abgegriffen werden, sollte die Stromstärke im Messzweig möglichst klein sein, um den eigentlich zu messenden Stromkreis wenig zu stören. Darum haben Drehspulinstrumente, die gerade als Spannungsmesser verwendet werden, einen großen Innenwiderstand (durch Vorschalten).
Merkregel: **Voltmeter müssen hochohmig sein.**

Lösung:
Der Messbereich des Drehspulinstrumentes ist mit maximal 1,00 A angegeben, folglich darf durch das Gerät nicht mehr Strom fließen.

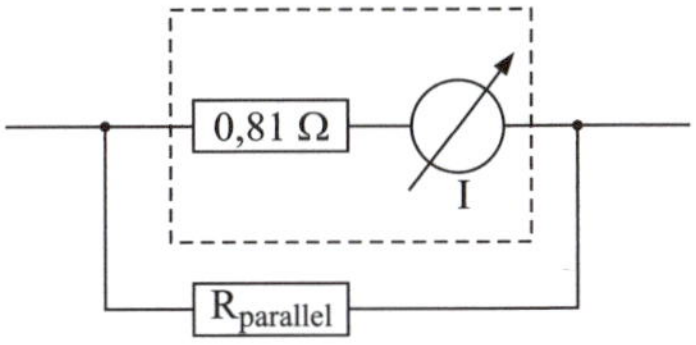

Wenn damit aber Ströme bis 10,0 A gemessen werden sollen, dann muss man eine „Umleitung“ in Form einer Parallelschaltung bauen, die den Rest von 9,0 A am Messgerät vorbeiführt (siehe Abbildung). Die Größe dieses Parallelwiderstands ergibt sich aus folgender Überlegung:
Wenn das Verhältnis der Stromstärken in den beiden Ästen 1 A zu 9 A sein soll, dann müssen die Widerstände gerade im umgekehrten Verhältnis stehen, also 9 : 1. Folglich muss der Parallelwiderstand ein Neuntel des Innenwiderstands besitzen, also $R_{parallel} = \frac{1}{9} \cdot 0{,}81\,\Omega = 0{,}09\,\Omega$.

131. Schaltplan der Lagerhallenbeleuchtung: Es ist eine Wechselschaltung mit einem Kreuzschalter (S_2) und zwei Wechselschalter (S_1, S_3) notwendig (vgl. Abschnitt 1.2).

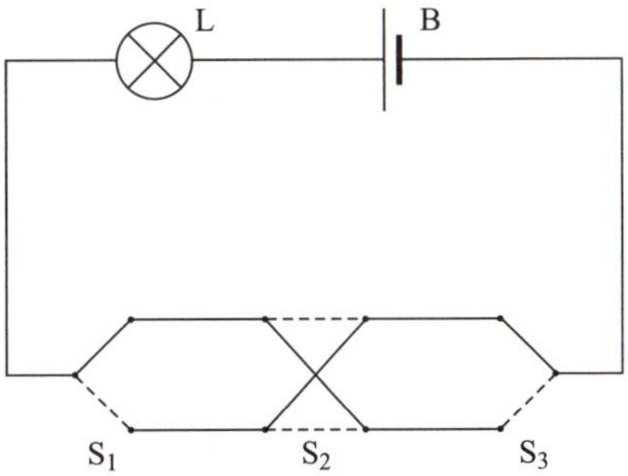

132. a) Zur Berechnung der Gesamtstromstärke müssen wir zunächst den Gesamtwiderstand R der Schaltung bestimmen. Da alle Einzelwiderstände gegeben sind, lässt sich R **„von innen nach außen"** berechnen.

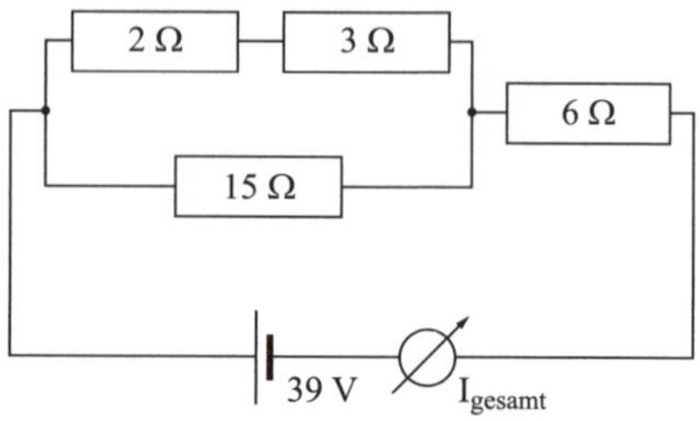

Wir ersetzen zuerst die Serienschaltung aus 2 Ω- und 3 Ω-Widerstand durch den Ersatzwiderstand der Größe 5 Ω.

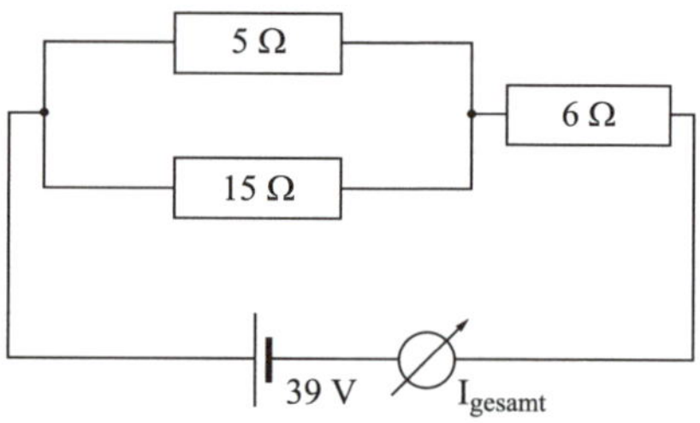

Als nächstes können wir die Parallelschaltung von 5 Ω und 15 Ω auf ersetzen. Für den zugehörigen Ersatzwiderstand erhalten wir:

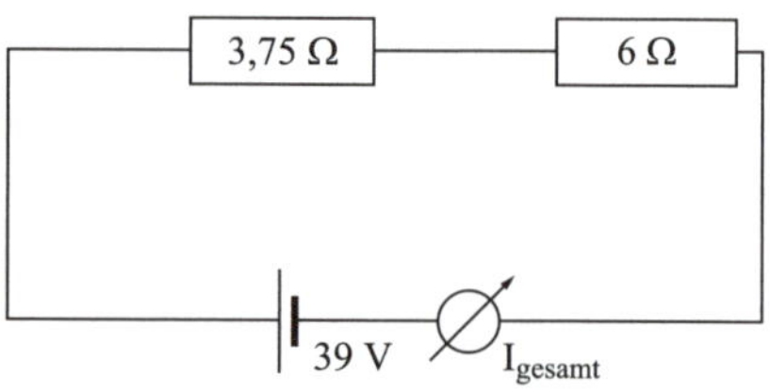

$$\frac{1}{R_{Ersatz}} = \frac{1}{5\,\Omega} + \frac{1}{15\,\Omega}$$
$$= \frac{3}{15\,\Omega} + \frac{1}{15\,\Omega} = \frac{4}{15\,\Omega}$$
$$\Leftrightarrow \quad R_{Ersatz} = \frac{15}{4}\,\Omega = 3{,}75\,\Omega$$

Die Serienschaltung von 3,75 Ω und 6 Ω liefert den Gesamtwiderstand:
$R = 3{,}75\,\Omega + 6\,\Omega = 9{,}75\,\Omega$
Bei einer Gesamtspannung von 39 V ergibt sich wegen $R = \frac{U}{I_{gesamt}}$ für die Gesamtstromstärke:

$$I_{gesamt} = \frac{U}{R} = \frac{39\text{ V}}{9{,}75\,\Omega} = 4\text{ A}$$

b) Mit dem Ergebnis für I_{gesamt} aus Teilaufgabe a lässt sich sofort die abfallende Spannung am 6 Ω-Widerstand berechnen, an dem der gesamte Strom durchfließen muss:

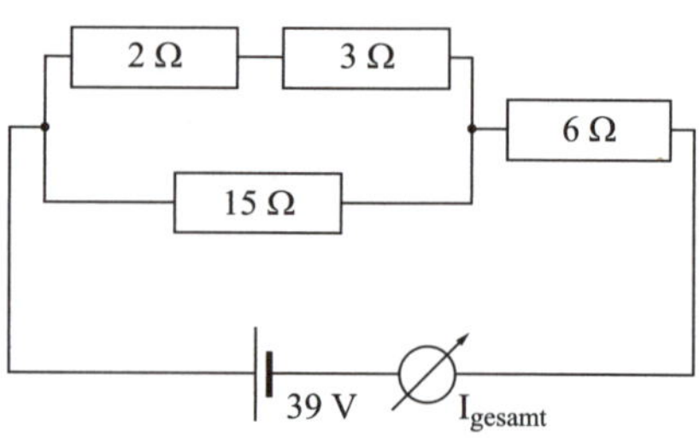

$$R_{rechts} = \frac{U_{rechts}}{I_{gesamt}}$$
$$U_{rechts} = R_{rechts} \cdot I_{gesamt}$$
$$= 6\,\Omega \cdot 4\text{ A} = 24\text{ V}$$

An der Parallelschaltung links fällt folglich die restliche Spannung

$U_{links} = U - U_{rechts} = 39\ V - 24\ V = 15\ V$

ab. Diese Spannung liegt unmittelbar am 15 Ω-Widerstand des unteren Zweiges an. Im oberen Zweig teilt U_{links} sich im Verhältnis der Widerstände 2 Ω und 3 Ω auf:

$$\frac{U_{oben,\,links}}{U_{oben,\,rechts}} = \frac{2}{3} \quad \Rightarrow \quad U_{oben,\,links} = \frac{2}{3} \cdot U_{oben,\,rechts}$$

Da die beiden Widerstände in Serie geschaltet sind, gilt außerdem

$U_{oben,\,links} + U_{oben,\,rechts} = U_{links}$,

sodass nach Einsetzen folgt:

$$\frac{2}{3} \cdot U_{oben,\,rechts} + U_{oben,\,rechts} = U_{links}$$

$$\frac{5}{3} \cdot U_{oben,\,rechts} = U_{links}$$

$$U_{oben,\,rechts} = \frac{3}{5} \cdot U_{links} = \frac{3}{5} \cdot 15\ V = 9\ V$$

$$U_{oben,\,links} = U_{links} - U_{oben,\,rechts} = 15\ V - 9\ V = 6\ V$$

133. Schaltplan der Sitzheizung: Es ist eine Reihenschaltung der beiden Schalter und des Widerstands R notwendig.

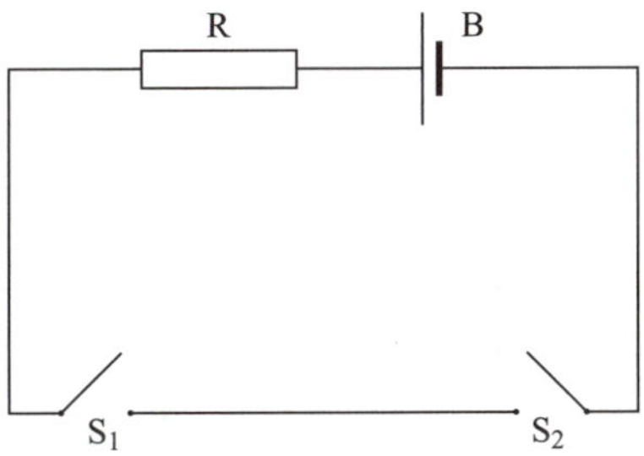

134. Die drei Schalter S_2, S_3 und S_4 müssen als ODER-Schaltung parallel geschaltet werden (vgl. Abschnitt 1.2 in diesem Buch).

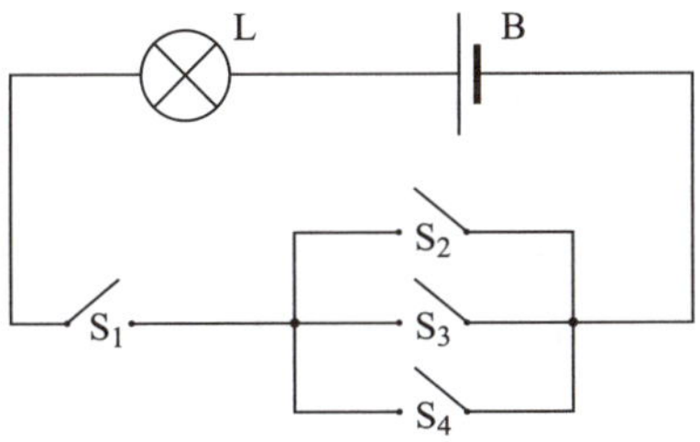

135. a) Am sinnvollsten ist der FI-Schalter direkt an der Hauptsicherung, damit er auch jeden Fehlerstrom erkennt, egal in welchem der Teilstromkreise er auftritt.

b) Fällt der Föhn in die Wanne, fließt wegen der Leitfähigkeit des Badewassers Strom zur Erde ab. Dieser Strom ist zwar durch den FI-Schalter in das Haus hineingeflossen, fließt aber jetzt auf anderem Wege wieder hinaus, sodass die Abflussstromstärke kleiner sein wird. Der FI-Schalter sollte sofort reagieren und den Stromkreis öffnen.

136. Damit die Lampe leuchtet, muss
- Schalter 1 immer geschlossen sein: Serienschaltung mit S_2 und S_3 (UND-Schaltung);
- von den beiden Schaltern S_2 und S_3 wenigstens einer geschlossen sein; diese Schalter muss man daher parallel schalten (ODER-Schaltung).

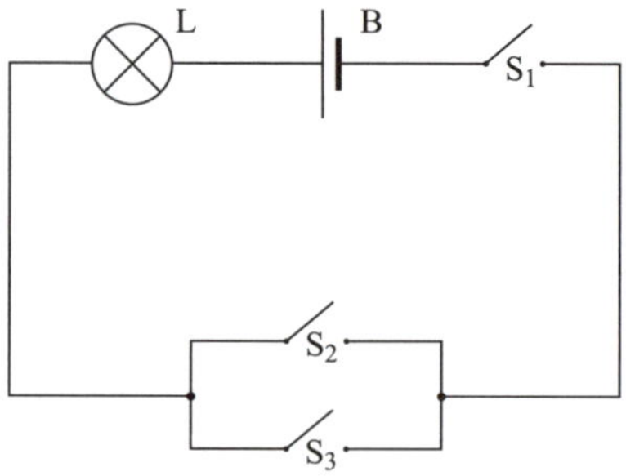

137. Zunächst wirkt Schalter 1 als Hauptschalter, so lange er geöffnet ist, bleibt alles dunkel:

S_1	**0**	**0**	**0**	**0**	**0**	**0**	**0**	**0**	1	1	1	1	1	1	1	1
S_2	0	1	0	0	1	0	1	1	0	1	0	0	1	0	1	1
S_3	0	0	1	0	1	1	0	1	0	0	1	0	1	1	0	1
S_4	0	0	0	1	0	1	1	1	0	0	0	1	0	1	1	1
L_1	**0**	**0**	**0**	**0**	**0**	**0**	**0**	**0**								
L_2	**0**	**0**	**0**	**0**	**0**	**0**	**0**	**0**								
L_3	**0**	**0**	**0**	**0**	**0**	**0**	**0**	**0**								

Ist Schalter 1 dagegen geschlossen, dann leuchtet in der Parallelschaltung sicherlich Lampe 1:

S_1	0	0	0	0	0	0	0	0	**1**	**1**	**1**	**1**	**1**	**1**	**1**	**1**
S_2	0	1	0	0	1	0	1	1	0	1	0	0	1	0	1	1
S_3	0	0	1	0	1	1	0	1	0	0	1	0	1	1	0	1
S_4	0	0	0	1	0	1	1	1	0	0	0	1	0	1	1	1
L_1	0	0	0	0	0	0	0	0	**1**	**1**	**1**	**1**	**1**	**1**	**1**	**1**
L_2	0	0	0	0	0	0	0	0								
L_3	0	0	0	0	0	0	0	0								

Ist zusätzlich noch Schalter 2 geschlossen, leuchtet auch Lampe 2:

S_1	0	0	0	0	0	0	0	0	1	1	1	1	1	1	1	1
S_2	0	1	0	0	1	0	1	1	**0**	**1**	**0**	**0**	**1**	**0**	**1**	**1**
S_3	0	0	1	0	1	1	0	1	0	0	1	0	1	1	0	1
S_4	0	0	0	1	0	1	1	1	0	0	0	1	0	1	1	1
L_1	0	0	0	0	0	0	0	0	1	1	1	1	1	1	1	1
L_2	0	0	0	0	0	0	0	0	**0**	**1**	**0**	**0**	**1**	**0**	**1**	**1**
L_3	0	0	0	0	0	0	0	0								

Die Schalter 3 und 4 sind in Reihe geschaltet und müssen beide geschlossen sein, um Lampe 3 leuchten zu lassen:

S_1	0	0	0	0	0	0	0	0	1	1	1	1	1	1	1	1
S_2	0	1	0	0	1	0	1	1	0	1	0	0	1	0	1	1
S_3	0	0	1	0	1	1	0	1	**0**	**0**	**1**	**0**	**1**	**1**	**0**	**1**
S_4	0	0	0	1	0	1	1	1	**0**	**0**	**0**	**1**	**0**	**1**	**1**	**1**
L_1	0	0	0	0	0	0	0	0	1	1	1	1	1	1	1	1
L_2	0	0	0	0	0	0	0	0	0	1	0	0	1	0	1	1
L_3	0	0	0	0	0	0	0	0	**0**	**0**	**0**	**0**	**0**	**1**	**0**	**1**

138. Die „Lötstellen“ erhalten zur besseren Übersichtlichkeit die Namen A, B, C und D.

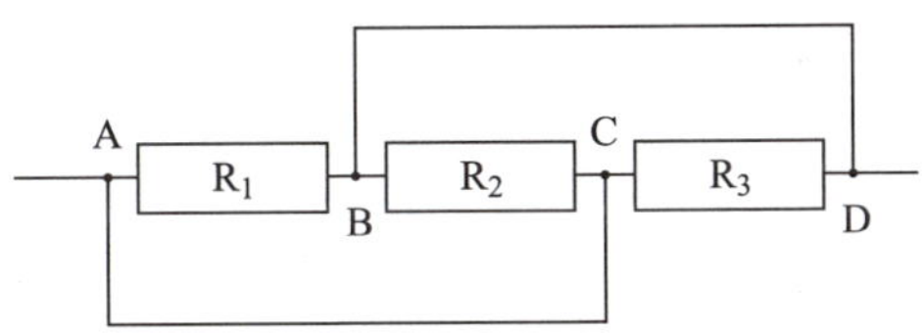

Zunächst kann man sich die Kabel elastisch vorstellen; aus dem Mittelstrang der Schaltung wird ein „Z“ gebogen. Die Kabel AC und BD verkürzen sich dabei.

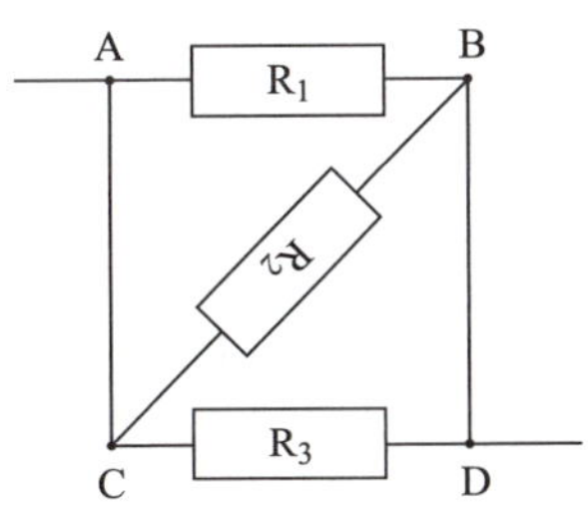

Weiterhin kann man die linke Lötstelle bei C nach oben und die rechte bei B nach unten verschieben.

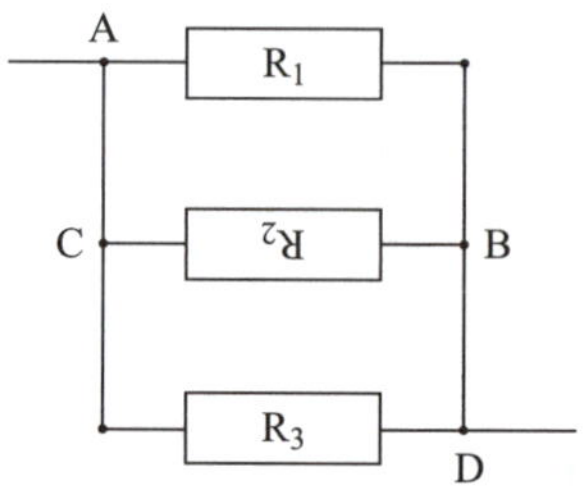

Lässt man nun noch die Lötstelle bei A nach unten bis C und die bei D nach oben bis B „wandern", dann erkennt man deutlich, dass es sich um eine verbogene Parallelschaltung handelt.

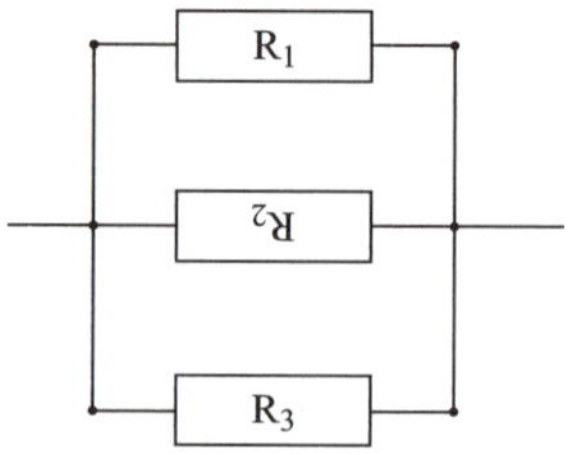

Der Ersatzwiderstand ergibt sich also nach der Formel:

$$\frac{1}{R_{ges}} = \frac{1}{R_1} + \frac{1}{R_2} + \frac{1}{R_3}$$

Wir bilden den Hauptnenner und erhalten:

$$\frac{1}{R_{ges}} = \frac{R_2R_3 + R_1R_3 + R_1R_2}{R_1R_2R_3} \quad \Leftrightarrow \quad R_{ges} = \frac{R_1R_2R_3}{R_2R_3 + R_1R_3 + R_1R_2}$$

139. a) Solange alle vier Lampen leuchten, stellen je zwei davon in Parallelschaltung einen $\frac{R}{2}$-Widerstand dar:

$$\frac{1}{R_{parallel}} = \frac{1}{R} + \frac{1}{R} = \frac{2}{R}$$

$$\Leftrightarrow \quad R_{parallel} = \frac{R}{2}$$

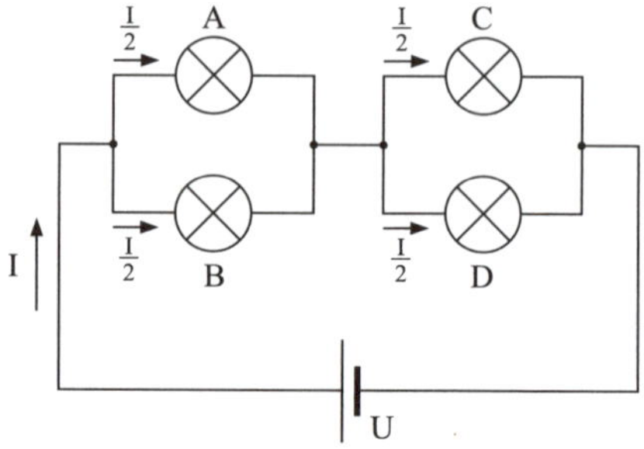

Der Gesamtwiderstand beträgt wegen der Serienschaltung zweier solcher Widerstände gerade wieder R:

$$R_{gesamt} = 2 \cdot R_{parallel} = 2 \cdot \frac{R}{2} = R$$

Bei einer Spannung U fließt demnach insgesamt ein Strom der Stärke $I = \frac{U}{R}$, der sich auf die Parallelzweige gleichmäßig verteilt:

$$I_{parallel,\,oben} = I_{parallel,\,unten} = \frac{1}{2} \cdot I = \frac{U}{2 \cdot R}$$

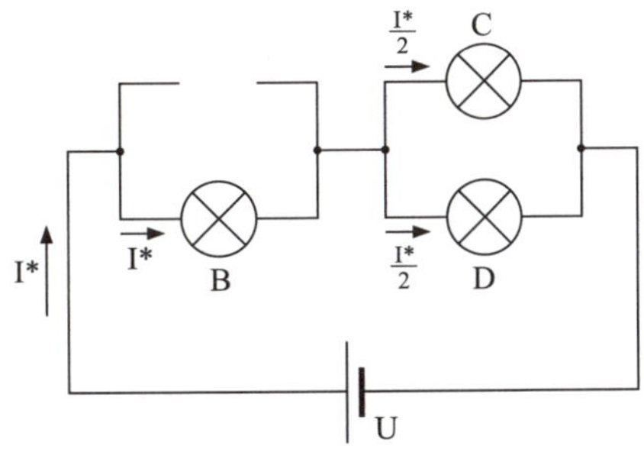

Wird Lampe A entfernt, dann fließt der gesamte Strom I* durch die Lampe B. Es handelt sich um eine Serienschaltung aus R (B) und $R_{parallel} = \frac{R}{2}$ (C und D), der Gesamtwiderstand beträgt nun:

$R^*_{gesamt} = R + \frac{R}{2} = \frac{3}{2}R$

Für die neue Gesamtstromstärke folgt:

$$I^* = \frac{U}{R^*_{gesamt}} = \frac{U}{\frac{3}{2}R} = \frac{2}{3}I > \frac{1}{2}I = I_{parallel,\ unten}$$

De Lampe B leuchtet also heller als anfangs.
Wegen der Parallelschaltung fließt aber durch C und D nur jeweils

$$\frac{1}{2} \cdot I^* = \frac{1}{2} \cdot \frac{2}{3}I = \frac{1}{3}I < \frac{1}{2}I,$$

sodass diese beiden Lampen jetzt weniger hell leuchten.

b) Wird auch noch Lampe D entfernt, bleibt eine Serienschaltung mit einem Gesamtwiderstand von 2 R übrig. Der Strom fließt mit einer Gesamtstromstärke von

$$I^{**} = \frac{U}{2\,R} = \frac{1}{2}I$$

durch beide Lampen B und C. Diese leuchten also wieder ebenso hell wie am Anfang!

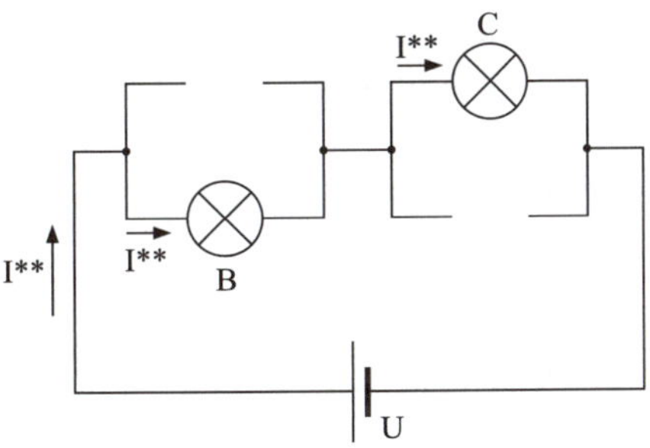

140. a) Der Stromkreis ist wegen des geöffneten Schalters S unterbrochen und die gesamte Versorgungsspannung von 230 V liegt am Voltmeter an!

b) Zunächst werden die Widerstände der beiden Lampen L_1 und L_2 aus den Betriebsdaten berechnet:

$$R_1 = \frac{230\ \text{V}}{0{,}20\ \text{A}} = 1\,150\ \Omega$$

$$R_2 = \frac{4\ \text{V}}{0{,}20\ \text{A}} = 20\ \Omega$$

Beide Widerstände sind in Serie geschaltet, also fällt die Gesamtspannung von 230 V portionsweise ab:

$$\frac{U_1}{U_2} = \frac{R_1}{R_2} \quad \Leftrightarrow \quad U_1 = U_2 \cdot \frac{R_1}{R_2}$$

Da zudem gilt

$U_1 + U_2 = U,$

erhält man nach Einsetzen und Auflösen nach U_2:

$$U_2 \cdot \frac{R_1}{R_2} + U_2 = U$$

$$\Rightarrow \quad U_2 \cdot \left(\frac{R_1}{R_2} + 1\right) = U$$

$$U_2 \cdot \frac{R_1 + R_2}{R_2} = U$$

$$U_2 = \frac{R_2}{R_1 + R_2} \cdot U = \frac{20\,\Omega}{1150\,\Omega + 20\,\Omega} \cdot 230\text{ V} \approx 3{,}93\text{ V}$$

Die Spannung bleibt also unter der Versorgungsspannung von 4 V der Lampe L_2.

c) Die Lampe L_2 wird das Experiment ohne Schaden überstehen, weil keine Überspannung anliegt und damit keine zerstörerische, zu große Stromstärke erreicht wird.

141. a) Division der beiden Messwerte liefert:

$$R_x = \frac{U}{I} = \frac{6{,}0\text{ V}}{0{,}000010\text{ A}} = 600\,000\,\Omega = 0{,}60\text{ M}\Omega$$

b) Berücksichtigt man die Innenwiderstände der Geräte, so ergibt sich folgende Situation:
Das Voltmeter (R_U) und R_x sind parallel geschaltet. An dieser Parallelschaltung liegen die gemessenen 6,0 V an und durch die gesamte Parallelschaltung fließt der Strom der gemessenen Stärke 10 µA. Dieser Gesamtstrom teilt sich aber auf die beiden Parallelzweige auf. Der durch R_x fließende Strom ist daher kleiner als 10 µA bei gleicher Spannung 6,0 V, R_x damit größer als in Teilaufgabe a berechnet. Der in a berechnete Widerstand von 0,60 MΩ gibt tatsächlich den Gesamtwiderstand der Parallelschaltung an, aus dem sich R_x bestimmen lässt:

$$\frac{1}{0{,}6\text{ M}\Omega} = \frac{1}{R_x} + \frac{1}{1{,}0\text{ M}\Omega}$$

$$\Leftrightarrow \quad \frac{1}{R_x} = \frac{1}{0{,}6\text{ M}\Omega} - \frac{1}{1{,}0\text{ M}\Omega} = \frac{10}{6\text{ M}\Omega} - \frac{6}{6\text{ M}\Omega} = \frac{4}{6\text{ M}\Omega} \quad \Leftrightarrow \quad R_x = 1{,}5\text{ M}\Omega$$

Das Ergebnis aus a weist also einen Fehler von 60 % auf und ist damit unbrauchbar.

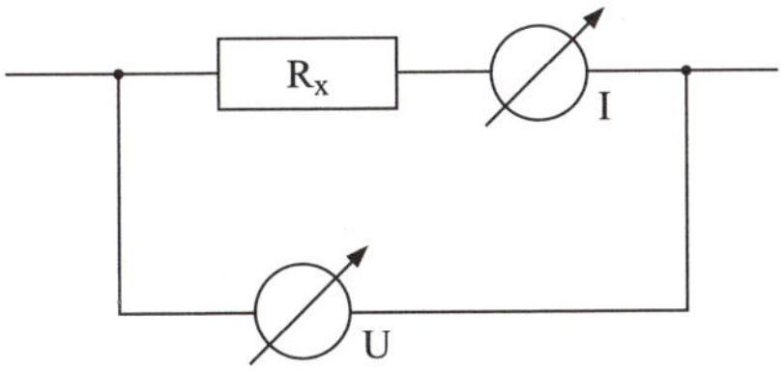

c) In dieser Schaltung wird tatsächlich nur der Strom gemessen, der durch R_X fließt. Dafür wird diesmal der Spannungswert etwas zu groß ausfallen, weil die Spannung portionsweise an R_X und dem Stromstärkemesser (1,0 Ω Innenwiderstand in Serie zu den 1,5 MΩ von R_X) abfällt. Wegen des vergleichsweise sehr kleinen Wertes von R_I fällt aber auch fast die ganze, gemessene Spannung an R_X ab und der Wert ist brauchbar. Es werden etwa 6,0 V und $\frac{6{,}0\ \text{V}}{1{,}5\ \text{M}\Omega} = 4{,}0\ \mu\text{A}$ zu messen sein.

d) Für $R_X = 1{,}0\ \Omega$ liefert die zweite Schaltung ein schlechtes Ergebnis: Der Spannungsabfall am Amperemeter ($R_I = 1{,}0\ \Omega$) ist nicht mehr vernachlässigbar im Vergleich zu dem an $R_X = 1{,}0\ \Omega$ selbst; vielmehr fällt gerade die Hälfte an jedem der beiden Widerstände ab, die gemessenen 6,0 V setzen sich also zusammen aus nur 3,0 V an R_X und weiteren 3,0 V an R_I. Das Ergebnis wird dann etwa um den Faktor 2 zu groß sein und bei ca. 2,0 Ω liegen, also 100 % Fehler aufweisen.
Die obere Schaltung dagegen liefert eine nur minimal zu große Stromstärke, weil der große Teil des Stromes durch den kleinen Messwiderstand R_X fließt und nicht durch das hochohmige Voltmeter. Damit wird (weil die Stromstärke bei der Formel $R_X = \frac{U}{I}$ im Nenner steht) der Widerstand R_X minimal kleiner berechnet als in der Wirklichkeit.

e) Die obere Schaltung liefert prinzipiell eine zu große Stromstärke, weil der Parallelstrom durch das Voltmeter mitgemessen wird. Damit ist das Ergebnis (wegen I im Nenner) zu klein.
Die untere Schaltung liefert dagegen prinzipiell eine zu große Spannung, weil der Spannungsabfall am Amperemeter mitgemessen wird. Damit wird das Ergebnis (wegen U im Zähler) immer zu groß.

f) Einen unbekannten Widerstand R_X sollte man zunächst mit einem der beiden Verfahren grob messen. Ergibt sich ein kleiner Wert, dann ist die obere Schaltung besser, für einen großen Wert ist die untere Schaltung vorzuziehen, weil dann jeweils der Fehler gering ist.

142. a) Das Gerät selbst verträgt nur 1,0 mA, die übrigen 249,0 mA müssen mithilfe einer Parallelschaltung am Amperemeter vorbeigeleitet werden.

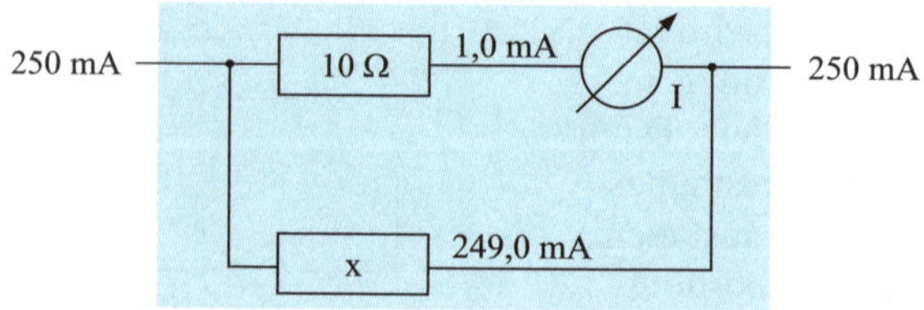

Die Widerstände in den Parallelzweigen verhalten sich dann gerade umgekehrt wie die Stromstärken, also gilt:

$$\frac{I_{\text{Messgerät}}}{I_{\text{Umleitung}}} = \frac{x}{10\,\Omega} \quad\Rightarrow\quad x = \frac{I_{\text{Messgerät}}}{I_{\text{Umleitung}}} \cdot 10\,\Omega = \frac{1{,}0\text{ mA}}{249{,}0\text{ mA}} \cdot 10\,\Omega \approx 0{,}040\,\Omega$$

b) Das Gerät soll bei Vollausschlag (d. h. eigentlich bei der Stromstärke $I_0 = 1{,}0$ mA) den Spannungswert 20 V anzeigen. Hierzu muss der Strom durch einen Gesamtwiderstand von

$$R = \frac{U}{I} = \frac{20\text{ V}}{1{,}0\text{ mA}} = \frac{20\text{ V}}{0{,}001\text{ A}} = 20\,000\,\Omega$$

fließen. Daher muss zum Innenwiderstand von 10 Ω noch ein Vorwiderstand von 20 000 Ω – 10 Ω = 19 990 Ω in Serie geschaltet werden.

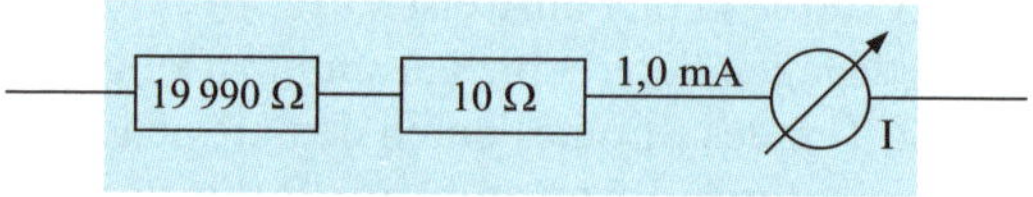

c) Für kleinere Messbereiche sind auch kleinere Vorwiderstände notwendig, so etwa bei 10 V Maximalausschlag 9 990 Ω, bei 5 V nur noch 4 990 Ω und so weiter; den kleinsten Messbereich erhält man also ganz ohne Vorwiderstand. Der Spannungsabfall an einem Innenwiderstand von 10 Ω beträgt bei 0,001 A gerade 0,01 V.
Für das Messen im Bereich bis 0,01 V ist es aber besser, ein empfindlicheres Drehspulinstrument mit entsprechend kleinerem Innenwiderstand und dafür großem Vorwiderstand zu verwenden, denn: Spannungen werden stets parallel gemessen und dies ist umso genauer möglich, je weniger Strom im Messgerät fließt. Dafür ist es wichtig, dass das Gerät einen möglichst großen Gesamtwiderstand hat. Um eine Maximalspannung von 0,01 V zu messen, ist daher ein Drehspulinstrument mit nur 1,0 Ω Innenwiderstand bei 0,1 mA Maximalstromstärke besser geeignet. Der Gesamtwiderstand beträgt dann 100 Ω, der notwendige Vorwiderstand 99 Ω.

143. Die Zahlenwerte können sofort in die Formel eingesetzt werden:

$$R = \rho \cdot \frac{\ell}{A} = 0{,}0260\,\frac{\Omega\,\text{mm}^2}{\text{m}} \cdot \frac{400\text{ m}}{1{,}25\text{ mm}^2} = 8{,}32\,\Omega$$

144. Die Standardformel $R = \rho \cdot \frac{\ell}{A}$ muss hier zunächst nach A aufgelöst werden:

$$A = \frac{\rho \cdot \ell}{R} = \frac{0{,}0260 \frac{\Omega \text{mm}^2}{\text{m}} \cdot 400\text{ m}}{10\,\Omega} = 1{,}04\text{ mm}^2$$

145. Der Widerstand des Kabels beträgt:

$$R = \rho \cdot \frac{\ell}{A} = 0{,}017 \frac{\Omega \text{mm}^2}{\text{m}} \cdot \frac{980\text{ m}}{2{,}00\text{ mm}^2} = 8{,}33\,\Omega$$

Das Kabel wird von einem Strom der Stärke 24 A durchflossen, sodass für die am Kabel abfallende Spannung folgt:

$$U = R \cdot I = 8{,}33\,\Omega \cdot 24\text{ A} \approx 200\text{ V}$$

146. Die vollen 5 V liegen ungeschwächt bis zur Parallelschaltung an sowie innerhalb dieser in beiden Zweigen bis zum ersten Widerstand. Außerdem ist auf der anderen Seite der Spannungsquelle vom Minuspol bis einschließlich zum 3 Ω-Widerstand die Spannung bezüglich Minuspol auf dem Wert 0 V, also „Mauerhöhe“ 0. Wir erhalten also zunächst folgendes Bild:

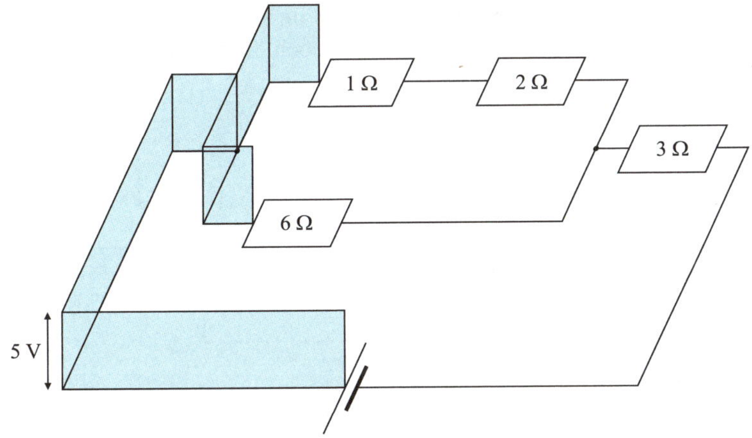

Wie fällt nun die Spannung innerhalb der Parallelschaltung ab? Dazu müssen wir ihren Widerstand kennen. Im „hinteren“ Zweig liegen insgesamt $1\,\Omega + 2\,\Omega = 3\,\Omega$, parallel geschaltet zu den „vorderen“ 6 Ω, also folgt:

$$\frac{1}{R_{\text{Parallelschaltung}}} = \frac{1}{3\,\Omega} + \frac{1}{6\,\Omega} = \frac{3}{6\,\Omega} \quad \Leftrightarrow \quad R_{\text{Parallelschaltung}} = 2\,\Omega$$

Diese 2 Ω sind in Reihe geschaltet zu den 3 Ω auf der rechten Seite. Die Spannung von insgesamt 5 V fällt daher proportional zu den Widerständen ab, also 2 V an der Parallelschaltung und die restlichen 3 V am 3 Ω-Widerstand:

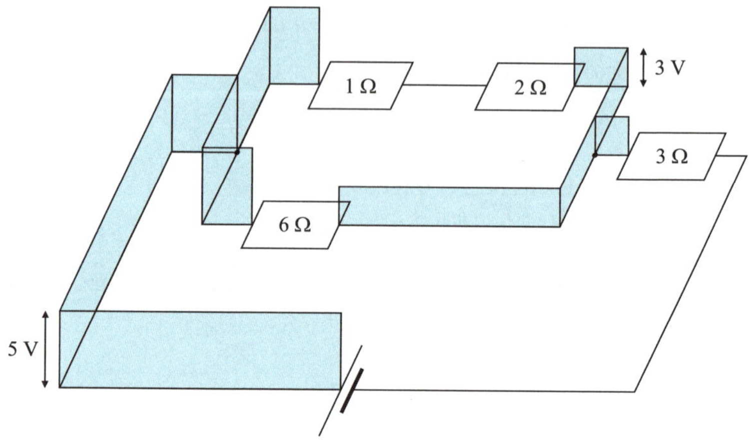

Innerhalb des „hinteren" Zweiges fallen also 2 V ab, und zwar wegen der Serienschaltung im Verhältnis 1 zu 2 an den Widerständen 1 Ω und 2 Ω. Wir erhalten somit $\frac{1}{3} \cdot 2\ \text{V} = 0{,}67\ \text{V}$ Spannungsabfall am 1 Ω-Widerstand bzw. $\frac{2}{3} \cdot 2\ \text{V} = 1{,}33\ \text{V}$ am 2 Ω-Widerstand. Wenn links vom 1 Ω-Widerstand noch die vollen 5 V anliegen und in ihm 0,67 V abfallen, dann liegen zwischen ihm und dem 2 Ω-Widerstand noch die restlichen 4,33 V an. Das Bild sieht nun so aus:

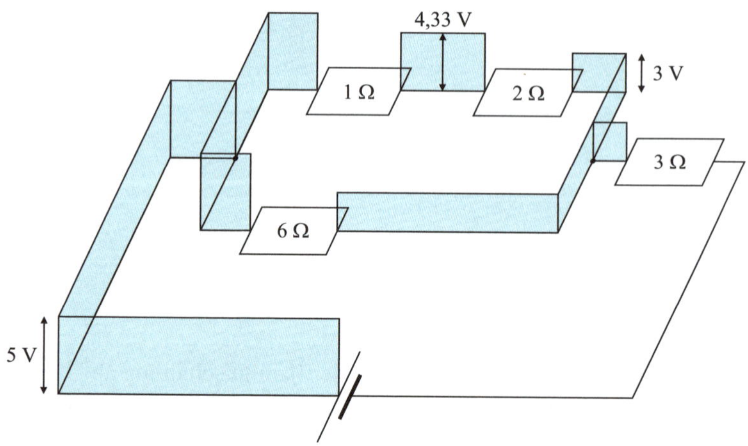

Wir wissen, dass **innerhalb** der Widerstände die Spannung **linear** abfällt, weil der Widerstand proportional zur Länge ist. Damit erhalten wir den endgültigen Mauerverlauf:

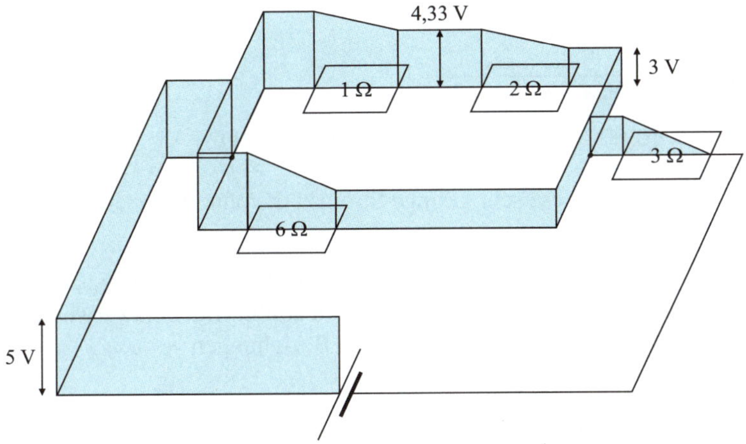

147. Wenn der Geier mit einem Fuß-Abstand von 30 cm auf der Leitung sitzt, dann stellt sein Körper eine **Parallelschaltung** zur Leitung dar:

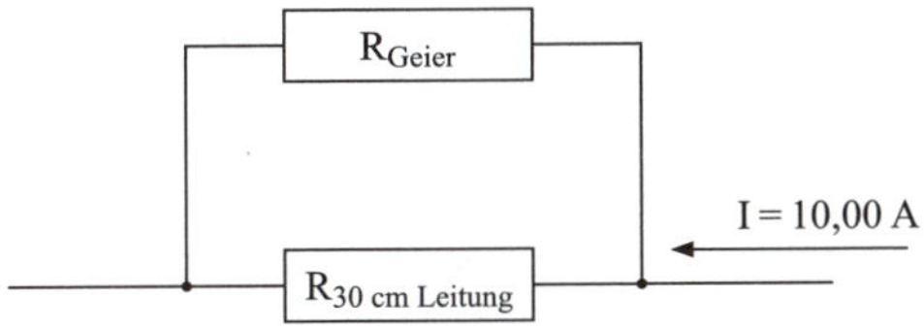

Der Widerstand von 30 cm Aluminiumfernleitung beträgt:

$$R_{30\text{ cm Leitung}} = \rho \cdot \frac{\ell}{A} = 0{,}0260\,\frac{\Omega\,\text{mm}^2}{\text{m}} \cdot \frac{0{,}300\text{ m}}{300\text{ mm}^2} = 0{,}000026\,\Omega$$

Die Gesamtstromstärke I = 10,00 A teilt sich gemäß der Widerstände in den Parallelzweigen auf:

$$U = R_{Geier} \cdot I_{Geier} = R_{30\text{ cm Leitung}} \cdot I_{30\text{ cm Leitung}}$$

$$\Leftrightarrow \quad \frac{I_{30\text{ cm Leitung}}}{I_{Geier}} = \frac{R_{Geier}}{R_{30\text{ cm Leitung}}}$$

$$I_{30\text{ cm Leitung}} = \frac{R_{Geier}}{R_{30\text{ cm Leitung}}} \cdot I_{Geier}$$

Wegen $I = I_{30\text{ cm Leitung}} + I_{Geier}$ folgt daher nach Einsetzen:

$$I = \frac{R_{Geier}}{R_{30\text{ cm Leitung}}} \cdot I_{Geier} + I_{Geier}$$

$$= \left(\frac{R_{Geier}}{R_{30\text{ cm Leitung}}} + 1 \right) \cdot I_{Geier}$$

$$= \left(\frac{R_{Geier} + R_{30\text{ cm Leitung}}}{R_{30\text{ cm Leitung}}} \right) \cdot I_{Geier}$$

Auflösen nach I_{Geier} ergibt:

$$I_{Geier} = I \cdot \frac{R_{30\text{ cm Leitung}}}{R_{Geier} + R_{30\text{ cm Leitung}}}$$

$$= 10{,}00\text{ A} \cdot \frac{0{,}000026\,\Omega}{10000\,\Omega + 0{,}000026\,\Omega} \approx 0{,}000000026\text{ A}$$

Der Geier wird diese sehr geringe Stromstärke ohne Schaden überstehen.

148. a) Liegt ein Kurzschluss vor, bedeutet das, dass die angelegte Spannung allein über den Widerstand der Litzen abfällt. Bei dem verwendeten Material Kupfer ergibt sich mit den Beziehungen

$$R = \frac{U}{I} \quad \text{und} \quad R = \rho \cdot \frac{\ell}{A}$$

durch Gleichsetzen für die vom Strom durchflossene Strecke:

$$\frac{U}{I} = \rho \cdot \frac{\ell}{A} \quad \Leftrightarrow \quad \ell = \frac{U \cdot A}{I \cdot \rho} = \frac{24{,}0\text{ V} \cdot 1{,}00\text{ mm}^2}{0{,}0190\text{ A} \cdot 0{,}017\,\frac{\Omega\text{mm}^2}{\text{m}}} \approx 74\text{ km}$$

Der Kurzschluss befindet sich in der Mitte dieser Strecke, also etwa $\frac{1}{2} \cdot 74\text{ km} = 37\text{ km}$ von Traunstein und 3 km von Salzburg entfernt.

b) Der Gesamtwiderstand ist der eines 74 km langen Kupferdrahtes, dabei wird ein „perfekter“ Kurzschluss vorausgesetzt. Möglicherweise ist der Kurzschluss aber ein „schlechter Kurzschluss“, d. h. die Verbindung zwischen den beiden Litzen hat selbst einen nicht vernachlässigbaren Widerstand. Diesen müsste man dann berücksichtigen, sodass man nur sicher sagen kann: Der Kurzschluss liegt *höchstens* 37 km hinter Traunstein.

149. Für die elektrische Leistungsaufnahme der Waschmaschine ergibt sich:

$P = U \cdot I = 230\text{ V} \cdot 11{,}0\text{ A} = 2\,530\text{ W} = 2{,}53\text{ kW}$

An dieser Stelle bieten sich **zwei Wege** an, um die Kosten zu ermitteln. Bei der ersten (und etwas umständlicheren) Methode wird zunächst die gesamte Energieaufnahme der Maschine während eines Waschgangs ermittelt:

$W_{elektrisch} = 2\,530\text{ W} \cdot 50\text{ min} = 2\,530\text{ W} \cdot 3\,000\text{ s} = 7{,}59\text{ MJ}$

Rechnet man eine Kilowattstunde in Joule um, erhält man:

$1\text{ kWh} = 1\,000\text{ Wh} = 1\,000\text{W} \cdot 3\,600\text{ s} = 3{,}6\text{ MJ}$

Für einen Waschgang werden also

$\frac{7{,}59}{3{,}6}\text{ kWh} \approx 2{,}11\text{ kWh}$

benötigt. Die Kosten betragen daher $2{,}11\text{ kWh} \cdot 13\,\frac{\text{Cent}}{\text{kWh}} \approx 27{,}4\text{ Cent}$.

Die zweite (und elegantere) Methode vermeidet die Umrechnung in die Einheit Joule: Bei einer Leistungsaufnahme von $P = 2{,}53$ kW würde in einer Stunde genau die Energie $W = 2{,}53$ kWh nötig sein, während eines 50-minütigen Waschgangs also die Energie

$$\frac{50 \text{ min}}{60 \text{ min}} \cdot 2{,}53 \text{ kWh} = 2{,}11 \text{ kWh}$$

Dies führt wieder wie oben auf Energiekosten von 27,4 Cent.

150. Eine Spannungsänderung von 220 V auf 230 V bedeutet eine Anhebung um etwa 4,5 %.
Ein ohmscher Widerstand lässt aber bei einer um 4,5 % höheren Spannung auch eine um 4,5 % höhere Stromstärke durch, $I = \frac{U}{R}$, sodass die aufgenommene Leistung sogar auf

$$P' = U' \cdot I' = 1{,}045 \cdot U \cdot 1{,}045 \cdot I = 1{,}093 \cdot P$$

wächst, also um 9,3 %. Damit steigen die Rechnungsbeträge tatsächlich um 9,3 % an.

151. Mit $I = \frac{U}{R}$ folgt bei bekannter Versorgungsspannung $U = 110$ V und dem Widerstand $R = 10\ \Omega$ für die Leistung:

$$P = U \cdot I = U \cdot \frac{U}{R} = \frac{U^2}{R} = \frac{(110 \text{ V})^2}{10\,\Omega} = 1\,210 \text{ W}$$

152. a) Da zwei Litzen vorhanden sind, müssen wir mit der doppelten Leiterlänge $\ell = 2 \cdot 500$ m rechnen und erhalten für den Kabelwiderstand:

$$R_{\text{Kabel}} = \rho \cdot \frac{\ell}{A} = 0{,}017 \frac{\Omega \text{mm}^2}{\text{m}} \cdot \frac{2 \cdot 500 \text{ m}}{1{,}00 \text{ mm}^2} = 17\ \Omega$$

b) Die Betriebsleistung $P_1 = 0{,}230$ W wird bei $U_1 = 230$ V Betriebsspannung erreicht und liefert dann eine Betriebsstromstärke von

$$I_1 = \frac{P_1}{U_1} = \frac{0{,}230 \text{ W}}{230 \text{ V}} = 0{,}001 \text{ A}.$$

Daraus lässt sich der Widerstand des Gerätes berechnen:

$$R_{\text{Gerät}} = \frac{U_1}{I_1} = \frac{230 \text{ V}}{0{,}001 \text{ A}} = 230\,000\ \Omega$$

Wegen der Serienschaltung von Gerät und Kabel fällt die Spannung von insgesamt 230 V portionsweise an den beiden Widerständen R_{Kabel} und $R_{\text{Gerät}} = 230\,000\ \Omega$ ab:

$$I_1 = \frac{U_{\text{Gerät}}}{R_{\text{Gerät}}} = \frac{U_{\text{Kabel}}}{R_{\text{Kabel}}} \quad \Leftrightarrow \quad \frac{U_{\text{Gerät}}}{U_{\text{Kabel}}} = \frac{R_{\text{Gerät}}}{R_{\text{Kabel}}} \quad \Leftrightarrow \quad U_{\text{Gerät}} = U_{\text{Kabel}} \cdot \frac{R_{\text{Gerät}}}{R_{\text{Kabel}}}$$

Setzt man das in die Gleichung $U_{\text{Gerät}} + U_{\text{Kabel}} = U_1$ ein, erhält man:

$$U_{Kabel} \cdot \frac{R_{Gerät}}{R_{Kabel}} + U_{Kabel} = U_1$$

$$U_{Kabel} \cdot \left(\frac{R_{Gerät}}{R_{Kabel}} + 1\right) = U_1$$

$$U_{Kabel} \cdot \frac{R_{Gerät} + R_{Kabel}}{R_{Kabel}} = U_1$$

$$U_{Kabel} = \frac{R_{Kabel}}{R_{Gerät} + R_{Kabel}} \cdot U_1$$

$$= \frac{17\,\Omega}{230\,017\,\Omega} \cdot 230\text{ V} \approx 0{,}000074 \cdot U_1$$

Am Kabel fallen also nur etwa 0,0074 % der Versorgungsspannung ab. Das Gerät wird ausreichend versorgt.

c) Die analoge Rechnung wie bei Teilaufgabe b ergibt für die jetzt 10 000-fache Betriebsleistung $P_2 = 2\,300$ W bei 230 V Betriebsspannung eine 10 000-fache Betriebsstromstärke

$$I_2 = \frac{P_2}{U_1} = \frac{2\,300\text{ W}}{230\text{ V}} = 10{,}0\text{ A}$$

und den Gerätewiderstand

$$R_{Gerät} = \frac{U_B}{I_2} = \frac{230\text{ V}}{10{,}0\text{ A}} = 23{,}0\,\Omega.$$

Für die am Kabel abfallende Spannung erhält man

$$U_{Kabel} = \frac{R_{Kabel}}{R_{Gerät} + R_{Kabel}} \cdot U_1 = \frac{17\,\Omega}{23\,\Omega + 17\,\Omega} \cdot U_1 = 0{,}425 \cdot U_1,$$

also 42,5 % der Versorgungsspannung!

Die restlichen 57,5 % (also 132,25 V) werden das Gerät vermutlich nicht ausreichend versorgen können. Denkt man etwa an eine Kochplatte, werden bei nur 57,5 % Versorgungsspannung auch nur 57,5 % der üblichen Stromstärke erreicht (falls der Widerstand konstant ist), für die Leistung bleiben dann nur noch

$$P' = U' \cdot I' = 0{,}575 \cdot U \cdot 0{,}575 \cdot I = 0{,}575^2 \cdot U \cdot I \approx 0{,}331 \cdot P,$$

also gerade 33 % der Leistung.

d) Die Betriebsleistung $P_B = 2\,300$ W wird jetzt bei einer Betriebsspannung von $U_2 = 23\,000$ V erreicht. Mit der analogen Rechnung wie bisher erhalten wir für die Betriebsstromstärke, den Gerätewiderstand und die am Kabel abfallende Spannung:

$$I_3 = \frac{P_2}{U_2} = \frac{2\,300\text{ W}}{23\,000\text{ V}} = 0{,}10\text{ A}$$

$$R_{Gerät} = \frac{U_2}{I_3} = \frac{23\,000\text{ V}}{0{,}10\text{ A}} = 230\,000\,\Omega$$

$$U_{Kabel} = \frac{R_{Kabel}}{R_{Gerät} + R_{Kabel}} \cdot U_2 = \frac{17\,\Omega}{230\,000\,\Omega + 17\,\Omega} \cdot 23\,000\text{ V} \approx 0{,}000074 \cdot U_2$$

Am Kabel fallen nur 0,0074 % der Versorgungsspannung ab, wie im Fall der Teilaufgabe a. Die hohe Spannung sorgt also dafür, dass die Stromstärke gering bleibt und dadurch nur wenig Spannung an der Leitung abfällt. Die Verlustleistung in dem Kabel bleibt sehr klein.

153. a) Tatsächlich hat der Autor des Leserbriefs Recht mit der Behauptung, dass ein eingeschaltetes Fahrlicht den Benzinverbrauch erhöht.
Die Beleuchtung wird zwar über die Batterie elektrisch versorgt, diese wiederum wird aber von der Lichtmaschine – einem vom Automotor betriebenen Generator – ständig wieder aufgeladen, d. h. die entnommene elektrische Energie wird auf diese Weise ersetzt. Für das Antreiben der Lichtmaschine ist mechanische Energie notwendig, die der Motor durch das Verbrennen von Treibstoff (chemische Energie) erzeugt. Der Benzinverbrauch wird folglich höher.

b) Für die Fahrbeleuchtung benötigt man zwei Glühlampen von etwa 60 W (Fahrlicht), zwei Rücklichter von etwa 5 W und eine Kennzeichenbeleuchtung mit etwa 5 W, insgesamt also etwa 135 W elektrische Leistung. Bei einem Motor 65 kW Leistung (entspricht 88 PS) macht dies etwa 0,2 % aus.
Nimmt man als durchschnittliches Fahrzeug eines mit 7 Liter Dieselverbrauch (Literpreis ca. 1,00 €) auf 100 km Fahrstrecke an und eine Jahresfahrleistung von 20 000 km, dann ergeben sich Treibstoffkosten von etwa

$$\frac{20\,000\text{ km}}{100\text{ km}} \cdot 7\,\text{l} \cdot 1{,}0\,\frac{€}{\ell} = 1\,400\text{ €}$$

pro Jahr. Schaltet man bei jeder Fahr das Fahrlicht ein, fallen davon 0,2 % · 1 400 € = 2,80 € jährlich als Zusatzkosten an, monatlich also ca. 23,3 Cent. Berücksichtigt man dabei noch, dass ohnehin etwa ein Drittel der Jahresstrecke bei Dunkelheit (und deshalb mit Licht) gefahren wird, dann reduziert sich dieser Betrag nochmals auf etwa 15,4 Cent pro Monat, also weniger als jede Unfallversicherung!
Das Argument der erhöhten Benzinrechnung überzeugt also keineswegs.

154. a) Wenn zwei Heizspiralen parallel zur dritten geschaltet sind und jeweils einen Widerstand von 90 Ω haben, dann sind 90 Ω parallel zu 180 Ω geschaltet und es ergibt sich für den ein Gesamtwiderstand:

$$\frac{1}{R} = \frac{1}{90\,\Omega} + \frac{1}{180\,\Omega} = \frac{2}{180\,\Omega} + \frac{1}{180\,\Omega} = \frac{3}{180\,\Omega} = \frac{1}{60\,\Omega} \quad \Leftrightarrow \quad R = 60\,\Omega$$

Bei der Betriebsspannung von 230 V fließen demnach

$$I = \frac{U}{R} = \frac{230\text{ V}}{60\,\Omega} \approx 3{,}83\text{ A},$$

das liefert eine Leistung von etwa $P = U \cdot I = 230\text{ V} \cdot 3{,}83\text{ A} \approx 880\text{ W}$.

b) Bei einer Leistung von 880 W = 0,880 kW wird in einer Stunde eine Energie von 0,88 kWh umgesetzt, in 15 Minuten also der vierte Teil davon, nämlich 0,22 kWh zu je 13 Cent. Das Föhnen kostet also in 15 Minuten etwa 2,9 Cent.

155. An dem Vorwiderstand fallen dann 230 V – 110 V = 120 V, also mehr als die Hälfte der Versorgungsspannung ab, die restlichen 110 V liegen an der Glühlampe an und lassen durch diese einen Strom der betriebsüblichen Stromstärke fließen. Dieser Strom fließt (wegen der Serienschaltung) auch durch den Vorwiderstand und erzeugt dort eine Verlustleistung, die größer ist als die Nutzleistung der Glühlampe:

$$\left.\begin{aligned} P_L &= U_L \cdot I \\ P_V &= U_V \cdot I \end{aligned}\right\} \Rightarrow \quad P_V = \frac{U_V}{U_L} \cdot P_L = \frac{120\ \text{V}}{110\ \text{V}} \cdot 60\ \text{W} \approx 65{,}5\ \text{W}$$

Die Energierechnung wird mehr als doppelt so teuer ausfallen.

156. a) Fünf Parallel-Heizspiralen von je 50 Ω stellen einen Gesamtwiderstand von 10 Ω dar:

$$\frac{1}{R} = 5 \cdot \frac{1}{50\,\Omega} = \frac{1}{10\,\Omega} \quad \Leftrightarrow \quad R = 10\,\Omega$$

Bei 230 V Versorgungsspannung wird der Ofen von insgesamt

$$I = \frac{U}{R} = \frac{230\ \text{V}}{10\,\Omega} \approx 23\ \text{A}$$

durchflossen, was eine Leistung von

$$P = U \cdot I = 230\ \text{V} \cdot 23\ \text{A} = 5\,290\ \text{W} = 5{,}29\ \text{kW}$$

ergibt. In einer Stunde nimmt das Gerät folglich die Energie 5,29 kW auf, in vier Stunden 4 · 5,29 kWh = 21,16 kWh zu je 8,5 Cent. Der Ofen verursacht damit also insgesamt etwa 1,80 € Kosten.

b) Das Gerät gibt die in 4 Stunden aufgenommene Energie in 18 Stunden gleichmäßig wieder ab, also in der 4,5-fachen Zeit; demzufolge ist die Leistung um den Faktor 4,5 geringer:

$$P_{Heiz} = \frac{5\,290\ \text{W}}{4{,}5} \approx 1{,}18\ \text{kW}$$

157. Große „Energiefresser" sind etwa Ölradiator, Föhn, Schnellkochplatte, Bügeleisen. Eher genügsame Geräte dagegen sind etwa Batteriewecker, Fernbedienungen, Mobiltelefon, Taschenrechner.

158. a) 70 € oder 7 000 Cent pro Jahr bedeuten bei einem kWh-Preis von 13 Cent eine umgesetzte Energie von

$$\frac{7\,000\ €}{13\ \frac{€}{\text{kWh}}} \approx 538{,}5\ \text{kWh}$$

an 365 Tagen, täglich also etwa $\frac{538{,}5\ \text{kWh}}{365} \approx 1{,}475\ \text{kWh}$. Dies entspricht einer stündlichen Energieaufnahme von etwa

$$\frac{1{,}496\ \text{kWh}}{24} \approx 0{,}062\ \text{kWh} = 62\ \text{Wh}$$

bzw. einer mittleren Leistung von etwa 62 W aller Standby-Schaltungen im Haushalt.

b) 14 Milliarden Kilowattstunden kosten „nur" etwa
$14\,000\,000\,000 \cdot 13\ \text{Cent} = 1{,}82\ \text{Mrd}\ €$.
Deutschland gibt also mehr Geld für die Standby-Schaltungen aus, als seine Hauptstadt insgesamt an jährlichen Stromkosten hat.

159. Täglich 0,3 kWh zu je 13 Cent bedeuten in 15 Jahren Mehrkosten in Höhe von $15 \cdot 365 \cdot 0{,}3 \cdot 0{,}13\ € \approx 214\ €$. Die 80 € bei der Neuanschaffung des sparsameren Gerätes rechnen sich schon nach $\frac{80}{214} \cdot 15 \approx 5{,}6$ Jahren.

160. Die Argumentation verläuft ähnlich wie in Beispiel 2, nur ist hier die Situation im oberen Kabel gerade andersherum (siehe Abbildung).

Folgerung: Die Kabel stoßen sich gegenseitig ab.

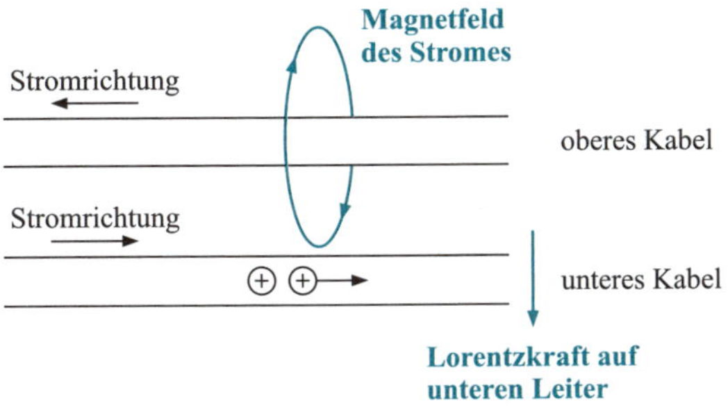

161. Wir betrachten einen Bildpunkt, den der Elektronenstrahl auf dem Leuchtschirm erzeugt: Die technische Stromrichtung (Elektronen!) zeigt nach hinten (Daumen), die Richtung des Magnetfeldes zum Südpol hin, also nach oben (Zeigefinger).

Damit zeigt die Lorentzkraft nach rechts, der Leuchtpunkt wird also nach rechts abgelenkt und das Fernsehbild in der gleichen Richtung verzerrt.

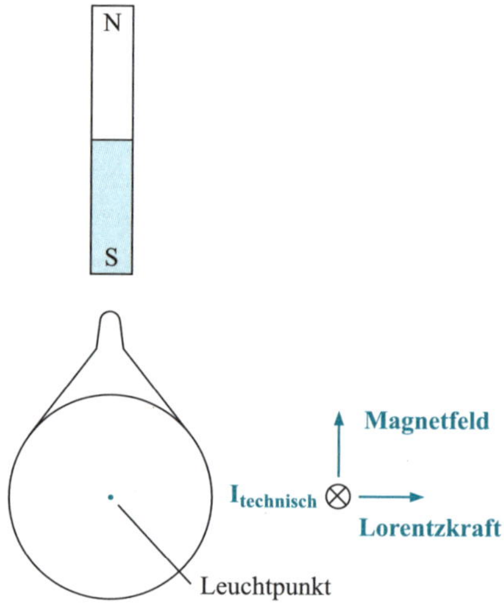

162. Man muss einen der Stäbe senkrecht der Mitte des anderen nähern: Ist der senkrechte Stab der Magnet, dann zieht er den anderen an, sonst nicht.

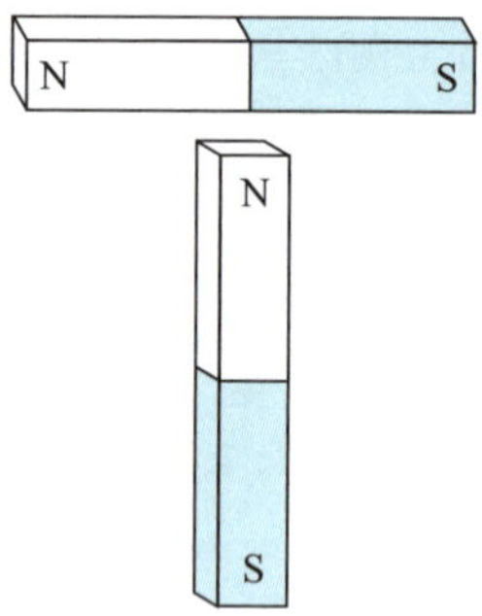

163. a) Wir betrachten 7 Zeitpunkte, um die Bahn des Leuchtpunktes zu finden:

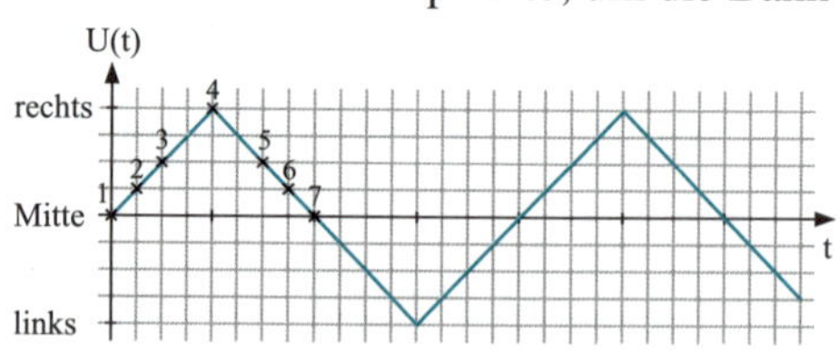

Horizontal-Position des Leuchtpunktes

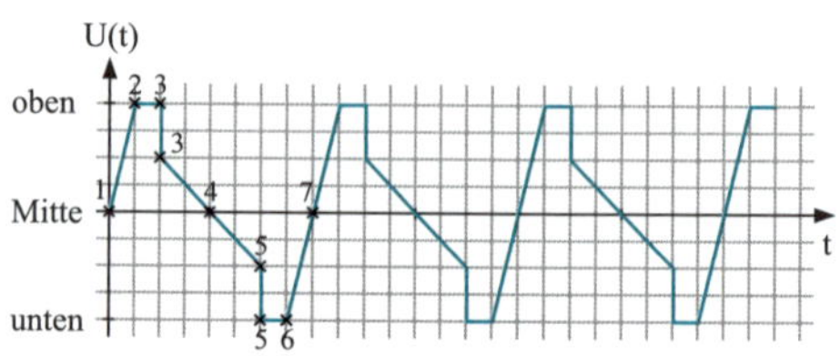

Vertikal-Position des Leuchtpunktes

Zur Zeit (1) befindet sich der Leuchtpunkt horizontal wie auch vertikal in der Mitte.

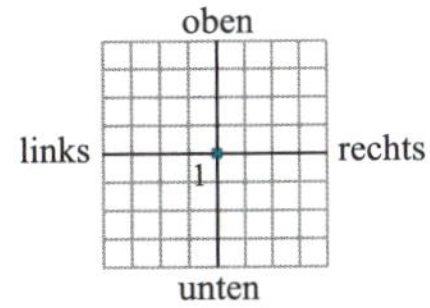

Bis zum Zeitpunkt (2) ist er ganz nach oben gewandert, aber nur um ein Kästchen nach rechts.

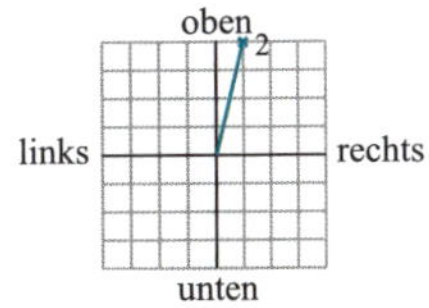

Bis zur Zeit (3) bleibt er oben, wandert um ein weiteres Kästchen nach rechts und springt dann urplötzlich (3') um zwei Kästchen nach unten.

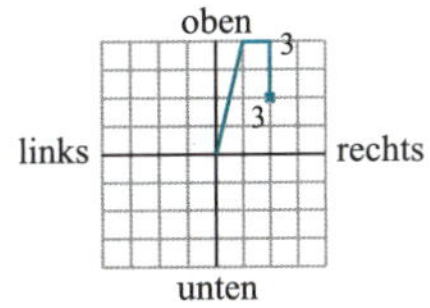

Von hier aus geht es bis zum Zeitpunkt (4) um je zwei Kästchen nach rechts und unten.

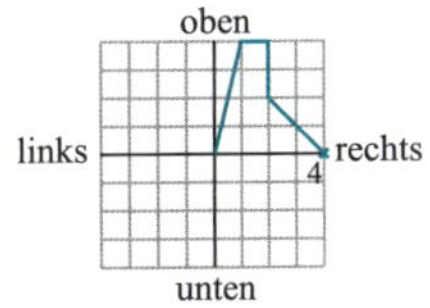

Jetzt geht es weiter nach unten, aber wieder nach links bis zum Zeitpunkt (5), dann springt der Punkt wiederum ganz nach unten (5').

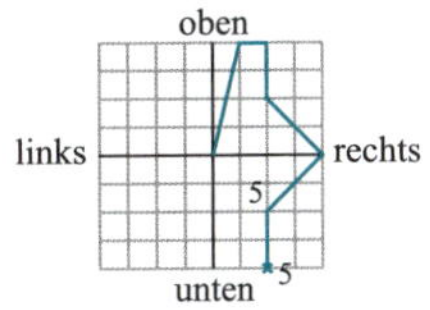

Weiter verläuft die Bahn ganz unten um ein Kästchen nach links, bis der Zeitpunkt (6) erreicht ist.

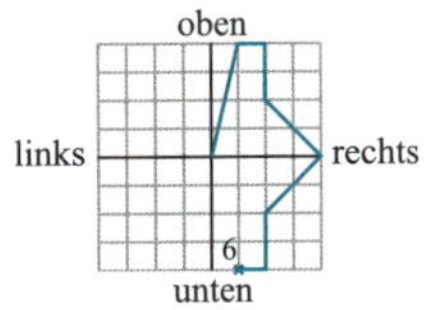

Der Punkt wandert wieder zurück in die Mitte, die er zur Zeit (7) erreicht.

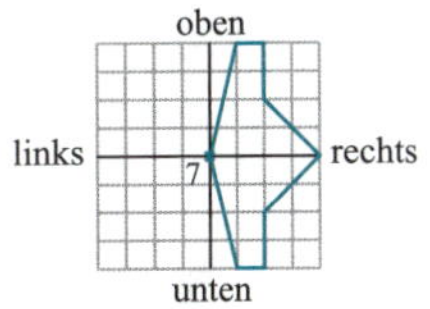

In der folgenden halben Periode der Horizontalablenkung wiederholt sich die vertikale Ablenkung, nur wandert der Punkt jetzt nach links statt nach rechts: Die Bahn verläuft spiegelsymmetrisch auf der linken Seite.

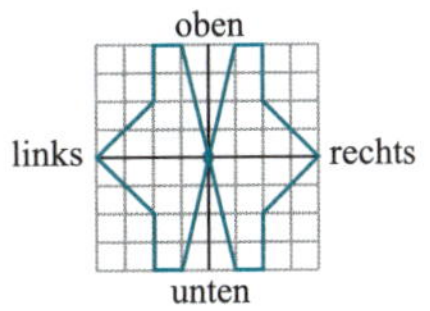

b) Für die Vertikalablenkung erhält man bei vorgegebener Horizontalablenkung zwei mögliche zeitliche Verläufe.

Möglichkeit 1: Sie ergibt sich, wenn man den Leuchtpunkt von der Mitte aus nach rechts und *halb* nach oben starten lässt.

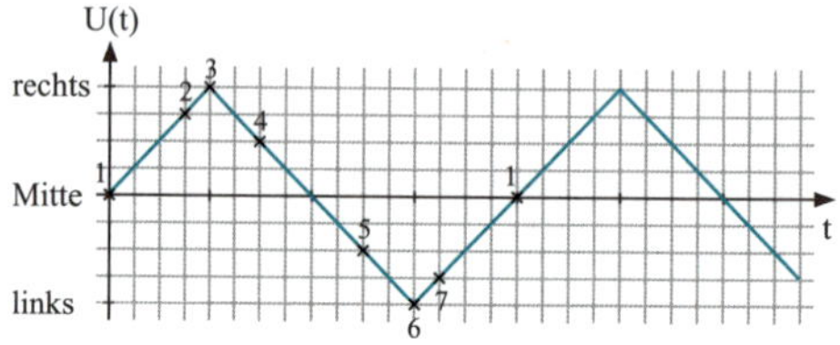

Horizontal-Position des Leuchtpunktes

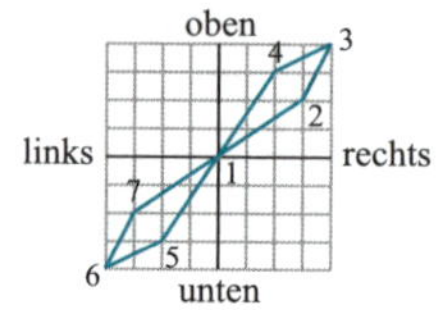

Schirmbild

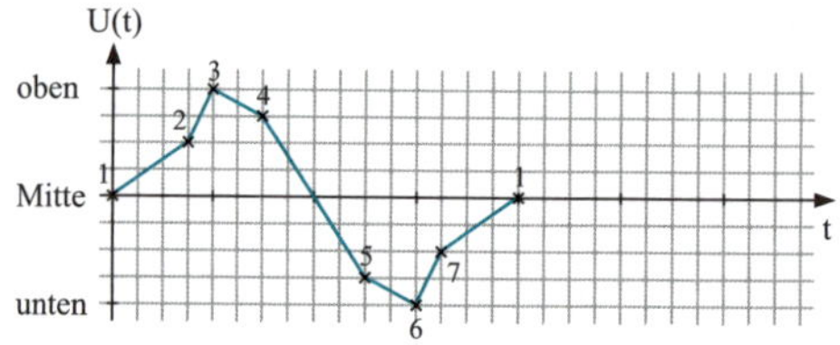

Vertikal-Position des Leuchtpunktes

Möglichkeit 2: Sie ergibt sich, wenn man den Leuchtpunkt von der Mitte aus erst nach rechts und *ganz* nach oben starten lässt.

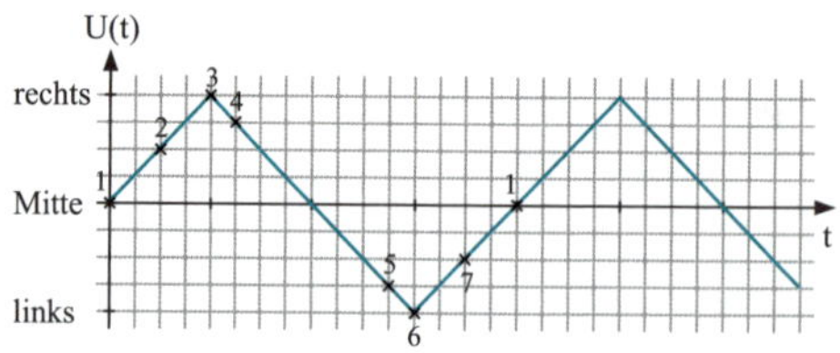

Horizontal-Position des Leuchtpunktes

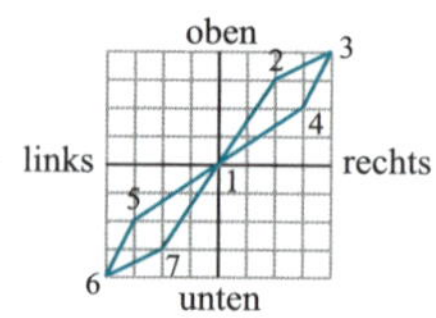

Schirmbild

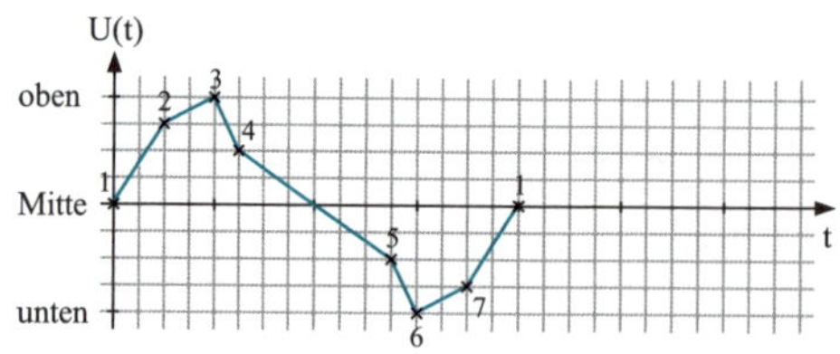

Vertikal-Position des Leuchtpunktes

c) Auch hier gibt es zwei Möglichkeiten: In jedem Fall beginnt (wegen der vorgegebenen Horizontalablenkung) die Bahn seitlich gesehen in der Mitte und startet von dort nach rechts. Der Anfangspunkt kann also entweder oben oder unten in der Mitte sein.

Möglichkeit 1 (oben mittig beginnend):

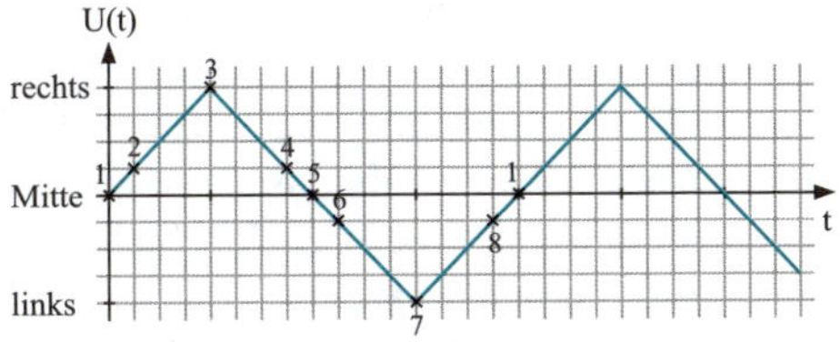

Horizontal-Position des Leuchtpunktes

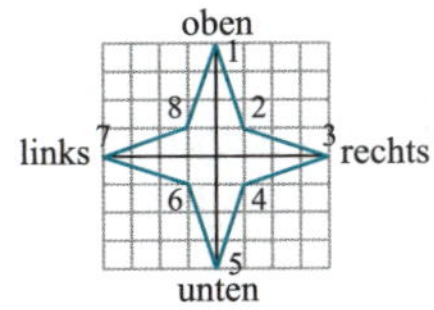

Schirmbild

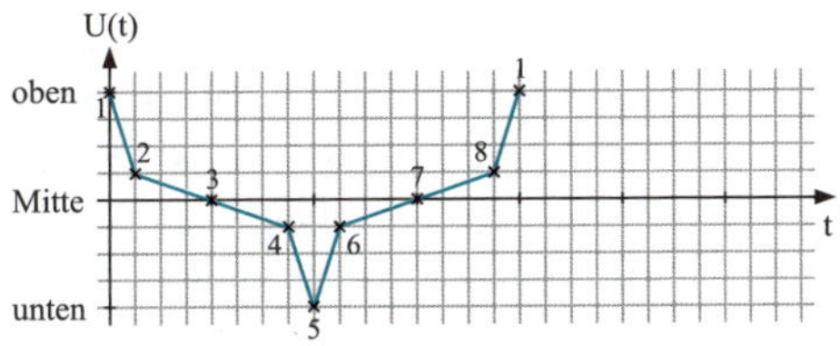

Vertikal-Position des Leuchtpunktes

Möglichkeit 2 (unten mittig beginnend):

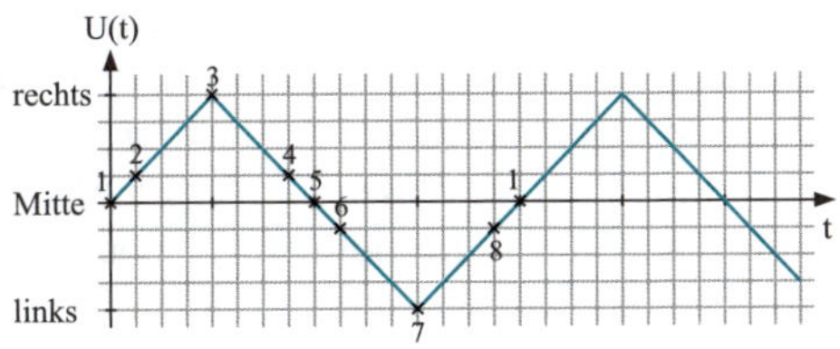

Horizontal-Position des Leuchtpunktes

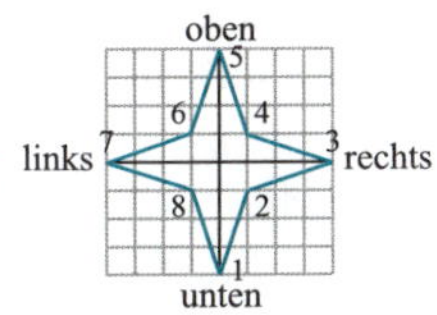

Schirmbild

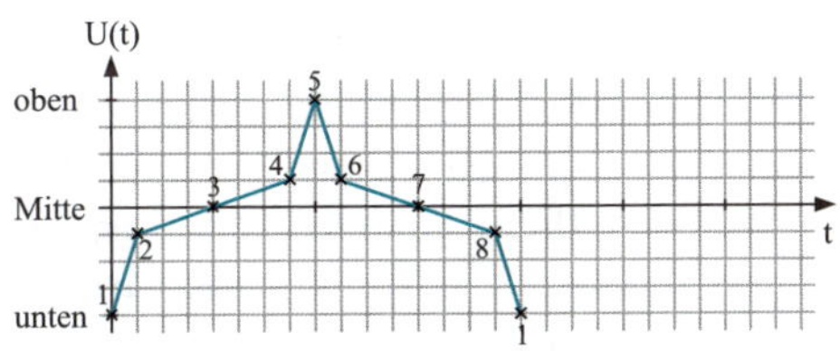

Vertikal-Position des Leuchtpunktes

164.

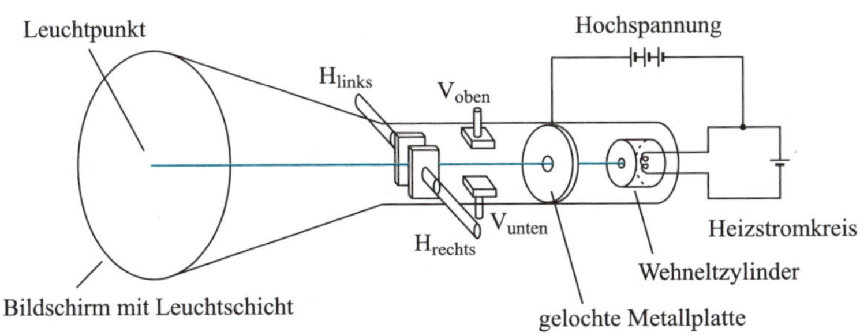

Aus der geheizten Glühwendel treten Elektronen infolge ihrer erhöhten kinetischen Energie aus. Diese werden wegen der angelegten Hochspannung (Minuspol an Glühwendel!) abgestoßen und von der gelochten Metallplatte am Pluspol der Hochspannungsquelle angezogen. Ein so genannter Wehnelt-zylinder bündelt den Elektronenstrahl. Der Strahl passiert das Loch der Metallplatte und trifft schließlich auf dem mit einer Leuchtschicht versehenen Bildschirm auf, auf dem er einen Lichtpunkt erzeugt.
Um nicht durch Stöße mit Gasteilchen die Bewegung der Elektronen zu stören, befindet sich die Vorrichtung in einem evakuierten Glasbehälter. Darin sind zwei Metallplatten-Paare mit elektrischen Anschlüssen nach außen eingebaut. An diese Plattenpaare werden Spannungen angelegt, die zur Aufladung der Platten führen und den passierenden Elektronenstrahl ablenken. Wird also etwa an den Vertikalablenkungsplatten bei V_{oben} der Pluspol und bei V_{unten} der Minuspol einer Spannungsquelle angeschlossen, dann wird der Strahl nach oben abgelenkt und trifft den Bildschirm auch weiter oben. Entsprechend führt das Anlegen einer Spannung an die Horizontalablenkungsplatten zu einer waagerechten Auslenkung des Leuchtpunktes.

Auf der Braun'schen Röhre basiert das **Oszilloskop**, das einen hervorragenden Spannungsmesser darstellt. Gegenüber einem als Voltmeter verwendeten Drehspulinstrument hat es den Vorteil, dass sich Spannungen fast ohne Stromfluss messen lassen , denn nur für die Beladung der Platten ist eine ganz geringe Stromstärke für kurze Zeit notwendig. Außerdem ist der Elektronenstrahl fast trägheitslos und reagiert wesentlich schneller als jeder Zeiger. Deshalb eignet sich das Oszilloskop hervorragend für die Messung und Anzeige hochfrequenter Wechselspannungen.
Zum Vergleich: Das Drehspulinstrument misst (Gleich-)Stromstärken, durch Vorschalten eines großen Widerstandes wird es nach geeigneter Eichung auch als Spannungsmessgerät verwendet. Da Spannungen parallel zum Messobjekt durchgeführt werden müssen, fließt durch das Messgerät stets ein gewisser Parallelstrom, der das Messergebnis beeinträchtigt. Bei Messungen von höherfrequenten Wechselspannungen kann der Zeiger des Drehspulinstrumentes wegen seiner Trägheit der zeitlichen Schwankung des Messwertes nicht folgen. Daher wird lediglich ein mittlerer Wert der anliegenden Spannung anstatt der vollen Amplitude angezeigt.

165. Der Elektronenstrahl der Röhre bewegt sich im Magnetfeld des Stabmagneten, es wirkt also eine Lorentzkraft auf ihn. Nach der Drei-Finger-Regel der rechten Hand ergibt sich folgende Richtung der Lorentzkraft:
Die negativ geladenen Elektronen fliegen aus der Zeichenebene heraus auf uns zu, die technische Stromrichtung ist folglich entgegengesetzt, in die Zeichenebene hinein (Symbol ⊗). Die magnetischen Feldlinien zeigen (außer-

halb des Magneten) von Nord nach Süd, also hier im Bereich des Leuchtpunktes nach rechts. Demnach wirkt die Lorentzkraft nach unten.

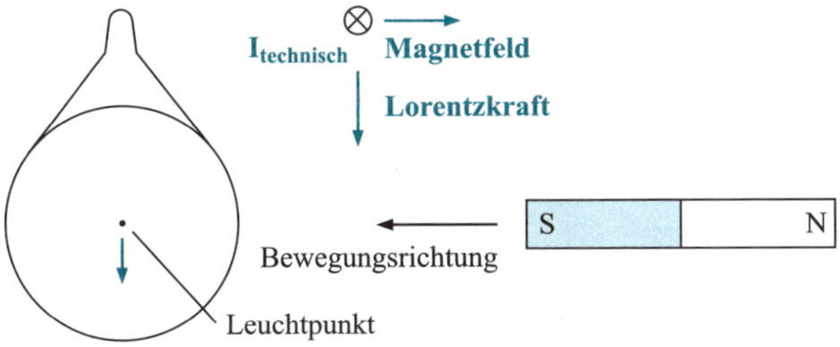

Anmerkung: Der Elektronenstrahl bewegt sich zusätzlich noch relativ zum Magneten nach rechts. Da er sich aber wie vorausgesetzt auf Höhe des Stabmagneten befindet, verlaufen die Feldlinien am Ort des Strahls ausschließlich parallel zu dieser Bewegungsrichtung, daher wirkt bezüglich dieser Bewegung keine Lorentzkraft.

166. a) Bei der Hochvakuumdiode wird ein Glasbehälter evakuiert, nachdem in ihm eine Glühwendel mit Heizstrom-Anschlüssen nach außen sowie eine etwas entfernt davon liegende Metallplatte ebenfalls mit elektrischem Anschluss nach außen montiert worden sind.
Ein Heizstrom bringt die Wendel zum Glühen und Elektronen treten aus. Legt man den Minuspol einer Hochspannungsquelle zusätzlich an die Glühwendel und den Pluspol an die Metallplatte, dann werden die ausgetretenen Elektronen von der Glühwendel zusätzlich abgestoßen und von der Metallplatte angezogen. Es fließen also negative Ladungsträger von der Glühwendel durch das Vakuum zur Platte, die umgekehrte Richtung ist nicht möglich. Man spricht daher auch von einem **elektrischen Ventil**, das elektrische Ströme nur in einer Richtung fließen lässt und u. a. zur Gleichrichtung von Wechselströmen verwendet wird.

b) Beim Schaltsymbol der Hochvakuum-Diode stellt der Punkt die Glühwendel inklusive ihrer Stromversorgung dar, der Strich steht für die Platte. In der Diode können nur negativ geladene Elektronen von der Wendel zur Platte fliegen, die technische Stromrichtung ist also von der Platte zur Wendel. Damit ergibt sich für die Glimmlampe jeweils folgender Beleuchtungszustand:

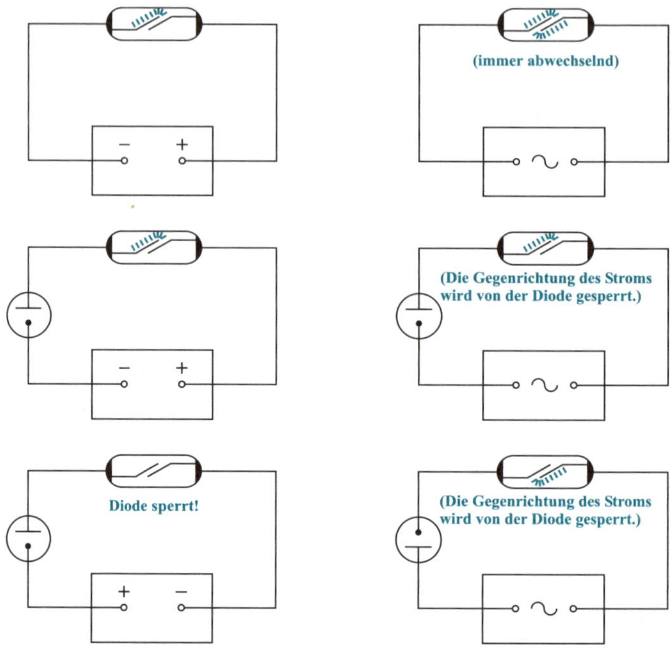

167. a) Der Ton wird tiefer.

b) Der Ton wird lauter.

168. Befindet sich der bewegte Magnet des ICE in der Nähe der Schienen, dann ändert sich durch den vorbei kommenden Magneten das Magnetfeld in den Schienen. Auf Grund des Generatorprinzips (die Schienen bewegen sich ja auch relativ zum ICE) wird also in dem Leiter „Schiene" ein Strom induziert, der gemäß Lenz'scher Regel seiner Ursache (fahrender ICE) entgegenwirkt. Dies geschieht in der Weise, dass der induzierte Strom selbst ein Magnetfeld erzeugt, welches dem des ICE entgegen gerichtet ist: der Zug wird durch eine magnetische Gegenkraft gebremst. Für die Wirkung der Wirbelstrombremse ist allein die elektrische Leitfähigkeit der Schiene entscheidend, sie funktioniert also auch bei anderen Metallen als Stahl.

169. Das Reißen des Glühdrahtes bedeutet die Unterbrechung eines parallelen Stromzweiges, denn Vorder- und Rücklicht sind parallel geschaltet. Weil ein Parallelzweig wegfällt, erhöht sich der Gesamtwiderstand, sodass sich die Gesamtstromstärke verringert. Der von dem Strom durchflossene Generator, der nach der Lenz'schen Regel auch als Motor in Gegenrichtung wirkt, bremst daher weniger stark als vorher: das Treten fällt leichter.

170. Kupfer ist nicht magnetisch, daher liegt die Begründung für die Bremswirkung *nicht* darin, dass das Rohr von sich aus den Magneten anziehe. Vielmehr wird durch die Fallbewegung des Magneten das Magnetfeld im Kupferrohr örtlich verändert. Dadurch fließt ein induzierter Strom, dessen Richtung der Ursache nach Lenz'scher Regel entgegenwirkt, die Fallbewegung also bremst.

171. Wegen der technischen Stromrichtung (von „Plus“ nach „Minus“) fließt der Strom in beiden Motoren zunächst von oben nach unten (Bild A).
Wird der rechte Motor als Generator verwendet, dann fließt nach der Lenz'schen Regel der induzierte Strom bei gleicher Drehrichtung in die entgegengesetzte Richtung im Vergleich zu vorher, also nach oben. Im linken Motor fließt der Strom folglich wieder von oben nach unten, die Drehrichtung bleibt also auch unverändert (Bild B).

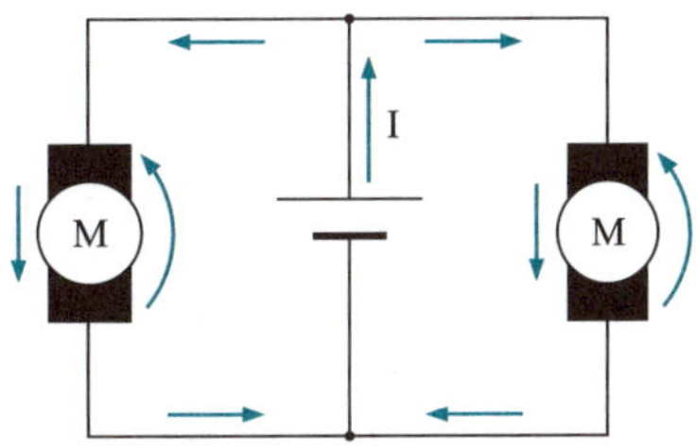

A

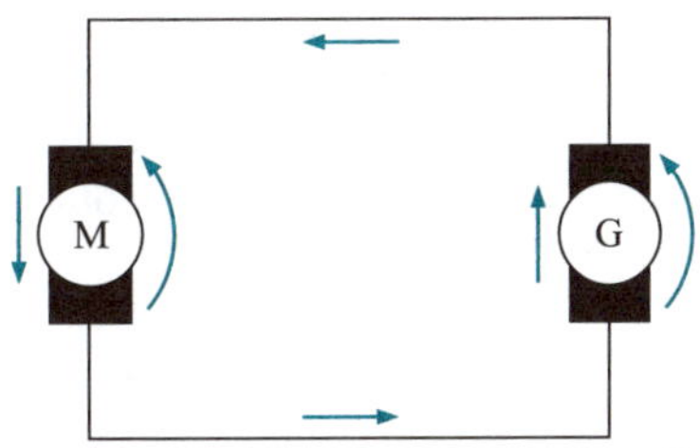

B

172. Wird der Schalter S geschlossen, fließt der Strom (technische Stromrichtung von „Plus“ nach „Minus“) in den Wicklungsabschnitten, die man in der Zeichnung sieht, von rechts unten nach links oben:

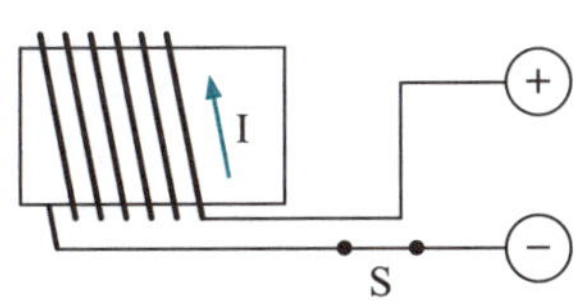

Nach der „Rechte-Hand-Regel“ für Strom durchflossenen Leiter laufen die magnetischen Feldlinien dann von rechts nach links, d. h., der Elektromagnet besitzt am rechten Ende einen Südpol und am linken Ende einen Nordpol. Man fasst dies in einer eigenen **Rechte-Hand-Regel für den Elektromagneten** zusammen:
Zeigen die Finger der gekrümmten rechten Hand in die technische Stromrichtung der Spulenwicklung, dann weist der Daumen auf das Spulenende, an dem sich der Nordpol befindet.

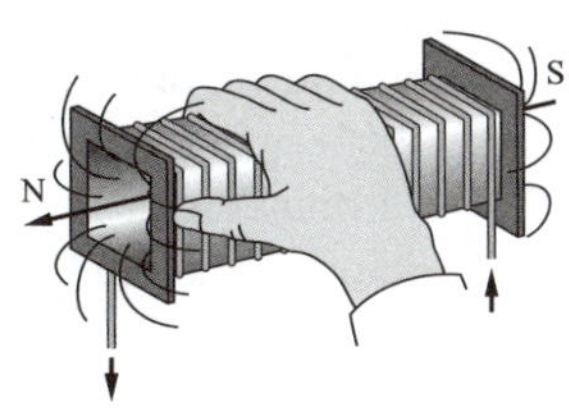

Der Leuchtpunkt in der Braun'schen Röhre zeigt das Auftreffen der negativ geladenen Elektronen, die von hinten nach vorne fliegen; die technische Stromrichtung ist die Flugrichtung entsprechender positiver Ladungsträger, also von vorne nach hinten.
Nach dem elektromotorischen Prinzip wirkt auf diesen Strom, der sich im Magnetfeld des Elektromagneten befindet, eine Lorentzkraft. Die Richtung dieser Kraft ergibt sich aus der Drei-Finger-Regel der rechten Hand:
Der Daumen zeigt in Stromrichtung (in die Zeichenebene), der Zeigefinger in Magnetfeldrichtung (nach links), der Mittelfinger in Richtung der Lorentzkraft. Der Leuchtpunkt wird also nach oben abgelenkt.

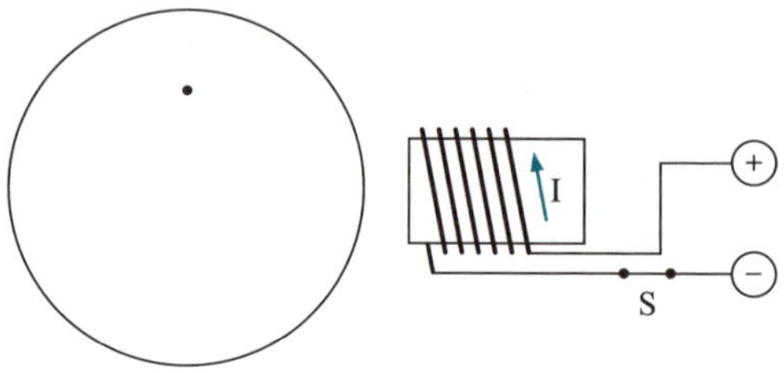

173. a) Durch den Widerstand der Spule begrenzt, fließt einerseits ein Primärstrom. Dieser induziert in der Spule ein Magnetfeld, das auf der Sekundärseite nicht zu Induktionsströmen führen kann, weil dort die Schalter geöffnet sind.
Das Magnetfeld bleibt also ungeschwächt erhalten und induziert seinerseits in der Primärspule (die dem Magnetfeld ja ebenso ausgesetzt ist wie die Sekundärspule!) einen Induktionsstrom, der gemäß Lenz'scher Regel seiner Ursache entgegen gerichtet ist. Die Ursache ist aber der Ausgangsstrom, dem nun dieser Induktionsstrom (in gleicher Stärke) entgegen fließt. In Bilanz ergibt dies die Primärstromstärke null.

b) Hier wird auf der Sekundärseite ein geringer Induktionsstrom zugelassen, der auch in der Sekundärspule fließt und damit selbst ein Magnetfeld aufbaut, das gemäß Lenz'scher Regel dem verursachenden Magnetfeld entgegen gerichtet ist: Ausgangsfeld wird geschwächt.
Durch dieses leicht geschwächte Magnetfeld ist der auf der Primärseite induzierte Gegenstrom (vergleiche Teilaufgabe a) kleiner, in Bilanz bleibt dort eine geringe Stromstärke.

c) Wird sekundärseitig eine große Stromstärke entnommen, dann wird auch der größere Sekundärspulenstrom ein stärkeres magnetisches Gegenfeld aufbauen, das das Ausgangsfeld entsprechend mehr schwächt. Damit ist auch in der Primärspule nur noch ein stark geschwächtes Magnetfeld vorhanden, das wiederum einen nur sehr kleinen Gegenstrom induzieren kann, sodass in Summe mehr Strom fließt als im Fall der Teilaufgabe b.

d) Der Primärstromkreis „weiß“, welche Stromstärke in ihm fließen muss, weil das Magnetfeld in entsprechendem Maße geschwächt wird. Durch diese Magnetfeldschwächung wird der zulässige Strom gesteuert. Wird sekundärseitig plötzlich mehr entnommen, wird das Magnetfeld stärker geschwächt und es fließt auch primärseitig entsprechend mehr Strom. Das „Auge“ des Primärkreises, mit dem er „sieht“, was im Sekundärkreis abläuft, ist also der Schwächungsgrad des Magnetfeldes.

174. a) Beim Einschalten (t_1) dreht sich der Rotor zunächst noch nicht, der ohmsche Widerstand der Spule begrenzt die Stromstärke auf einen zunächst sehr hohen Startwert. Mit zunehmender Drehzahl wirkt die rotierende Spule in wachsendem Maße als Generator, der gemäß Lenz'scher Regel einen Strom in entgegengesetzter Richtung induziert. Dieser Induktionsstrom in Gegenrichtung sorgt in Bilanz mit dem Antriebsstrom für eine insgesamt geringere Betriebsstromstärke, die bei Ende der Beschleunigungsphase erreicht ist (t_2). Wird der Ansaugstutzen zugehalten (t_3), kann der Staubsauger seine eigentliche Arbeit (Luft transportieren!) nicht länger verrichten. Die Drehzahl steigt, damit auch der induzierte Gegenstrom, in Bilanz fließt also ein geringerer Strom. Weil (außer unerwünschten Effekten) keine Arbeit verrichtet wird, sollte auch die aufgenommene Leistung $P = U \cdot I$ kleiner werden, was durch die reduzierte Stromstärke auch tatsächlich der Fall ist. Verblüffenderweise liefert (wegen der Generatorwirkung des Motors) die höhere Drehzahl eine geringere Stromstärke (beim belasteten Motor sinkt entsprechend die Drehzahl, die Stromstärke steigt entsprechend an)! Beim Wiederöffnen des Ansaugstutzens (t_4) beginnt der Motor wieder mit der Arbeit und beschleunigt die Luftmassen zunächst. Die Drehzahl sinkt wieder auf den üblichen Wert, die Betriebsstromstärke wird wieder erreicht.

b) Das laute Motorgeräusch erfüllt zwar manchen Benutzer mit Sorge, diese ist aber unbegründet: Nach dem Ergebnis aus Teilaufgabe a führt die hohe Drehzahl auf einen größeren Induktionsgegenstrom und hat damit in Bilanz eine insgesamt geringere Stromstärke zur Folge. Die Erwärmung der Wicklungen wird folglich geringer sein als bei Betriebsstromstärke.
Viel gefährlicher für einen Elektromotor sind die Beschleunigungsphasen (also beim Einschalten), starke Belastungen (die die Drehzahl bremsen, die Induktionsstromstärke sinken und damit die Gesamtstromstärke steigen lassen) oder gar Blockieren (etwa bei verstopften Pumpen).

175. Die Glühlampe leuchtet bei Stellung 1 deutlich heller.

Begründung: Bei Stellung 2 (Wechselstrom) wirkt die Spule mit Eisenkern wie ein sehr großer Widerstand. Der zunächst durch den ohmschen Widerstand der aufgewickelten Leitung begrenzte Strom erzeugt im Eisenkern ein Magnetfeld, das sich wie der erzeugende Strom ständig ändert. Als ein sich änderndes Magnetfeld induziert es wiederum einen Induktionsstrom, der nach der Lenz'schen Regel der Ursache, also dem „ursprünglichen" Strom entgegenfließt. Dieser Gegenstrom ist (von kleinen Verlusten abgesehen) gleich groß wie der ihn auslösende Strom, folglich fließt in Bilanz kein Strom durch die Spule: Diese unterbricht quasi den Stromkreis. Bei Stellung 2 leuchtet die Lampe daher gar nicht oder nur sehr schwach.
Bei Stellung 1 wird zunächst, so lange sich (durch den Ausgangsstrom verursacht) im Eisenkern das Magnetfeld aufbaut, ebenfalls ein Gegenstrom induziert. Erreicht das Magnetfeld seine volle Stärke, ändert es sich nicht mehr. Deshalb wird auch kein Gegenstrom mehr induziert, das Lämpchen leuchtet also leicht verspätet auf, aber hell.

176. Die Scheibe fällt ganz langsam nach unten. Durch ihre Fallbewegung im abwechselnd gepolten Magnetfeld ändert sich für sie ständig das Magnetfeld, ein induzierter Wirbelstrom ist die Folge. Nach der Lenz'schen Regel ist dieser Induktionsstrom so gerichtet, dass er seiner Ursache entgegenwirkt, die Fallbewegung wird also gebremst.

177. Beachtet man die technische Stromrichtung (von „Plus" nach „Minus"), ergibt die Rechte-Hand-Regel für die magnetische Polung einer Spule (siehe Abbildung rechts) einen Nordpol am oberen Ende des Ankers in Bild A (Teilaufgabe a).

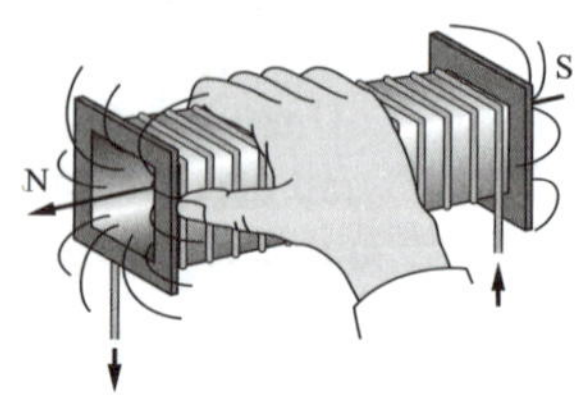

Damit sich der Anker im Gegenuhrzeigersinn dreht, muss daher der Nordpol des Dauermagneten auf der rechten Seite liegen (Teilaufgabe b). Insgesamt erhält man für die verschiedenen Ankerstellungen folgende Bilder (Teilaufgabe c):

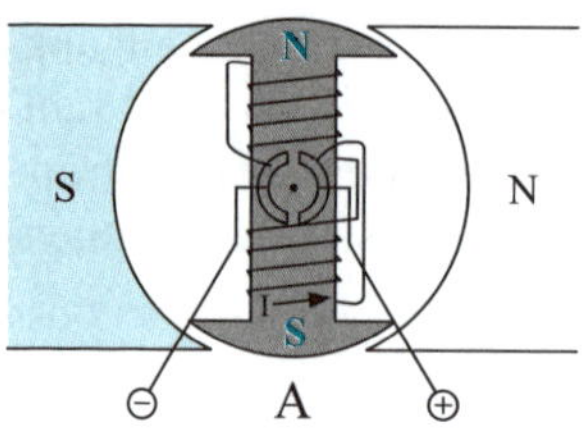

A

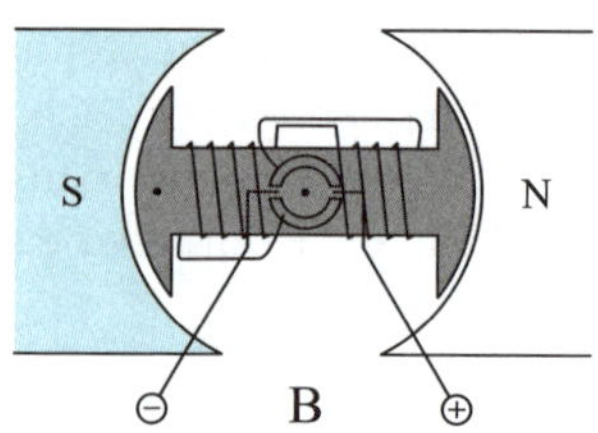

B
kein Strom!

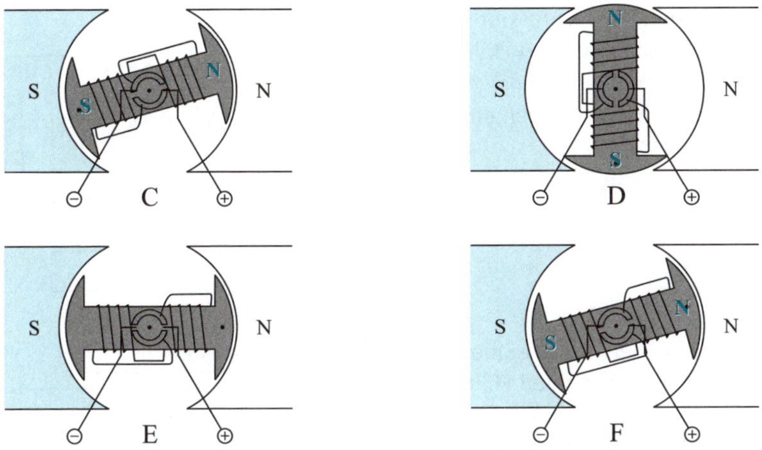

178. Der Strom fließt in technischer Stromrichtung (von „Plus" nach „Minus") in der Ankerspule von oben nach unten. Bei der gezeichneten Wicklungsrichtung ergibt sich mit der Rechte-Hand-Regel unten ein Nordpol, sodass sich der Rotor im Gegenuhrzeigersinn dreht.

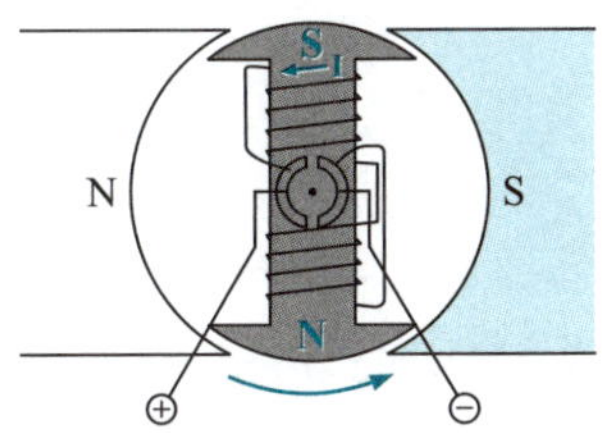

179. a) Durch die Spannungserhöhung fließt (wegen des ohmschen Widerstands der Spule) sehr wohl ein Strom größerer Stärke. Dieser erhöht aber die magnetischen Kräfte und damit die Drehzahl. Durch die höhere Drehzahl wiederum wird auch der nach der Lenz'schen Regel induzierte Gegenstrom in der Spule größer, sodass sich in Bilanz die Stromstärke fast nicht ändert.

b) Durch die Belastung wird der Motor gebremst, die geringere Drehzahl hat eine geringere Stärke des induzierten Gegenstroms zur Folge, die verbleibende Stromstärke wird damit (trotz kleinerer Drehzahl!) größer.

Ursache ist also in beiden Fällen die Tatsache, dass ein Elektromotor bei Betrieb auch gleichzeitig einen Generator darstellt, der gemäß Lenz'scher Regel Gegenströme induziert.

180. a) Beim Hauptschlussmotor werden die beiden Hälften der Feldspule mit der Ankerspule in Serie geschaltet.

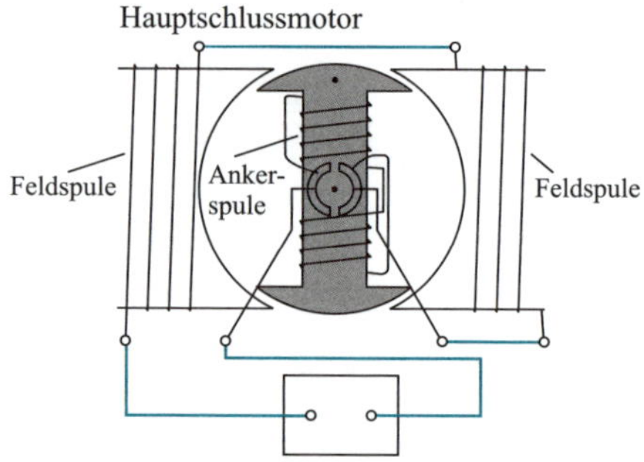

Beim Nebenschlussmotor werden die beiden Hälften der Feldspule untereinander in Serie geschaltet, dazu dann parallel die Ankerspule.

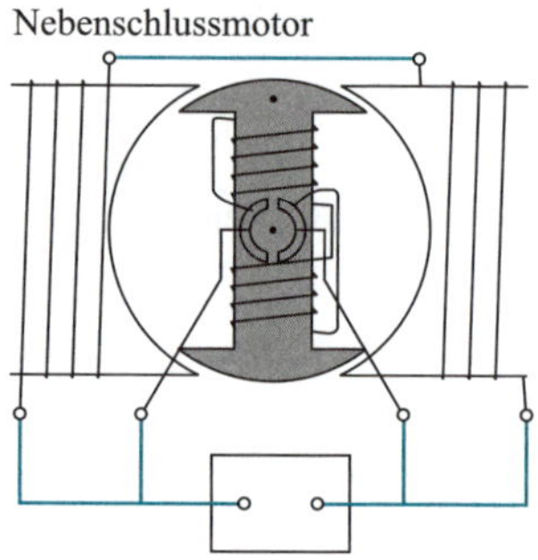

b) Um die Drehrichtung zu ändern, muss die Polung einer der beiden Spulen geändert werden. Die Schaltung kann dann beispielsweise so aussehen:

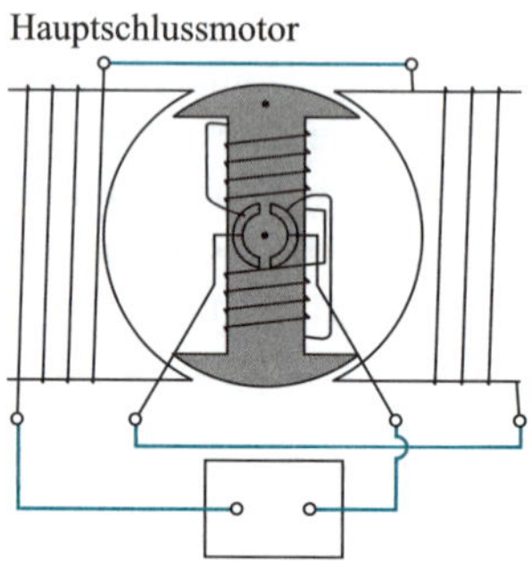

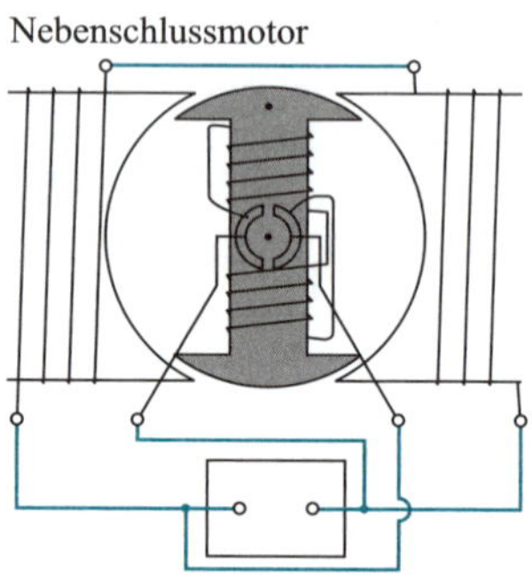

181. a) Aus $\frac{U_1}{U_2} = \frac{N_1}{N_2}$ folgt:

$$U_2 = \frac{U_1 \cdot N_2}{N_1} = \frac{10\ \text{V} \cdot 1800}{600} = 30\ \text{V}$$

b) Die Sekundärstromstärke berechnet man mittels Ohm'schen Gesetz:

$$R_2 = \frac{U_2}{I_2} \quad \Rightarrow \quad I_2 = \frac{U_2}{R_2} = \frac{30\ \text{V}}{300\ \Omega} = 0{,}1\ \text{A}$$

c) Wenn die Leistung vollständig übertragen wird, dann muss gelten:

$$P_1 = P_2 \quad \Leftrightarrow \quad U_1 \cdot I_1 = U_2 \cdot I_2 \quad \Leftrightarrow \quad I_1 = \frac{U_2 \cdot I_2}{U_1} = \frac{30\,V \cdot 0{,}1\,A}{10\,V} = 0{,}3\,A$$

182. Der Ansatz $\frac{U_1}{U_2} = \frac{N_1}{N_2}$ liefert für die Anzahl der Sekundärwindungen:

$$N_2 = \frac{U_2 \cdot N_1}{U_1} = \frac{5\,V \cdot 500}{25\,V} = 100$$

183. a) Die von rechts kommenden positiven Ladungsträger stellen einen elektrischen Strom in Bewegungsrichtung des Ringes dar. Auf sie wirkt wegen des äußeren Magnetfeldes also die Lorentzkraft und sie werden dadurch nach unten getrieben. Die Elektronen dagegen sind negativ geladen, sodass „ihre“ technische Stromrichtung von links nach rechts verläuft. Sie erfahren daher die Lorentzkraft nach oben und werden dorthin abgelenkt. Es findet insgesamt eine Ladungstrennung statt: Oben bildet sich eine negativ geladene Zone, unten eine positive. Weitere Ladungstrennung wird durch diese Raumladungsbereiche zunächst behindert.

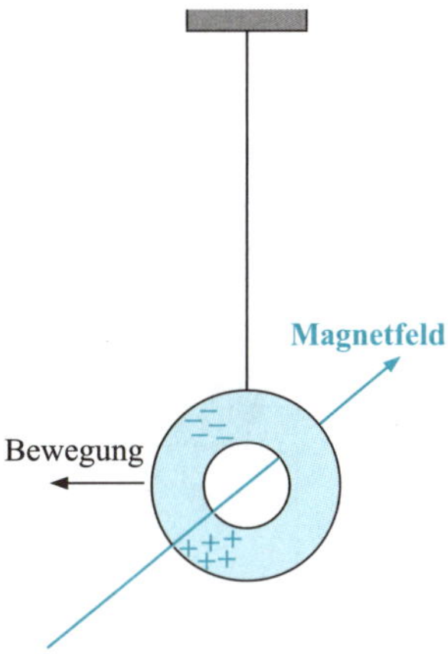

b) Die getrennten positiven und negativen Ladungsträger bilden eine Stromquelle. Der rechte Teil des Ringes stellt den Bereich „außerhalb“ der Stromquelle dar, hier können die Ladungsträger wieder zum jeweils anderen Pol gelangen. Die technische Stromrichtung ist hier (gekrümmt) von unten nach oben, „innerhalb“ der Stromquelle natürlich andersherum.
Der Induktionsstrom im Ring wirkt gemäß der Lenz'schen Regel seiner Ursache (der Bewegung des Rings) entgegen und bremst die Schwingung.

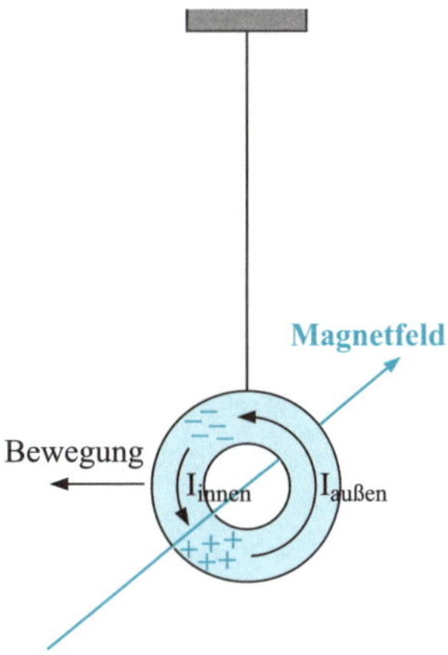

c) Die Wirbelströme im Ring werden durch die Unterbrechung am Schlitz behindert und dadurch größten Teils vermieden, nur kleinere lokale Wirbelströme sind noch möglich. Dadurch wird die Bremswirkung ebenfalls deutlich reduziert, das Pendel schwingt fast ungedämpft.

184. a) Schwingt die Membran, muss auch die daran befestigte Spule mitschwingen, sich also rhythmisch im Magnetfeld bewegen. Dadurch wird ebenso rhythmisch nach dem Generatorprinzip (bewegter Leiter im Magnetfeld) Wechselstrom induziert.

b) Ein höherer Ton lässt die Luft und damit die Membran häufiger je Sekunde schwingen, damit wird auch die Frequenz des elektrischen Stromes steigen. Höhere Lautstärke bedeutet heftigeres Schwingen der Membran und damit der Spule, was zu einer größeren Amplitude beim elektrischen Signal führt.

185. a)

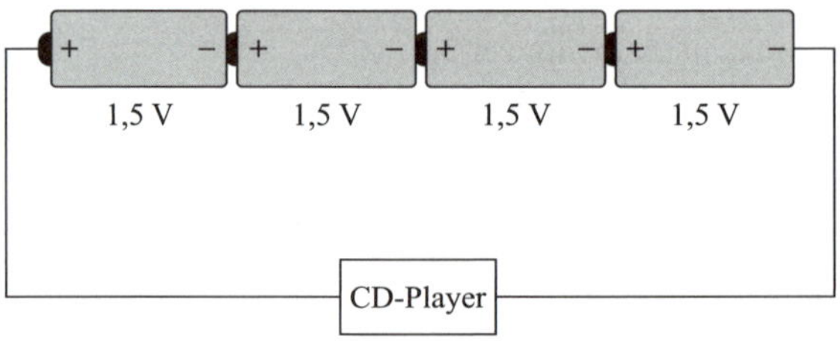

b) Die Serienschaltung liefert $4 \cdot 1{,}5\text{ V} = 6\text{ V}$ Betriebsspannung.

186. a) Bei der hier vorliegenden Serienschaltung von $R_{Leitung}$ und $R_{Betrieb}$ ist die Stromstärke in beiden die gleiche, die Spannung fällt portionsweise im Verhältnis der Widerstände ab. Weil die Gesamtleistung

$P_{gesamt} = U_{gesamt} \cdot I$

und für die Verlustleistung im Kabel

$P_{Leitung} = U_{Leitung} \cdot I$

beträgt, verhalten sich Verlustleistung zur Gesamtleistung wie am Kabel abfallende zu gesamter Spannung:

$$\frac{U_{gesamt}}{U_{Leitung}} = \frac{P_{gesamt}}{P_{Leitung}}$$

$$\Rightarrow \quad U_{gesamt} = \frac{P_{gesamt}}{P_{Leitung}} \cdot U_{Leitung} = \frac{1}{0{,}0001} \cdot U_{Leitung} = 10\,000 \cdot U_{Leitung} \qquad (*)$$

Wir müssen daher $U_{Leitung}$ bestimmen.

Es gilt:

$$\left.\begin{aligned} U_{Leitung} &= R_{Leitung} \cdot I \;\Rightarrow\; I = \frac{U_{Leitung}}{R_{Leitung}} \\ P_{Leitung} &= U_{Leitung} \cdot I \;\Rightarrow\; I = \frac{P_{Leitung}}{U_{Leitung}} \end{aligned}\right\} \Rightarrow$$

$$\Rightarrow \frac{U_{Leitung}}{R_{Leitung}} = \frac{P_{Leitung}}{U_{Leitung}}$$

$$U_{Leitung}^2 = P_{Leitung} \cdot R_{Leitung}$$

$$U_{Leitung} = \sqrt{P_{Leitung} \cdot R_{Leitung}} \qquad (**)$$

$R_{Leitung}$ ist durch die gegebenen Größen bekannt, $P_{Leitung}$ durch die Vorgabe ebenfalls festgelegt. Für den Leitungswiderstand erhalten wir (die Versorgungsleitung besteht aus *zwei* Kabeln):

$$R_{Leitung} = \rho \cdot \frac{\ell}{A} = 0{,}026\,\frac{\Omega\,mm^2}{m} \cdot \frac{2 \cdot 75\,000\,m}{250\,mm^2} = 15{,}6\,\Omega$$

Die zulässige Verlustleistung sind 0,01 % von den 50,0 kW, also:

$$P_{Leitung} = \frac{0{,}01}{100} \cdot 50{,}0\,kW = 5{,}00\,W$$

Einsetzen der Zahlenwerte in die Gleichung (**) liefert:

$$U_{Leitung} = \sqrt{R_{Leitung} \cdot P_{Leitung}} = \sqrt{15{,}6\,\Omega \cdot 5{,}00\,W} = \sqrt{78{,}0}\,V \approx 8{,}83\,V$$

Schließlich folgt mit Gleichung (*):

$$U_{gesamt} = 10\,000 \cdot 8{,}83\,V = 88{,}3\,kV$$

Die Spannung muss auf mindestens 88,3 kV hochtransformiert werden.

b) Die Windungszahlen verhalten sich wie die Spannungen:

$$\frac{N_1}{N_2} = \frac{U_1}{U_2} = \frac{88\,300\,V}{230\,V} \approx \frac{384}{1} = 384:1$$

187. a) Zunächst erhält man den Widerstand der Fernleitung mit

$$\left.\begin{aligned} R_{Leitung} &= \rho \cdot \frac{\ell}{A} \\ R_{Leitung} &= \frac{U_{Leitung}}{I} \end{aligned}\right\} \Rightarrow \rho \cdot \frac{\ell}{A} = \frac{U_{Leitung}}{I} \qquad (1)$$

Die Stromstärke lässt sich aus der Verlustleistung am Kabel ermitteln:

$$P_{Leitung} = U_{Leitung} \cdot I \;\Rightarrow\; I = \frac{P_{Leitung}}{U_{Leitung}} \qquad (2)$$

Der Leitungswiderstand ist in Serie geschaltet zum Widerstand beim Großkunden, also werden beide von der gleichen Stromstärke I durchflossen.

Damit lässt sich in der Formel (1) die Stromstärke durch den Term (2) ersetzen und $U_{Leitung}$ bestimmen:

$$\rho \cdot \frac{\ell}{A} = \frac{U_{Leitung}}{\frac{P_{Leitung}}{U_{Leitung}}} \Rightarrow \rho \cdot \frac{\ell}{A} = \frac{U^2_{Leitung}}{P_{Leitung}} \Rightarrow U^2_{Leitung} = \rho \cdot \frac{\ell}{A} \cdot P_{Leitung}$$

$$\Rightarrow U_{Leitung} = \sqrt{\rho \cdot \frac{\ell}{A} \cdot P_{Leitung}} \quad (3)$$

Wegen der Serienschaltung verhalten sich die Leitungs- zu Gesamtspannung wie Verlustleistung zu Gesamtleistung:

$$\frac{P_{Leitung}}{P_{gesamt}} = \frac{U_{Leitung}}{U_{gesamt}} \Rightarrow U_{Leitung} = \frac{P_{Leitung}}{P_{gesamt}} \cdot U_{gesamt} \quad (4)$$

Gleichsetzen der Formeln (3) und (4) liefert die allgemeine Formel für die gesuchte Spannung:

$$\frac{P_{Leitung}}{P_{gesamt}} \cdot U_{gesamt} = \sqrt{\frac{\rho \cdot \ell}{A} \cdot P_{Leitung}}$$

$$\Rightarrow U_{gesamt} = \frac{P_{gesamt}}{P_{Leitung}} \cdot \sqrt{\frac{\rho \cdot \ell}{A} \cdot P_{Leitung}} = P_{gesamt} \cdot \sqrt{\frac{\rho \cdot \ell}{A \cdot P_{Leitung}}} \quad (5)$$

Mit $P_{Leitung} = 0{,}001 \cdot P_{gesamt}$ und den gegebenen Zahlenwerten (zwei Kabel!) erhält man konkret:

$$U_{gesamt} = 110\,000\ \text{W} \cdot \sqrt{\frac{0{,}017\ \frac{\Omega \text{mm}^2}{\text{m}} \cdot 2 \cdot 100\,000\ \text{m}}{250\ \text{mm}^2 \cdot 0{,}001 \cdot 110\,000\ \text{W}}} \approx 38{,}7\ \text{kV}$$

b) Um die benötigte Querschnittsfläche bei vorgegebener Spannung zu berechnen, löst man die allgemeine Gleichung (5) nach A:

$$U_{gesamt} = P_{gesamt} \cdot \sqrt{\frac{\rho \cdot \ell}{A \cdot P_{Leitung}}} \Rightarrow \left(\frac{U_{gesamt}}{P_{gesamt}}\right)^2 = \frac{\rho \cdot \ell}{A \cdot P_{Leitung}}$$

$$A = \left(\frac{P_{gesamt}}{U_{gesamt}}\right)^2 \cdot \frac{\rho \cdot \ell}{P_{Leitung}}$$

Einsetzen der Werte liefert:

$$A = \left(\frac{110\,000\ \text{W}}{230\ \text{V}}\right)^2 \cdot \frac{0{,}017 \frac{\Omega \text{mm}^2}{\text{m}} \cdot 200\,000\ \text{m}}{0{,}001 \cdot 110\,000\ \text{W}} \approx 7\,070\,000\ \text{mm}^2 = 7{,}07\ \text{m}^2$$

Ein Kabel dieser Dicke (etwa 3 m Durchmesser) wäre viel zu schwer und zu teuer.

Anmerkung: Da wir aus Formel (5) wissen, dass bei sonst gleichen Daten die Gesamtspannung umgekehrt proportional zur Wurzel der Querschnittsfläche ist, können wir auch schneller rechnen:

$$\frac{U_{\text{gesamt},1}}{U_{\text{gesamt},2}} = \sqrt{\frac{A_2}{A_1}} \quad \Rightarrow \quad A_2 = A_1 \cdot \left(\frac{U_{\text{gesamt},1}}{U_{\text{gesamt},2}}\right)^2$$

$$A_2 = 250\ \text{mm}^2 \cdot \left(\frac{38\,700\ \text{V}}{230\ \text{V}}\right)^2 \approx 7{,}07\ \text{m}^2$$

c) Entweder setzt man die veränderten Werte für den spezifischen Widerstand direkt in die Formel (5) ein oder man stellt wie schon in der Anmerkung zu Teilaufgabe b eine Verhältnisgleichung auf. Hier ist die Gesamtspannung direkt proportional zur Wurzel des spezifischen Widerstands, sodass man für Aluminium erhält:

$$\frac{U_{\text{gesamt, Al}}}{U_{\text{gesamt, Cu}}} = \sqrt{\frac{\rho_{\text{Al}}}{\rho_{\text{Cu}}}} \quad \Rightarrow \quad U_{\text{gesamt, Al}} = U_{\text{gesamt, Cu}} \cdot \sqrt{\frac{\rho_{\text{Al}}}{\rho_{\text{Cu}}}}$$

$$U_{\text{gesamt, Al}} = 38{,}7\ \text{kV} \cdot \sqrt{\frac{0{,}026}{0{,}017}} = 47{,}9\ \text{kV}$$

Entsprechend folgt für Eisen:

$$U_{\text{gesamt, Fe}} = U_{\text{gesamt, Cu}} \cdot \sqrt{\frac{\rho_{\text{Fe}}}{\rho_{\text{Cu}}}}$$

$$\Rightarrow \quad U_{\text{gesamt, Fe}} = 38{,}7\ \text{kV} \cdot \sqrt{\frac{0{,}097}{0{,}017}} = 92{,}4\ \text{kV}$$

188. Mit steigender Hochspannung sinken zwar die Energieverluste immer weiter, dafür steigen aber auch die Kosten für den aufwändigeren Transport der elektrischen Energie. Da z. B. eine höhere Spannung größere Sicherheitsabstände zwischen den Einzelleitungen notwendig macht, müssen die Hochspannungsmasten mit weiter ausladenden Armen versehen werden. Solche Masten sind teuer und verlangen ein starkes Fundament. Für den Energieversorger ist also eine weitere Spannungserhöhung ab einem bestimmten Wert nicht mehr rentabel und wird daher auch nicht realisiert.

189. Bei dieser Aufgabe ist vor allem zu beachten, dass die Bruchteile jeweils vom Rest gebildet werden. Bezeichnen wir die mechanische Ausgangsleistung mit P_0, dann gilt also:

- Beim Kraftwerkstransformator kommen 75 % von $P_0 = 0{,}75 \cdot P_0$ an;
- dieser gibt davon 95 % in die Fernleitung, also $0{,}95 \cdot 0{,}75 \cdot P_0 = 0{,}7125 \cdot P_0 = 71{,}25\ \%$ der ursprünglichen Leistung;
- an deren Ende kommen davon aufgrund der Leitungsverluste nur 98 % bzw. $0{,}98 \cdot 0{,}7125 \cdot P_0 \approx 0{,}698 \cdot P_0 = 69{,}8\ \%$ von P_0 an;
- der zweite Transformator gibt davon 95 % weiter, also $0{,}95 \cdot 0{,}698 \cdot P_0 \approx 0{,}663 \cdot P_0 = 66{,}3\ \%$;
- der Pumpenmotor wandelt schließlich hiervon 80 % entsprechend $0{,}8 \cdot 0{,}663 \cdot P_0 \approx 0{,}53 \cdot P_0 = 53\ \%$ von P_0 in mechanische Leistung um.

Insgesamt ist der Wirkungsgrad dieser „Kette“ also
$0{,}80 \cdot 0{,}95 \cdot 0{,}98 \cdot 0{,}95 \cdot 0{,}75\ 0{,}53 = 53\ \%$,
die Bruchteile müssen *multipliziert* werden. Falsch wäre hier etwa ein *Addieren* der Verlust-Prozente (in der Art 25 % + 5 % + 2 % + 5 % + 20 %), weil sie sich nämlich jeweils auf verschiedene Ganze beziehen, der Grundwert also nicht der gleiche ist.

190. Bei einem Wirkungsgrad von 55 % ergibt sich für die abgegebene elektrische Leistung:

$$P_{el} = 0{,}55 \cdot P_{Diesel} = 0{,}55 \cdot \frac{12{,}5\ \text{kg} \cdot 42\,000\,000\ \frac{\text{J}}{\text{kg}}}{3\,600\ \text{s}} \approx 80{,}2\ \text{kW}$$

Bei einer Versorgungsspannung von 400 V fließt in der Anlage wegen

$$P_{el} = U \cdot I$$

ein Strom der Stärke

$$I = \frac{P_{el}}{U} = \frac{80\,200\ \text{W}}{400\ \text{V}} \approx 200\ \text{A},$$

der Widerstand der Anlage ist also:

$$R = \frac{U}{I} \approx \frac{400\ \text{V}}{200\ \text{A}} = 2\ \Omega$$

191. a) Die Querschnittsfläche A bestimmt den Leitungswiderstand. Für diesen kennen wir zwei Beziehungen, aus denen wir A bestimmen können

$$\left.\begin{aligned} R_{Leitung} &= \rho \cdot \frac{\ell}{A} \\ R_{Leitung} &= \frac{U_{Leitung}}{I} \end{aligned}\right\} \Rightarrow \rho \cdot \frac{\ell}{A} = \frac{U_{Leitung}}{I} \Rightarrow A = \frac{\rho \cdot \ell \cdot I}{U_{Leitung}} \qquad (*)$$

Dabei fließt wegen der Serienschaltung von Leitungs- und Stadtwiderstand der gesamte Strom der Stärke I durch die Leitung, während sich die Gesamtspannung $U_{Kraftwerk}$ gemäß den beiden Widerständen aufteilt.

In Gleichung (*) sind die Größen I und $U_{Leitung}$ noch nicht bekannt. Wir wissen aber, dass wegen der Serienschaltung gilt:

$$I = \frac{P_{Leitung}}{U_{Leitung}} = \frac{P_{Kraftwerk}}{U_{Kraftwerk}} \qquad (**)$$

$$\Rightarrow \frac{U_{Leitung}}{U_{Kraftwerk}} = \frac{P_{Leitung}}{P_{Kraftwerk}} = \frac{0{,}012 \cdot P_{Kraftwerk}}{P_{Kraftwerk}} = 0{,}012$$

$$U_{Leitung} = 0{,}012 \cdot U_{Kraftwerk} \qquad (***)$$

Setzen wir die Formeln (**) und (***) in die Beziehung (*) ein, erhalten wir eine Formel für A, in der alle Größen bekannt sind:

$$A = \frac{\rho \cdot \ell}{0{,}012 \cdot U_{Kraftwerk}} \cdot \frac{P_{Kraftwerk}}{U_{Kraftwerk}} = \frac{\rho \cdot \ell \cdot P_{Kraftwerk}}{0{,}012 \cdot U_{Kraftwerk}^2}$$

Einsetzen der Zahlenwerte liefert:

$$A = \frac{0{,}026\,\frac{\Omega\text{mm}^2}{\text{m}} \cdot 2 \cdot 50\,000\text{ m} \cdot 150\,000\,000\text{ W}}{0{,}012 \cdot (230\text{ V})^2} \approx 614\text{ m}^2$$

Dieser Querschnitt ist absolut unrealistisch!

b) Hier zahlt sich der Aufwand für die Berechnung der allgemeinen Formel aus: Auflösen nach $U_{Kraftwerk}$ und Einsetzen der Werte ergibt:

$$A = \frac{\rho \cdot \ell \cdot P_{Kraftwerk}}{0{,}012 \cdot U^2_{Kraftwerk}}$$

$$\Rightarrow \quad U_{Kraftwerk} = \sqrt{\frac{\rho \cdot \ell \cdot P_{Kraftwerk}}{0{,}012 \cdot A}}$$

$$= \sqrt{\frac{0{,}026\,\frac{\Omega\text{mm}^2}{\text{m}} \cdot 2 \cdot 50\,000\text{ m} \cdot 150\,000\,000\text{ W}}{0{,}012 \cdot 200\text{ mm}^2}} \approx 403\text{ kV}$$

Anmerkung: Wegen

$$A \sim \frac{1}{U^2_{Kraftwerk}}$$

lässt sich die Lösung auch schnell über eine Verhältnisgleichung ermitteln:

$$\frac{U^2_{Kraftwerk,\,2}}{U^2_{Kraftwerk,\,1}} = \frac{A_1}{A_2} \quad \Rightarrow \quad \frac{U_{Kraftwerk,\,2}}{U_{Kraftwerk,\,1}} = \sqrt{\frac{A_1}{A_2}}$$

$$U_{Kraftwerk,\,2} = 230\text{ V} \cdot \sqrt{\frac{614\,000\,000\text{ mm}^2}{200\text{ mm}^2}} \approx 403\text{ kV}$$

c) Eine grenzenlose Minimierung der Verluste wäre für den Betreiber unrentabel, weil der Kostenaufwand für die Bereitstellung sehr hoher Übertragungsspannungen sehr groß wird (größere Sicherheitsabstände der Hochspannungsleitungen wegen größerer Überschlagsgefahr; ebenso teurere unterirdische Verlegung). Vielmehr muss ein wirtschaftlich sinnvoller Mittelweg gefunden werden.
Ausgehend von dem grundsätzlichen Zusammenhang, dass eine Verdoppelung der Spannung zu einer Viertelung der Verlustleistung führt, gilt zunächst, dass bei großen Verlusten sich die Spannungserhöhung durchaus rechnet. Wenn man aber – wie es der Betreiber in unserem Fall anstrebt – eine Verlustleistung von nur noch 1,2 % erreicht hat, reduziert sich diese bei Verdoppelung der Spannung auf 0,3 %; unter dem Strich bringen dann 100 % mehr Spannung nur 0,9 % weniger Verlust, was den notwendigen Kostenaufwand nicht mehr rechtfertigt.

192. Die Batterie hat den nach der Definition der elektrischen Arbeit den Energieinhalt

$$W_B = 1{,}2\ \text{Ah} \cdot 1{,}5\ \text{V} = 1{,}2 \cdot 3\,600 \cdot 1{,}5\ \text{VAs} = 6\,480\ \text{J}.$$

Ein Auto benötigt in einer Stunde

$$W_A = 100\,000\ \text{W} \cdot 3\,600\ \text{s} = 360\,000\,000\ \text{J}.$$

Zur Versorgung des Autos wären also stündlich

$$\frac{W_A}{W_B} = \frac{360\,000\,000}{6\,480} \approx 55\,556$$

Batterien notwendig – diese Methode ist also völlig unbrauchbar.

193. a) Von den auf der Zellenfläche eingestrahlten

$$1\,000\ \frac{\text{W}}{\text{m}^2} \cdot 2{,}5\ \text{m}^2 = 2\,500\ \text{W}$$

werden 15 % genutzt, also $0{,}15 \cdot 2500\ \text{W} = 375\ \text{W}$.

b) Die notwendige Höhenenergie ist

$$m \cdot g \cdot h = 1\,000\ \text{kg} \cdot 9{,}81\ \frac{\text{N}}{\text{kg}} \cdot 100\ \text{m} = 981\,000\ \text{J}$$

Die Fahrt würde also $\frac{981\,000\ \text{J}}{375\ \frac{\text{J}}{\text{s}}} = 2\,616\ \text{s} \approx 44\ \text{min}$ dauern.

194. a) Der Verbraucher ist 160 km entfernt, es werden daher 320 km Kabel benötigt. Für Volumen und Masse des Kabels folgt:

$$\left.\begin{array}{l} V = A \cdot \ell \\ m = \delta \cdot V \end{array}\right\} \Rightarrow \quad m = A \cdot \ell \cdot \delta$$

Beim Einsetzen der Zahlenwerte muss auf übereinstimmende Einheiten geachtet werden. Lehen wir uns z. B. auf die Längeneinheit mm fest, dann ist $A = 180\ \text{mm}^2$, $\ell = 320\ \text{km} = 320\,000\ \text{m} = 320\,000\,000\ \text{mm}$ und $\delta = 8{,}93\ \frac{\text{g}}{\text{cm}^3} = 8{,}93\ \frac{\text{g}}{(10\ \text{mm})^3} = \frac{8{,}93}{1000}\ \frac{\text{g}}{\text{mm}^3}$ und es gilt:

$$m = 180\ \text{mm}^2 \cdot 320000000\ \text{mm} \cdot 0{,}00893\ \frac{\text{g}}{\text{mm}^3} = 5143680000\ \text{g} \approx 5144\ \text{t}$$

b) Folgende Größen und Zusammenhänge kennen wir:
Der Fernleitungswiderstand beträgt

$$R_{\text{Leitung}} = \rho \cdot \frac{\ell}{A} = 0{,}017\ \frac{\Omega\text{mm}^2}{\text{m}} \cdot \frac{2 \cdot 160\,000\ \text{m}}{180\ \text{mm}^2} = 30{,}2\ \Omega.$$

Wegen der Serienschaltung von Leitungs- und Verbraucherwiderstand gilt mit $P = U \cdot I$ für Leistungen und Spannungen die Gleichung:

$$\frac{P_{\text{Leitung}}}{P_{\text{gesamt}}} = \frac{U_{\text{Leitung}}}{U_{\text{gesamt}}} \quad \Rightarrow \quad U_{\text{Leitung}} = \frac{P_{\text{Leitung}}}{P_{\text{gesamt}}} \cdot U_{\text{gesamt}} = 0{,}0001 \cdot U_{\text{gesamt}}$$

Für die Stromstärke I gilt:

$$\left.\begin{aligned} I &= \frac{P_{Leitung}}{U_{Leitung}} \\ I &= \frac{U_{Leitung}}{R_{Leitung}} \end{aligned}\right\} \Rightarrow \frac{P_{Leitung}}{U_{Leitung}} = \frac{U_{Leitung}}{R_{Leitung}} \Rightarrow \begin{aligned} U_{Leitung}^2 &= P_{Leitung} \cdot R_{Leitung} \\ U_{Leitung} &= \sqrt{P_{Leitung} \cdot R_{Leitung}} \end{aligned}$$

Fassen wir diese Beziehungen zusammen, können wir die gesuchte Spannung U_{gesamt} durch lauter bekannte Größen ausdrücken:

$$0{,}0001 \cdot U_{gesamt} = \sqrt{0{,}0001 \cdot P_{gesamt} \cdot R_{Leitung}} \qquad (*)$$

$$\Rightarrow \quad U_{gesamt} = 10\,000 \cdot 0{,}01 \cdot \sqrt{P_{gesamt} \cdot R_{Leitung}}$$

$$= 100 \cdot \sqrt{P_{gesamt} \cdot R_{Leitung}}$$

$$U_{gesamt} = 100 \cdot \sqrt{250\,000\ \text{W} \cdot 30{,}2\ \Omega} \approx 274\,874\ \text{V} \approx 275\ \text{kV}$$

c) Die Windungszahlen verhalten sich wie die Spannungen:

$$\frac{N_1}{N_2} = \frac{U_1}{U_2} = \frac{275\,000\ \text{V}}{230\ \text{V}} \approx \frac{1196}{1}$$

d) Vierfache Einspeisleistung bedeutet bei gleicher Spannung vierfache Stromstärke, am gleich großen Widerstand der Leitung fällt also die vierfache Spannung ab, sodass die Verlustleistung 16-mal so groß ist wie vorher. Weil aber die Einspeisleistung viermal so groß war, ist die Verlustleistung relativ dazu auch viermal so groß, also jetzt 0,04 %.

Alternative:

Bezeichnen wir in der Formel (∗) aus Teilaufgabe b den Verlustgrad 0,0001 allgemein mit η, dann gilt:

$$\eta \cdot U_{gesamt} = \sqrt{\eta \cdot P_{gesamt} \cdot R_{Leitung}} \Rightarrow \eta^2 \cdot U_{gesamt}^2 = \eta \cdot P_{gesamt} \cdot R_{Leitung}$$

$$\eta = \frac{P_{gesamt} \cdot R_{Leitung}}{U_{gesamt}^2}$$

Bei gleicher Spannung und gleichem Leitungswiderstand ist also der Verlustgrad proportional zur eingespeisten Leistung und daher bei Vervierfachung der Leistung ebenfalls viermal so groß.

Notizen

Ihre Meinung ist uns wichtig!

Ihre Anregungen sind uns immer willkommen. Bitte informieren Sie uns mit diesem Schein über Ihre Verbesserungsvorschläge!

Titel-Nr.	Seite	Vorschlag

Bitte hier abtrennen

Lernen • Wissen • Zukunft
STARK

Zutreffendes bitte ankreuzen!

Die Absenderin/der Absender ist:

- ☐ Lehrer/in in den Klassenstufen: ____
- ☐ Fachbetreuer/in
  Fächer: ____
- ☐ Seminarlehrer/in
  Fächer: ____
- ☐ Regierungsfachberater/in
  Fächer: ____
- ☐ Oberstufenbetreuer/in
- ☐ Schulleiter/in
- ☐ Referendar/in, Termin 2. Staatsexamen: ____
- ☐ Leiter/in Lehrerbibliothek
- ☐ Leiter/in Schülerbibliothek
- ☐ Sekretariat
- ☐ Eltern
- ☐ Schüler/in, Klasse: ____
- ☐ Sonstiges: ____

Unterrichtsfächer: (Bei Lehrkräften!)

____

STARK Verlag
Postfach 1852
85318 Freising

21-V1M
Bitte ausfüllen und im frankierten Umschlag an uns einsenden. Für Fensterkuverts geeignet.

Kennen Sie Ihre Kundennummer?
Bitte hier eintragen.

Absender (Bitte in Druckbuchstaben!)

Name/Vorname

Straße/Nr.

PLZ/Ort/Ortsteil

Telefon privat

Geburtsjahr

E-Mail

Schule/Schulstempel (Bitte immer angeben!)

Bitte hier abtrennen

(Bitte blättern Sie um)